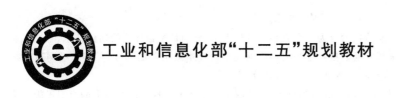

工业和信息化部"十二五"规划教材

U0204157

物联网通信

主　编　杜庆伟
副主编　陈　兵　钱红燕　王松青

北京航空航天大学出版社

内 容 简 介

针对物联网通信过程,本书将通信技术分为三个大环节进行组织,分别是接触环节的通信技术、末端网通信技术、接入网通信技术。鉴于末端网通信技术是当前物联网通信研究中最重要的部分,又将末端网通信技术细分为三个部分。因此,包括引论在内,本书共分为六部分。

第一部分包括物联网及无线传感器网络的相关概念、对物联网通信环节的理解以及全书的组织思想。第二部分为接触环节的通信技术,是为了感知而进行的通信,包括标签 RFID、导航等通信技术。第三部分至第五部分是本书的核心——末端网通信技术,包括有线、无线和 Ad Hoc 网络通信技术。第六部分是接入网通信技术,包括一些主流的接入技术,鉴于读者对互联网已经比较熟悉了,因此不是本书的重点。

本书特点:尽量从物联网的角度来介绍各种通信技术,并准备了应用案例;以物联网通信环节组织内容,能给读者一个较为清晰的架构;尽量选取当前主要的通信技术,以算法为主进行介绍;将各种通信基础知识融入到具体应用技术当中。

本书可以作为高等学校物联网专业本科生和计算机专业研究生教材。

图书在版编目(CIP)数据

物联网通信 / 杜庆伟主编.-- 北京 : 北京航空航
天大学出版社,2015.4
ISBN 978 - 7 - 5124 - 1748 - 9

Ⅰ. ①物… Ⅱ. ①杜… Ⅲ. ①通信网 Ⅳ. ①TN915

中国版本图书馆 CIP 数据核字(2015)第 067245 号

物联网通信

主 编 杜庆伟

副主编 陈 兵 钱红燕 王松青

责任编辑 杨 昕

*

北京航空航天大学出版社出版发行

北京市海淀区学院路 37 号(邮编 100191) http://www.buaapress.com.cn
发行部电话:(010)82317024 传真:(010)82328026
读者信箱:goodtextbook@126.com 邮购电话:(010)82316936
北京时代华都印刷有限公司印装 各地书店经销

*

开本:787×1 092 1/16 印张:18.75 字数:480 千字
2015 年 4 月第 1 版 2015 年 4 月第 1 次印刷 印数:3 000 册
ISBN 978 - 7 - 5124 - 1748 - 9 定价:39.00 元

序　言

　　物联网工程是当前研究和应用的热点，是围绕"战略新兴产业"新设立的专业，是一个与产业启动和发展同步的新专业。而物联网的通信技术，是物联网非常重要的环节，属于基础设施，所以对应的课程也就显得非常重要。根据教育部的指导意见（2012），物联网通信是物联网工程这一个新专业的核心课程，对于物联网的学习、理解和应用，起着不可替代的支撑作用，而本书就是针对物联网通信技术而撰写的。

　　要写一部新教材非常困难，而要想写出一部针对新专业、有特色的好教材，更加困难，除了需要精心地投入和渊博、深入的学识外，还需要有自己独特的思考。本书希望能够从独特的思考和全力地投入来博彩。物联网所用的通信技术，实质上并不是全新的技术，而是典型的新瓶旧酒，很多技术都来自于计算机网络。作为长期从事计算机网络课程教学的一名教师，对计算机网络相关技术和教学有了那么一些浅薄的理解，但也深深体会到授课过程中的一些困难。

　　目前，计算机网络的教材已有很多，其中也不乏一些非常优秀的教材。有些书，从有经验的教师视角来看，堪称经典。即便如此，授课过程中，以及回想起自己学网络课程的情景，也感觉到深深的无奈。计算机网络涉及的知识、概念太多、太庞杂，在典型的分层思想指导下，不管是自上而下，还是自下而上的组织形式，每一层都涉及了很多的概念、知识点，学完每一层，头脑中只是灌输了一堆技术而已。编者之所以对网络体系有那么一点浅薄的认识，都是建立在反复授课过程中不断地思考和对各种技术的牵线搭桥，以及与同行不断交流和学习基础上的。指望学生仅在学完这门课程后就能立即对计算机网络有深刻理解是有些困难的。因此，本书干脆放弃了分层组织的思想，尝试从另一个角度来组织教材。

　　本书贯彻了教育部"构建以知识领域、知识单元、知识点形式呈现的知识体系"这一思想，专注于物联网通信这一大的领域，借鉴众所周知的泛在传感器网络USN高层架构这一思想，构建通信技术应用环节这一小领域；分析采编了当下物联网通信经常采用的典型通信技术作为知识单元；对通信技术中涉及的各种概念、机制和算法进行讲解，形成知识点。具体来讲，就是把多种常见的通信技术，按照在物联网传输环节中的应用可能性进行分类，在这些具体的通信技术中介绍网络的相关知识点。当然，在这之前也要介绍计算机网络的体系结构，毕竟在后面相关技术介绍的过程中，也希望读者能够从具体技术体会到物理层、数据链路层、网络层的作用，可以说是从侧面学习网络体系结构。

　　这样的组织，或许并不完美，也可能显得有些零散，但是编者设想，至少读者可以在每个知识单元（一个具体的通信技术）中，了解这个通信技术使用了什么机制，采用了什么算法，如何实现了自己要完成的功能；然后再根据或多或少的体系层次来分析体会这项通信技术的架构；最后搭配相关应用案例来了解这项技术可能使用的场景，从而对这一个知识单元有较全面的学习和把握。

以上就是编写本书的出发点。

基于这个出发点，本书将多项通信知识点散落在各个通信技术中，希望分散后可以减轻学生一定的学习压力。另外，这些技术，并不一定非要一次性完全呈现在读者面前，而是先讲一部分，然后再逐步深入细节，再总结，再讲改进等，希望能够通过重复来加深印象，并做到逐步深入，减少学生学习时的抵触心理。

其实，编者本人对各种技术所采用的思想和机制更加感兴趣，并妄加推断读者也是如此。因此，本书定位于引导性的教材，仅讲了最基本的理论和技术，更加详细的细节，请读者自行参考专业书籍。也正是这个原因，本书刻意避免介绍各个通信技术中帧/报文的格式内容。个别有特殊考虑的通信技术除外，例如GPS/北斗导航通信，它们的帧内容兼顾了相邻卫星的信息，而这些信息并不是本卫星最主要发送的内容，它们的帧格式也体现出了这一点，本卫星的信息比其他卫星的信息出现更加频繁。

最后，在有些技术和算法的讲解方面，编者还加入了自己的思考、定位和分析，希望能够帮助读者进行理解。

本书的出版得到了工信部和北京航空航天大学出版社的大力支持，得到了许多专家学者的指导，特别是编组各位成员的大力帮助，在此表示衷心的感谢。最后也要感谢我的家人对我的理解和支持。

鉴于编者学识、能力有限，时间仓促，书中难免存在不当和差错之处，敬请读者批评指正，在此也表示衷心的感谢。

编　者

2014 年 12 月

目　录

第一部分　引　论

物联网是新一代信息技术的重要组成部分,被称为继计算机、互联网之后世界信息产业发展的第三次浪潮。

第1章,首先讲述物联网的相关概念,以及编者对物联网的一些理解,随后对物联网进行了抽象,提出了物联网的概念模型,并对该模型进行了相关的介绍,阐述了通信技术在物联网中承担的重要作用。其次,传感器网络,特别是无线传感器网络是当前研究和应用的热点,与物联网有着一定的继承关系,普遍认为是物联网具体应用的体现,因此对无线传感器网络进行了一些初步的介绍,包括传感器网络的概念和传感器节点的体系。关于无线传感器网络的具体通信技术,将在第五部分进行介绍。

最后,基于对物联网应用的认识和分析,编者对物联网的通信过程进行了环节上的划分,即接触环节、末端网环节、接入网环节和互联网环节,并对各个环节进行了相关介绍。在环节划分的基础上,又阐述了本书的组织思想,即根据传输环节来对各种通信技术进行分类。这也是本书的纲领所在。

第2章,首先介绍了ITU-T的USN高层架构,然后对每一层中可能涉及的通信技术进行分析。本书以通信技术为主,简要介绍当前ISO/OSI参考模型和TCP/IP体系结构,并对两者进行一定的比较。最后,编者从通信角度出发,分析物联网的体系结构,包括对直接通信模式和网关通信模式下接触节点和传输体系的分析。

第3章,鉴于编者对物联网通信的一点理解,勾画了未来智能物体的框架。

第1章 概 论

1.1 物联网的概念

1.1.1 物联网的理解

目前的互联网,主要以人与人之间的交流为核心,但物联网的出现改变了这一前景,使得交流的对象不再囿于人与物之间,物与物之间,也可以进行"交流"和通信。这一转变过程,不是革命性的,是渐变的、不为人知的过程。当用户还在怀疑物联网发展的前景时,身份证、家电、汽车等,都烙上了典型的物联网的特征。

1999 年,意大利梅洛尼公司推出了世界上第一台通过互联网和 GSM 无线网控制的商业化洗衣机,机主可以通过移动电话遥控洗衣机。那个时候,物联网这个名词还没有出现。从某些角度看,物联网只不过是一个新名词,给一个正在逐渐长大的孩子起了个正式名字而已。

物联网的英文名称是 The Internet of Things,简称 IOT。这一术语的正式提出,是国际电信联盟(ITU)在 2005 年发布 *ITU Internet Report* 2005:*The Internet of Things* 中提出的。

顾名思义,物联网就是物物相连的互联网。目前,这个名词具有两层含义:

> 物联网的核心和基础仍然是互联网,是在互联网基础上延伸和扩展的网络。

> 用户端延伸和扩展到了物品与物品之间,使其能进行信息交换和通信。

从当前发展来看,外界所提出的物联网产品大多是互联网的应用拓展,因此,与其说物联网是网络,不如说物联网是业务和应用。一般是将各种信息传感/执行设备,如射频识别(RFID)装置、各种感应器、全球定位系统、机械手、灭火器等各种装置,与互联网结合起来而形成的一个巨大的网络,并在这个硬件基础上架构上层合适的应用,让所有的物品能够方便地识别、管理和运作。从这个角度看,应用创新是当前物联网发展的核心,但还远未达到多维的物物相连的层次。图 1-1-1 展示了目前物联网应用的模式。

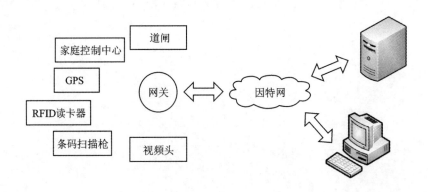

图 1-1-1 物联网应用模式

有学者提出了一个互联网虚拟大脑的模型,如图 1-1-2 所示。该模型提出了互联网虚拟感觉系统、互联网虚拟运动系统、互联网虚拟大脑皮层、互联网虚拟记忆系统等组织结构,与目前物联网的应用模式颇为相似。

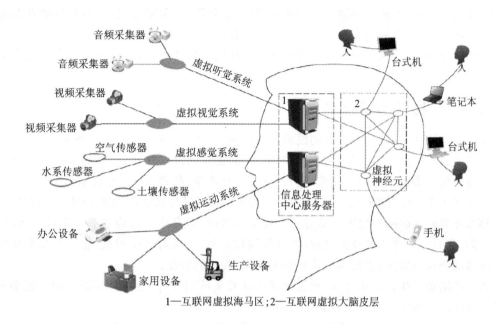

音频采集器 音频采集器 虚拟听觉系统 台式机 笔记本 台式机 手机
视频采集器 虚拟视觉系统 1 2 虚拟神经元
视频采集器 空气传感器 虚拟感觉系统
水系传感器 土壤传感器 信息处理中心服务器
办公设备 虚拟运动系统 生产设备 家用设备

1—互联网虚拟海马区;2—互联网虚拟大脑皮层

图 1-1-2 互联网虚拟大脑结构图

可以预见的是,如果物联网得到了顺利发展,互联维度不断发展,必将促进互联网在广度和深度上的快速发展。一方面,互联网及其接入网络必将向社会末梢神经级别的角落发展,进而导致规模的急速膨胀;另一方面,互联网和各种通信网络在速度上必须快速发展,能够跟得上规模的发展,而且还要承受由此带来的海量数据、大数据的快速流转。这都迫切要求互联网技术的快速发展,由此使互联网产生新的问题和技术,进而导致互联网本身的革命。届时,互联网或许还叫做互联网,但可能已经是旧瓶新酒了。

中国物联网校企联盟将物联网定义为当下几乎所有技术与计算机、互联网技术的结合,实现物体与物体之间、环境以及状态信息实时的共享,以及智能化的收集、传递、处理、执行。广义上说,当下涉及信息技术的应用,都可以纳入物联网的范畴。

国际电信联盟 2012 年 7 月将物联网定义修改为:物联网是信息社会的一个全球基础设施,它基于现有和未来可互操作的信息和通信技术,通过物理的和虚拟的物物相联,来提供更好的服务。

这些定义从不同角度对物联网进行了阐述,归结起来物联网概念有以下几个技术特征。

➢ 物体数字化:也就是将物理实体改造成为彼此可寻址、可识别、可交互、可协同的"智能"物体。

➢ 泛在互联:以互联网为基础,将数字化、智能化的物体接入其中,实现无所不在的互联。

➢ 信息感知与交互:在网络互联的基础上,实现信息的感知、采集以及在此基础之上的响应、控制。

➢ 信息处理与服务:支持信息处理,为用户提供基于物物互联的新型信息化服务。新的信息处理和服务也产生了对网络技术的依赖,如依赖于网络的分布式并行计算、分布式存储、集群等。

在这几个特征中，泛在互联、信息感知与交互，以及信息处理与服务，与通信都有密切的关系。因此，可以说通信是物联网的基础架构。

需要强调的是，不能把物联网当成所有物的完全开放、全部互连、全部共享的互联平台。即使是互联网，也做不到完全开放和共享，互联网也有公网和内网之分。

从某种角度上看，物联网也存在着和互联网相同的划分依据，如局域和广域、公有和私有、多种拓扑结构等。

1.1.2 物联网的模型

对于各种物联网应用，物联网的模型可以用图 1-1-3 来表示。与外界进行交流的是信息感知终端、执行终端、信息展示/决策终端，中层是数据传输模块，核心的是数据处理模块。中间的箭头线代表了可能的业务流向。不管哪一个业务，都离不开信息传输的手段。

信息感知终端利用各种感知技术，负责对外界的信息进行获取，是物联网的感知神经末梢。

感知外界是物联网对世界认知并产生反应的基础，但是感知过程并非一定是单向的数据传输，即并非只能向核心的数据处理/决策终端输送数据，在必要的时候，也需要从数据处理/决策终端部分获取数据，以便进一步感知更准确、深入的数据。

执行终端负责执行决策终端/数据处理部分发来的指令，产生对外界的反应。很多时候，执行终端和信息感知终端可以合并在一起。

值得注意的是，某些信息感知终端或者执行终端，还必须借助于传输模块的支持，才能完成对外界信息的获取，例如 RFID、定位导航、激光制导等。

信息展示/决策终端，负责将信息感知终端/数据处理模块传来的信息展示给操作者，由操作者来进行最终的决策。笔者认为，关键性的决策应当由人来进行。

传输环节在模型中起着重要的、承上启下的关键性作用，负责在各个角色之间进行数据的传递，是建立物联网的最根本基础，属于物联网的基础架构。

传输环节的技术涉及从深空通信、广域网到局域网、个域网，甚至到身域网（见图 1-1-4）的不同地域范围，从几 kbps 到以 Tbps 为计量单位的带宽范围，从物理层到应用层不同的层次范围，从有线到无线的不同通信机制等。

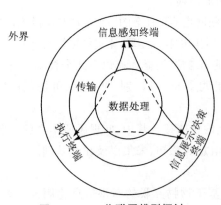

图 1-1-3 物联网模型探讨

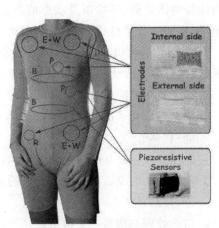

图 1-1-4 身域网原型示例

可以说,传输环节相关技术的发展极为迅速,规模不断扩大,涉及工作、生活的方方面面,给各领域带来了巨大的变化。也正是这种日新月异的发展,才使得物联网的构想不断趋近于现实。传输环节,也是本书主要的内容。

就目前发展情况看,从感知终端到信息展示/决策终端,以及从信息展示/决策终端到执行终端这两条通信路径较为普遍。但是随着物联网的不断发展,以及各种通信标准的不断出台,感知终端和执行终端之间的通信也会日益频繁。

模型中心的部分是数据处理模块,借助于高性能计算机,或者高性能的并行、分布式算法,对海量的数据进行分析、抽取、模式识别等处理,对决策进行支持。在目前的物联网应用中,这一块是可选的。目前,高性能计算机和云计算技术的不断发展,为数据处理功能提供了有力的支撑。

在该模型中,数据始于外界,终于外界,不断在内外层之间进行交互。传输环节在该模型中起着重要的桥梁作用。

1.2　传感器网络

物联网并不是一个忽然冒出来的事物,它也具有一定的继承性,传感器网络(Sensor Network)被认为是物联网的前身。本节介绍传感器网络相关概念,后续章节还会对无线传感器网络的相关通信技术进行更详细的介绍。

1.2.1　传感器网络和物联网

近期微电子机械加工技术的发展为传感器节点的微型化、智能化提供了可能,通过微电子机械加工技术和无线通信技术的融合,促进了无线传感器及其网络的繁荣发展。传统的传感器正逐步实现微型化、智能化、信息化、网络化,即传感器网络。

传感器网络其实并不神秘、遥远,十字路口的交通监控系统就是典型的传感器网络应用之一:摄像头作为传感设备,接收路面各种车辆的光信号,转化为数字信号,经过网络传输到交通管理部门,实现了对违章车辆的拍照取证;接着经过图像分析软件的自动筛选,筛选出违章车辆的号牌,并保存在计算机中;最终由人工确定是否违章,并进行后续的违章处理。这中间可能还涉及与银联系统的交互。

其中,摄像头就是一种高级的传感器。将传感器与有线/无线联网,使得数据直接通过网络进行信息传输(而并非人工获取的方式),即形成了传感器网络。

鉴于实施的便利性,目前研究的传感器网络更多的是那些需要部署在偏远地带的传感器网络,多以无线的方式进行数据传送,即所谓的无线传感器网络(Wireless Sensors Network,WSN)。

有这样一些说法,传感器网络加更多的感知部件就等于物联网。笔者认为,传感器网络只是物联网中的一部分,是图 1-1-3 中三边中的一边,真正的物联网,应该是这三边的不断多样化、规模化、智能化。但是,就目前来说,市场为了宣传通常把传感器网络作为物联网的具体实体。

1.2.2 无线传感器网络

无线传感器网络是由部署在监测区域内,具有无线通信能力与计算能力的微小传感器节点,通过自组织的方式构成的分布式、智能化网络系统。

无线传感器网络的目的是实现节点之间相互协作来感知监测对象、采集信息,以及对感知到的信息进行一定的处理等,并把这些信息通过传感器网络呈现给观察者。

无线传感器网络往往由许多具有某种功能的无线传感器节点组成,无线传感器节点间的通信距离往往较短,所以一般采用接力式多跳的通信方式进行通信。其网络结构如图1-1-5所示。

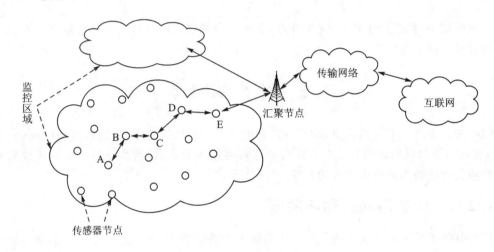

图1-1-5 传感器网络的示意图

监控系统借助于监控区域中传感器节点内置的传感器(例如摄像头、温度感知器、噪声感知器、污染物感知器、GPS等),探测外界物质现象(包括违章信息、温度、噪声、微生物浓度、位置和速度等),并将这些信息以接力的方式,传给一个特殊的设备(往往称为汇聚节点Sink,或者基站),由后者经过传输网络,最终传给互联网后台系统,便于人们加工和利用。这个过程,往往需要传感器节点充分协作。

需要指出的是,传感器网络的结构随着时代的发展而不断发展。例如,随着各项技术的成熟,大规模、高密度网络布局将会成为可能,单节点的网络结构在能耗均衡性、可靠性等方面将会显示出一定的弊端,而多节点网络架构无疑可以较好地解决上述问题。2008年初,中国南极考察队在低温、高海拔和雪面松软的Dome-A地区成功地安装了由中国科学院遥感应用研究所研发的无线传感器网络系统,该系统就是一个设计为双基站的系统。节点所发出的数据被通信系统接收后传回国内,同时还被一台值守系统接收存储于本地,待下次考察队到此地时取回。

传感器网络的应用可以追溯到20世纪60年代,如美国在越南战争中使用的雪屋系统(Igloo White)。1980年,美国DARPA启动了分布式传感器网络,但是由于技术条件的限制,传感器网络的研究在20世纪90年代才开始出现热潮。

1993年开始的WINS(Wireless Integrated Networks Systems)项目,由美国加州大学洛

杉矶分校和罗克韦尔自动化中心共同开发,涵盖了 MEMS、通信芯片、信号处理体系、网络通信协议等。1996 年开始的 μAMPS(Micro-Adaptive Multi-domain Power Aware Sensors)由麻省理工承担,诞生了著名的 LEACH(Low Energy Adaptive Cluster Hierarchy)协议。1998 年开始的 SensIT(Sensor Information Technology)致力于研究大规模分布式军事传感器系统,首要任务是为网络化微型传感器开发提供所需的软硬件。

早期的科研项目成果主要是一系列无线传感器网络平台和初级应用示范系统,其中以 Motes 硬件平台及其操作系统 TinyOS 的影响最为广泛。

无线传感器网络技术是典型的具有交叉学科性质的军、民两用战略技术,可以广泛应用于军事、国家安全、环境科学、交通管理和灾害预测等各行各业,是各领域研究的热点。鉴于无线传感器网络技术日益发展的重要性,2002 年,美国 OAK 实验室预言:IT 时代正从"The network is computer"向"The network is sensor"转变。美国《商业周刊》和 MIT 技术论坛在预测未来技术发展报告中,将 WSN 列为 21 世纪最有影响的 21 项技术和改变世界的十大技术之一。

1.2.3 传感器节点

无线传感器网络的一个重要组成部分就是感知信息的节点,即传感器节点。它是具有某种功能的小型设备,借助于节点中内置的传感器测量周边环境中的热、红外、声呐、雷达和地震波等信号。

随着微机电加工技术的不断发展,无线传感器节点正经历着一个从传统传感器(Dumb Sensor)到智能传感器(Smart Sensor)、嵌入式 Web 传感器(Embedded Web Sensor)的发展过程。

无线传感器节点通常是一个微型嵌入式系统,它的处理能力、存储能力和通信能力相对较弱,通过携带能量有限的电池供电。

从网络功能上看,每个无线传感器节点都兼顾着传统网络的双重角色:**终端和路由器**。也就是传感器节点除了进行本地信息收集和数据处理外,还要对其他节点转发来的数据进行存储、管理、融合和转发等操作。有时还需要与其他节点协作共同完成一些特定任务,如执行定位算法等。无线传感器节点功能模块如图 1-1-6 所示。

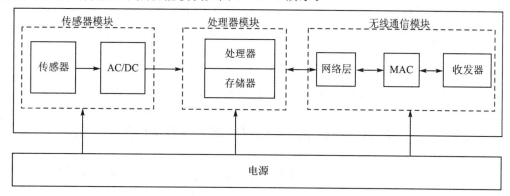

图 1-1-6 无线传感器节点功能模块

通常认为,一个传感器节点(特别是具有一定处理功能的智能传感器节点)应由以下模块组成:

- 传感器/数据采集模块,包括传感器、AC/DC 转换器等。
- 数据处理和控制模块,包括微处理器、存储器等。
- 无线通信模块,由于需要进行数据转发,所以一般会涉及 ISO/OSI 的网络层、数据链路层和物理层(无线收发器)。
- 电源模块,主要是指电池。

其中处理器模块用来处理相关数据,协调各部分的工作,同时还应负责与其他节点相互协同地控制整个网络的运作。处理器模块根据需要可以包括 CPU、存储器、嵌入式操作系统等软硬件,包括(但不必须)以下功能:

- 对感知单元获取的信息进行必要的处理、缓存。
- 对节点设备及其工作模式进行控制。
- 进行任务的调度。
- 能量的计算。
- 各部分功能的协调。
- 通过网络控制信息的交流,实现网络的组织和运行。
- 执行路由算法。
- 其他。

无线通信模块负责与其他传感器节点进行无线通信,包括(但不必须)以下功能:

- 进行节点之间的数据、控制信息的收发。
- 执行相关协议,进行报文组装。
- 无线链路的管理。
- 无线接入和多址。
- 数据帧传输协议。
- 频率、调制方式、编码方式等的选择。
- 其他。

传感器/数据采集模块是传感器网络与外界环境的真正接口,负责对外界各种信息进行感知,并将其转换成电信号,包括(但不必须)以下功能:

- 外部环境的观测(或控制)。
- 与外部设备的通信。
- 信号和数据之间的转换。
- 其他。

能量供应模块负责对传感器节点进行供电,通常情况下采用的是电池供电的方式。

1.3　物联网通信环节的划分

物联网通信形式多种多样,技术丰富多彩,本书把物联网关于通信的部分抽象为图 1-1-7。

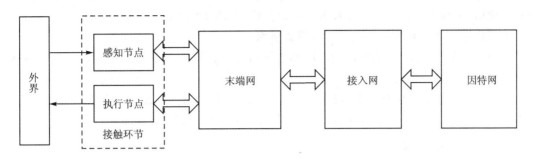

图 1 - 1 - 7 物联网划分示意图

1.3.1 接触环节

物联网应用,首先面对的是外界各种事物,经常需要对其进行多种参数的感知和获取,包括位置、速度、成分等,这是由接触环节的感知节点来获取的。感知节点可以通过二维码识读设备、射频识别(RFID)阅读器、各种物理/化学感应器、全球定位系统和激光扫描器等信息感知设备,来实现对外界信息的感知和获取。

感知节点在获取所需的参数后,必要时还要进行一定的预处理(比如过滤重复数据、数据的融合/合并),在合适的时间,向后续环节发送数据,最终传递给需要这些数据的对象。

感知节点也可能从后续环节获取信息,例如相关参数的设置、分布式数据的保存、进一步感知的指令等。

【案例 1 - 1】 海尔物联网空调

海尔集团推出的物联网空调,当机主外出时,可以使用手机将空调设定成安全防护状态。空调的红外线检测装置可以感知人体的存在,如果家里有陌生人闯入,空调能自动拍摄照片,通过彩信发送到机主手机上,并进行电话提醒。

在这个案例中,空调作为感知节点对人体存在进行感知。这样的感知节点不仅需要对外界进行感知,还需要对感知的信息进行处理(光信号转化为图像信号,压缩处理等),同时还可以接受机主的控制。

接触环节的另一类对象是执行节点。执行节点的主要任务是接收后续应用,特别是决策者发来的执行、控制指令,产生一定的行为,从而对外界进行影响。必要时,执行节点还需要将执行的结果反馈给后续环节。例如,飞船(如图 1 - 1 - 8 所示的天宫一号)进入太空后,接收相关指令,打开太阳能电池板的动作,是由事先设定的指令,在合适的时间发出,由执行节点展开电池板,并将是否展开成功的信息发给航天中心。

图 1 - 1 - 8 天宫一号图片

而在很多应用中,因为执行结果不是非常关键,就没有必要将信息通过后续环节进行传输了。例如,案例 1 - 1 中的海尔物联网空调,其另一个功能选项是采用红外监测技术实现智能节电功能,当空调监测到房间长时间无人的时候,可以自动关机。将这样的信息反馈给用户的必要性并不高,此时只需要通过空调器件之间的简单通信即可完成,即在传感节点和执行节点之间直接进行数据通信,无须将信息通过后续环节远距离传输,并通知机主。

本书将感知节点和执行节点统称为**接触节点**。

需要注意的是,并非任何物联网应用都必须同时具备感知节点和执行节点。天气的感知仅限于感知节点即可。

接触环节中射频识别(RFID)技术、全球定位系统、激光制导等涉及信息获取的通信技术,是本书接触环节的主要内容,其中的射频识别技术,其作用更是举足轻重。

1.3.2　末端网

当接触环节中某个节点获取到外界的信息后,需要把数据通过一定的通信技术,以一定的QoS要求(或者高可靠,或者高实时)进行信息的传送,将数据传送到互联网上,进而提交给后续环节进行处理和展示。或者从后台发送指令到接触环节进行执行,对外界产生一定的影响。可以说信息传输是互联网对物理世界感知和操作的延伸手段,可以更好地实现通信用户(包括人和物)之间的沟通,是物联网的基础设施。

本书把涉及的通信过程细分为三个环节,分别是末端网、接入网和互联网。

在实际应用中,很多应用系统接触环节中的节点,在获取数据后(或者需要获得指令),并不一定能够直接投递到互联网上,而需要借助一定的通信技术传送给互联网上的某些节点,由后者将信息中转给互联网,如案例1-2。

【**案例1-2**】　生产控制系统

由南京航空航天大学(简称南航)为某公司开发的基于条码的生产控制系统,扫描枪和计算机之间通过串口线相连。如图1-1-9所示。

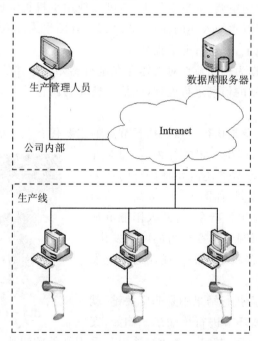

图1-1-9　生产监控系统体系架构

扫描枪在获取数据后,不能直接发到互联网上,必须先发给计算机,由计算机作为中介来进行转换,最后投递到该公司的 Intranet 上,并进行后续的处理。

如果把目前的互联网比喻成主干神经的话,那么从扫描枪到计算机之间的通信技术就是互联网向物理世界的进一步延伸,有些像人类的末端神经,本书称为末端网通信技术。末端网通信技术是本书的重点之一。

末端网的主要工作是如何将信息或处理后的数据经过一定的通信技术,传输给特定的节点(如主机、网关等),或者反方向从设备获取数据,实现和互联网的交流。末端网的技术多种多样,从简单的有线方式到无线方式,以及当前研究的热点——自组织网络方式,是发展非常迅速的一个领域。

1.3.3　接入网

接入网通信(Access Network,AN)技术,是一项和读者密切相关的技术,用在物联网中,是末端网和互联网的中介。

所谓接入网,是指骨干网络到用户终端之间的所有设备(对于物联网来说,用户也可能是"物")。接入网长度一般为几百米到几公里,因而被形象地称为"最后一公里"问题。由于骨干网一般采用光纤结构,传输速度快,因此,接入网便成为了整个网络系统的瓶颈。接入网发展也相当迅速,特别是以 Wi-Fi、4G 为代表的无线接入方式,为用户接入提供了更好的服务质量,为物联网的发展提供了方便的手段。

1.3.4　互联网

互联网目前还是物联网的核心,从"网络的网络"这个定义出发,也将是以后物联网的核心,负责将不同的物联网应用进行互联。

经过几十年的发展,互联网已经成为人们工作生活中不可或缺的组成部分,产生了巨大的影响,对于某些产业而言,可以说是巨大的变革。但是鉴于这一部分技术已经有了太多的教材,这一部分内容将不是本书关注的对象。

1.4　本书的组织思想

本书主要关注物联网的通信技术。物联网的应用是多种多样的,因此必须根据多种因素进行选型,所采用的通信技术也不会千篇一律,涉及的通信技术也会有很多种,包括目前所能见到的通信技术都可以被采纳。本书将关注其中一些通信技术,并对这些技术进行一定的介绍和分析。

在这个主导思想下,本书首先依据前面的分析提出传输环节的思想,然后将各种通信技术按照其应用的可能性,组织进入到对应的传输环节中。这些传输环节包括:接触环节、末端网环节和接入网环节。也就是说,本书的主要组织思想是根据传输环节来对各种通信技术进行分类,然后进行介绍。

需要说明的是,这样的组织并非壁垒分明,因为一种技术可能会在多个环节中被采用,例如,Wi-Fi 就可能出现在末端网环节和接入网环节中。这是依据具体的物联网应用开发需求和实际条件决定的。本书只是依据可能性大小进行组织。

第 2 章　物联网通信体系

体系结构可以精确地定义系统的组成部件及之间的关系,指导开发者遵循一致的原则实现系统,以保证最终建立的系统符合预期的需求。因此,物联网体系结构是设计与实现物联网系统的首要基础。

本章首先针对物联网的体系结构进行研究和探讨,然后进一步探讨目前物联网应用的模式,从而对这些模式所使用的各种通信技术进行归纳和分析,最后抽象出这些通信技术的体系。

2.1　USN 体系架构及其分析

2.1.1　USN 体系架构

目前,国内外提出了很多物联网的体系结构,但是这些体系结构多是从应用和实施的角度给出的,如最为典型的 ITU – T 建议中提出的泛在传感器网络(Ubiquitous Sensor Network,USN)高层架构,如图 1 – 2 – 1 所示。

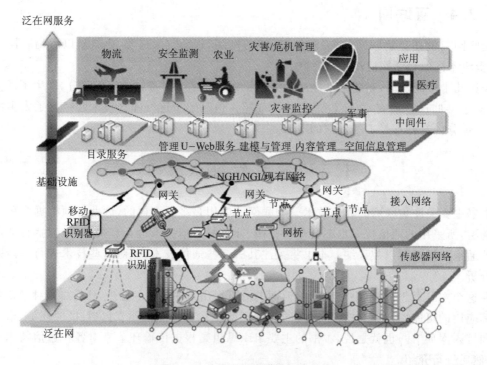

图 1 – 2 – 1　USN 物联网层次结构

USN 体系结构自下而上分为 5 个层次,分别为传感器网络层、传感器网络接入层、骨干网络层(NGN/NGI/现有网络)、网络中间件层和 USN 网络应用层。

一般传感器网络层和泛在传感器网络接入层可以合并成为物联网的感知层,主要负责采集现实环境中的信息数据。在当前的物联网应用中,骨干网络层就是目前的互联网,未来将被下一代网络 NGN 所取代。而物联网的应用层则包含了泛在传感器网络中间件层和应用层,主要实现物联网的智能计算和管理。

2.1.2 感知层

感知层解决的是人类世界和物理世界的数据获取问题,是物联网的皮肤和五官,主要用于采集物理世界中发生的物理事件和数据,是物理世界和信息世界的衔接层,是实现物联网全面感知和智慧的基础。

感知层的主要技术包括二维码标签和识读器、射频标签(RFID 标签)和阅读器、多媒体信息采集(如摄像头)、实时定位、各种物理、化学传感器等。通过这些技术感知采集外部物理世界的各种数据,包括各类物理量、身份标识、位置信息、音频、视频数据等,然后通过网络层传递给合适的对象。

为了实现感知的功能,感知层的关键技术还必须包括一些通信技术,特别是无线通信技术。

例如,针对 RFID 技术,本书认为附着在物品上的 RFID 标签被赋予了一个特殊的身份——物品的"身份证",从这个角度来说,标签即成为了物品的一个属性,帮助物联网的应用系统来感知物品的标识。

基于这样的认识,RFID 阅读器可以被认为是用来感知物品标识的感知设备。RFID 标签和阅读器也可以划归为物联网的感知层,它们之间存在着无线通信,这种通信是为了实现感知才产生的。现在的不停车收费系统(Electronic Toll Collection,ETC)、超市仓储管理系统等都是基于 RFID 技术的物联网应用。

图 1-2-2 中,假如物联网规模不断扩大,可以在钥匙中嵌入 RFID 标签,当钥匙的主人不慎将这把钥匙丢失后,相关部门可以通过标签信息查到钥匙的主人是谁,这样就可以方便地进行失物招领了。

图 1-2-2 标签技术的应用假设

另外,导航定位技术也是一种需要借助通信技术才能完成感知的技术,其中的用户接收机随时放置在需要定位的物品上,而用户接收机和定位卫星之间是需要无线通信的。

导航技术和标签技术具有一个共同点,它们与其他功能部件之间的通信,不是为了传输信息给互联网,而仅仅为了感知,并且,这两种技术的重要部分都是放置在物体之上。但是,这两种技术也是有所区别的:

➤ 导航系统中的用户接收机是一种感知设备,而标签是用来被感知的。
➤ 接收机可以放置在不同的载体上,和载体不存在一一对应的关系;而标签技术主要是以物品身份证的地位存在的,和载体存在着一一对应的关系。

另外,一些负责在互联网和感知设备之间进行通信,以实现必要的信息交互的通信技术,也被归为感知层的功能。多数情况下,这些通信过程需要借助特定的网关节点来完成。

例如,案例 1-2 中,系统通过串口将感知设备感知到的数据,转发给计算机,由计算机转发给互联网后台进行处理。

再例如,无线传感器网络(WSN)中,感知节点感知到的数据,在处理和转换后,经过某些通信技术,汇总给节点,并由节点转发给互联网。

在相反的方向上,来自于互联网用户的决策数据,通过网关,最后分发给执行节点,也需要相应的通信技术。

这一部分的通信技术有一个很重要的特点,就是和具体应用密切相关。

从上面的分析来看,USN 高层架构的感知层所包含的通信技术,可以细分为两种功能,对于应用框架而言,无可厚非,但是对于专门研究通信技术的教材而言,这种体系显得大了一些,不够明确。

2.1.3 网络层

USN 高层架构的网络层是物联网的神经,完成远距离、大范围的信息沟通,主要借助于已有的网络通信系统(如 PSTN 网络、2G/3G/4G 移动网络、广电网等),把感知层感知到的信息快速、可靠、安全地传送到互联网/目的主机,并最终汇聚到应用层。目前网络层的核心还是互联网。

网络层的各种网络技术,从功能上看,也可以分为两类,分别是接入网和互联网。

物联网中的各种智能设备,首先需要借助各种接入设备和通信网,实现与互联网的相连,这正是 USN 体系中所给出的接入层的作用。根据 USN,接入网由一些网关或汇聚节点组成,为感知网与外部网络(或控制中心)之间的通信提供基础设施。

这一部分通信可以包含很多技术,简单低速的如电话线(调制解调器)接入,复杂的如无线 Mesh 网接入,高速稳定的如光纤接入 FTTx,便携的如 3G、4G 等。另外,电力线通信技术也为信息接入带来了很好的应用前景。而三网融合实现之后,也将会更有利于物联网的快速推进。

【案例 2-1】 360 车卫士汽车安全智能管家

系统利用内置的 GSM 控制模块,通过手机模拟车主打火的过程,实现遥控启动汽车引擎,并打开汽车的空调,达到提前制冷(或暖车)的效果,当用户进入车辆时,车内已经凉爽(或温暖)了,极大地提高了用户的舒适度。

为了保证安全,需要把车上控制器的手机号码设置为授权号码,并绑定到自己的手机后才能使用。启动后无需担心车辆的安全问题,如果没有使用遥控器或者手机打开车门,车辆会立即熄火并报警,并向车主的手机发送短信(报警信息)。如果 15 分钟后,车主没有用遥控器和手机打开车门,汽车会自动熄火结束制冷(或暖车)过程。

如果车上安装了 GPS 模块,系统还可以返回当前车辆位置的文字信息,或者车辆位置的地图链接,车主用手机打开这个链接即可看到车辆在地图上的位置。

在这个案例中,GSM 网络作为接入网,承担了汽车和用户之间交流的通信平台。这个选型是很容易想到的,有线网肯定不可以,Wi-Fi 距离太短,与生活密切相关,距离合适的,只有蜂窝网(包括 GSM、3G、4G 等),考虑到成本,所以采用了 GSM。

在可预见的时间内,互联网仍是网络的核心和发展主力,作为一个沙漏形状的体系,向下统一着不同种类的网络,向上支撑着不同种类的应用,为用户提供了越来越丰富的体验,成为了目前物联网当之无愧的核心。

目前,互联网技术已经较为成熟,但仍面临着很多问题。最大的问题当属 IP 版本的改进,

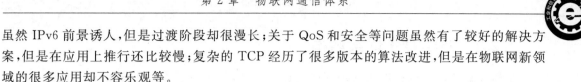

虽然 IPv6 前景诱人,但是过渡阶段却很漫长;关于 QoS 和安全等问题虽然有了较好的解决方案,但是在应用上推行还比较慢;复杂的 TCP 经历了很多版本的算法改进,但是在物联网新领域的很多应用却不容乐观等。

需要指出的是,原有的各种接入网络和互联网络最初是针对"人"这类用户而设计的,当物联网大规模发展之后,接入网和互联网能否完全满足物联网数据通信的要求还有待验证。即便如此,在物联网发展初期,从技术和经济上考虑,借助已有接入网和互联网络进行不同距离的通信是必然的选择。

2.1.4　应用层

物联网的核心功能是对信息资源进行采集、开发和利用,最终价值还是体现在"利用"上,因此应用层是物联网发展的体现。其主要功能是根据底层采集的数据,形成与业务需求相适应,实时更新的动态数据,以服务的方式提供给用户,为各类业务提供信息资源支撑,从而最终实现物联网各行业领域的应用。

这些物联网应用绝大多数都属于分布式的系统(参与的主机和设备分布在网络上的不同地方),需要支撑跨应用、跨系统,甚至跨行业之间的信息协同、共享、互通。如果直接架构在互联网基础上(例如 Socket)进行开发,开发效率必然低下。这时,分布式系统开发环境的作用就体现出来了。

分布式系统开发环境经历了长时间的发展,目前可以提供很多有用的工具和服务(如目录服务、安全服务、时间服务、事务服务、存储服务等),可以为开发分布式系统提供众多便利,极大地提高了分布式系统的开发效率,使得开发者可以站在"巨人的肩膀上"。

另外,感知数据的管理与处理技术是物联网核心技术之一,如数据的存储、查询、分析、挖掘和理解、决策等,理应作为应用层的重要环节。在这方面,云计算平台作为海量数据的存储、分析平台,将是物联网的重要组成部分。

2.1.5　体系结构的分析

USN 的高层架构可描述物联网的物理构成和涉及的主要技术,对物联网应用的构建有着较强的指导意义。但是对于物联网通信这门课来说,USN 的高层架构不能完整、细节地反映出物联网系统实现中的组网方式、通信特点和功能组成等,需要更加详细地描述和概括,才能对物联网应用中通信技术的选型进行指导。

另外,USN 各层次,特别是感知层和网络层,都掺杂了多种通信技术,依据网络体系结构(ISO/OSI 或 TCP/IP),这些通信技术包含了重复的层次(比如物理层、数据链路层乃至网络层等),不够明晰,对于物联网通信这门课来讲,从传统的网络体系结构入手显然更加合适。

2.2　计算机网络体系结构

计算机网络通信存在两大体系结构,分别是 ISO/OSI 体系和 TCP/IP 体系,它们都遵循分层、对等层次通信的原则。

2.2.1 ISO/OSI 体系结构

虽然遵循 ISO/OSI 标准的物理网络慢慢消失了,但是由于 ISO/OSI 的概念体系比较明晰,很多新的物理网络也都遵循着 ISO/OSI 层次思想进行设计。

ISO/OSI 体系结构如图 1-2-3 所示。

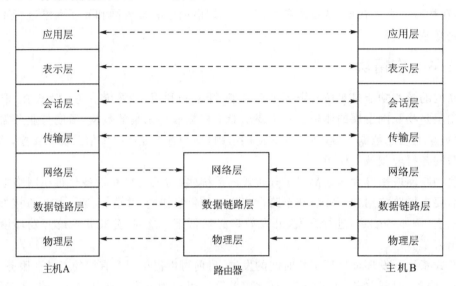

图 1-2-3 ISO/OSI 体系结构

1. 第 7 层——应用层(Application Layer)

应用层是 OSI 参考模型的最高层,主要负责为应用软件提供接口,使应用软件能够使用网络服务。应用层提供的服务包括文件传输、文件管理以及电子邮件等。

需要指出的是,应用层并不是指运行在网络上的某个应用程序(如电子邮件软件 Fox-mail、Outlook 等),应用层规定的是这些应用程序应该遵循的规则(如电子邮件应遵循的格式、发送的过程等)。

2. 第 6 层——表示层(Presentation Layer)

表示层提供数据表示和编码格式,以及数据传输语法的协商等,从而确保一个系统应用层所发送的信息可以被另一个系统的应用层识别。

例如,两台计算机进行通信,假如其中一台计算机使用广义二进制编码的十进制交换码(EBCDIC),而另一台使用美国信息交换标准码(ASCII),那么它们之间的交流就存在着一定的困难(显而易见,对于相同的字符,其二进制表示是不同的)。如果表示层规定通信必须使用一种标准化的格式,而其他格式必须实现与标准格式之间的转换,那么这个问题就不存在了,这种标准格式相当于人类社会的世界语。

3. 第 5 层——会话层(Session Layer)

会话层建立在传输层之上,允许在不同机器上的两个应用进程之间建立、使用和结束会话。会话层在进行会话的两台机器之间建立对话控制,管理哪边发送数据、何时发送数据、占用多长时间等。

4．第 4 层——传输层（Transport Layer）

在源、目的主机上的通信进程之间提供可靠的端到端通信，进行流量控制、纠错、无乱序、数据流的分段和重组等功能。

OSI 在传输层强调提供面向连接的可靠服务，在后期才开始制定无连接服务的有关标准。下面介绍面向连接和无连接通信/服务的概念。

（1）面向连接的通信

面向连接（Connection - oriented）的通信，即网络系统在两台计算机发送数据之前，需要事先建立起连接的一种工作方式。其整个工作过程有建立连接、使用连接（传输数据）和释放连接三个过程。

最典型的、面向连接的服务就是电话网络，用户在通话之前，必须事先拨号，拨号的过程就是建立连接的过程，而在挂断电话的过程就是释放连接的过程，这些都有专门的信令在执行这些功能。

需要注意的是，电话通信是独占了信道资源（简单理解为电话线），连接的建立意味着资源的预留（别人不能占用），而在计算机网络中大多数面向连接的服务是共享资源的，这种连接是虚拟的，即所谓的虚连接，它是靠双方互相"打招呼"后，在通信过程中不断"通气"和重发来保证可靠性的。

（2）面向无连接的通信

面向无连接（Connectionless）的通信，不需要在两台计算机之间发送数据之前建立起连接。发送方只是简单地向目的地发送数据分组（或数据报）即可。手机短信的发送可以看成是面向无连接的，发短信之前无需事先拨号（对方号码可以看成短信的一个附属属性）。

在通常的情况下，面向连接的服务，传输的可靠性优于面向无连接的服务，但因为需要额外的连接，通信过程的维护等开销，协议复杂，通信效率低于面向无连接的服务。

OSI 在传输层定义了 5 种传输协议，分别是 TP0、TP1、TP2、TP3 和 TP4，协议复杂性依次递增。其中 TP4 是 OSI 传输协议中最普遍的。

5．第 3 层——网络层（Network Layer）

网络层是最核心的一层，使得在不同地理位置的两个主机之间，能够实现网络连接和数据通信。为了完成这个目的，网络层必须规定一套完整的地址规划和寻址方案。在此基础上，网络层完成路由选择与中继、流量控制、网络连接建立与管理等功能。

OSI 网络层可以提供的服务有面向连接的和面向无连接的两种。

面向无连接网络协议（ConnectionLess Network Protocol，CLNP）相当于 TCP/IP 协议中的因特网协议（IP），是一种 ISO 网络层数据报协议，因此，CLNP 又被称为 ISO - IP。

面向连接网络协议（Connection - Oriented Network Protocol，CONP），主要提供网络层的面向连接的服务。

6．第 2 层——数据链路层（Data Link Layer）

数据链路层主要研究如何利用已有的物理媒介，在相邻节点之间形成逻辑的数据链路，并在其上传输数据流，即数据链路层提供了点到点的传输过程。

数据链路层协议的内容包括：

➢ 按照规程规定的格式进行封装和拆封。

> 如果在信息字段中出现与帧控制域信息（比如起、止标志字段）一样的组合，则需要进行一定的处理来避免产生混乱，实现帧的透明传输。
> 数据链路的管理，包括建立、维护和释放。
> 在多点接入的情况下，提供数据链路端口的识别。
> 数据帧的传输及其顺序控制。
> 流量控制。
> 差错检测、纠正、帧重发等。
> 其他。

7. 第1层——物理层（Physical Layer）

物理层是 OSI 参考模型的最底层，直接面向实际承担数据传输的物理媒体（即网络传输介质），保证通信主机间存在可用的物理链路。

物理层的主要任务就是规定各种传输介质和接口与传输信号相关的一些特性：机械特性、电气特性、功能特性、规程特性。

2.2.2 TCP/IP 参考模型

TCP/IP 体系结构是围绕 Internet 而制定的，是目前公认的、实际上的标准体系。TCP/IP 体系结构对物理层和数据链路层进行了简化处理，合称为网络接口层。这实际上反映了 TCP/IP 的工作重点和定位：TCP/IP 体系关心的不是具体的物理网络实现技术，而是如何对已有的各种物理网络进行互联、互操作。

TCP/IP 体系结构如图 1-2-4 所示。

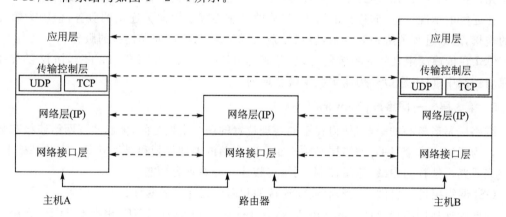

图 1-2-4 TCP/IP 网络体系结构

1. 第4层——应用层

简单地说，TCP/IP 的应用层包含了 ISO/OSI 体系的应用层、表示层和会话层，也就是用户在开发网络应用时，需要注意表示层和会话层的功能。例如，程序涉及的加密过程、图像/视频的压缩编码算法等就属于 OSI 表示层的范畴；远程教学系统涉及的提问/发言等的课堂秩序控制（主要用于并发控制）属于 OSI 会话层的范畴。

应用层为用户提供所需各种服务的共同规范，例如，Foxmail 和 Outlook 都是邮件程序，它们本身不属于应用层范畴，但它们所遵循的邮件内容格式、发送过程属于应用层范畴。有了

这些规范,Foxmail 和 Outlook 才能相互发送、识别电子邮件,包括:

- DNS 域名服务解析域名。
- 远程登录(Telnet)帮助用户使用异地主机。
- 文件传输使得用户可在不同主机之间传输文件。
- 电子邮件可以用来互相发送信件。
- Web 服务器,发布和访问具有网页形式的各种信息。
- 其他。

2. 第 3 层——传输层

传输层负责数据流的控制,是保证通信服务质量的重要部分。TCP/IP 的传输层定义了两个协议,分别是 TCP(Transmission Control Protocol,传输控制协议)和 UDP(User Datagram Protocol,用户数据报),分别是面向连接和面向无连接的服务。

两台计算机经过网络进行数据通信时,如果网络层服务质量不能满足要求,则使用面向连接的 TCP 来提高通信的可靠性;如果网络层服务质量较好,则使用没有什么控制的、面向无连接的 UDP,因为它只增加了很少的工作量,可尽量避免降低通信的效率。

但是很可惜,基本上任何一个面对用户的应用系统,都不太可能进行这样的动态调整,都必须将自己的主要出发点分为"要可靠"、"要实时"两大类,前者使用 TCP,后者使用 UDP。

互联网的传输层研究主要在 TCP 上,TCP 得到了不断发展,越来越复杂,越来越完善。但是在无线传感器网络这一典型的物联网应用中,由于节点性能的限制,不可能每个节点都采用 TCP。有两种方式在传感器网中部署传输层:

- 将整个网络的数据信息汇聚传输给汇聚节点(Sink),而汇聚节点作为功能较为完整的节点,与外部其他网络的通信可以采用已经存在的各种传输层协议,包括 TCP。
- 在节点上部署简化的 TCP 或者使用 UDP。

3. 第 2 层——网络层

互联网的网络层也可以称为 IP(Internet Protocol)层。

网络层在数据链路层提供的点到点数据帧传送的功能上,进一步管理网络中的数据通信,将数据从源主机经若干中间节点(主要是路由器)传送到目的主机。

网络层的核心是 IP 协议,为传输层提供了面向无连接的服务。

网络层的功能有:路由选择、分组转发、报文协议、地址编码等。特别是路由选择和分组转发,被认为是网络层的核心工作,人们投入了大量的研究。

目前,IP 的路由算法已经比较成熟。以 IPv4 为例,路由算法包括 RIP、OSPF 等;TCP/IP 网络层的发展方向是 IPv6,其路由算法包括 RIPng、OSPFv3 等。随着移动技术的发展,移动 IP(Mobile IP,MIP)技术受到了重视。

IP 协议提供统一的 IP 数据包格式,以消除各通信子网的差异,从而为信息发送方和接收方提供透明通道。以下几个协议工作在 TCP/IP 的 Internet 层。

- IP:在 IP 地址、IP 报文的基础上,提供无连接、尽力而为的分组传送路由,它不关心分组的具体内容、正确性以及是否到达目的方,只是负责查找路径并"尽最大努力"把分组发送到目的地。
- Internet 控制消息协议(ICMP):给主机和路由器提供控制消息,如网络是否通畅,主机是否可达,路由是否可用等。这些控制消息虽然不传输用户数据,但是对于用户数据的传递起着重要的辅助作用。

> 地址解析协议(ARP):已知 IP 地址,获取相应数据链路层的地址(MAC 地址)。
> 网际组管理协议(IGMP):用来在主机和组播路由器(需和主机直接相邻)之间维系组播组。

4. 第 1 层——网络接口层

TCP/IP 体系模型的网络接口层基本对应于 ISO/OSI 体系模型的物理层和数据链路层。

2.2.3 体系结构的比较

TCP/IP 体系模型和 ISO/OSI 体系模型的比较。

1. 相同点

> 两者都是分层的模型,都遵循着对等层次虚拟通信,下层为上层服务,最终的通信在物理媒介上进行实现的原则。
> 两者都有应用层,尽管所包含的应用服务不尽相同。
> 两者都有定位基本相同的传输层和网络层。
> 两者都使用分组交换(而不是电路交换)技术。
> 其他。

2. 不同点

> TCP/IP 模型将 ISO/OSI 模型的表示层和会话层合并到应用层之中,将 ISO/OSI 模型的数据链路层和物理层合并成为网络访问层(并且没有进行具体规定),这样,由于具有较少的层数,TCP/IP 体系模型看上去较为简单。
> ISO/OSI 模型制定的标准较为复杂,实现起来较为困难,并且在一些层次中的部分功能重复。
> 其他。

3. 实用效果

ISO/OSI 参考模型中具体的协议,因为较为复杂,所以实现起来较为困难,典型的网络是 X.25。X.25 数据分组交换网络执行广泛的错误检查和数据分组确认,这是因为最初是在质量很差的电话网上实现这些服务的。但是随着通信技术的不断发展,有线网络已经越来越可靠了,过分地强调可靠性限制了网络的效率,已经不合时宜。目前,采用该体系结构和标准的物理网络越来越少。

相反,TCP/IP 则非常简单实用。不管底下的物理网络提供什么样的服务,TCP/IP 仅在网络层提供不可靠的、尽力而为(Best – effort)的无连接服务;在传输控制层提供了两大类协议,一个是可靠的、面向连接的 TCP 协议,一个是不可靠的、面向无连接的 UDP 协议。UDP 工作非常简单(可以简单地认为就是在网络层之上加了几项信息),而 TCP 的核心(流量控制和拥塞控制)也是尽量瞄准网络效率。

这里需要指出,不要认为在面向连接的服务之上,就只能提供面向连接的工作,最典型的例子是 HTTP。HTTP 是目前互联网上最普遍的应用层协议,是架构在 TCP 协议之上的,它借助了 TCP 的可靠性,对用户却是提供了面向无连接的服务。

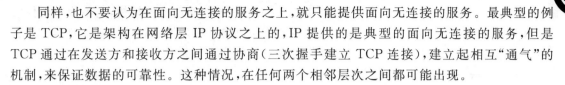

同样,也不要认为在面向无连接的服务之上,就只能提供面向无连接的服务。最典型的例子是 TCP,它是架构在网络层 IP 协议之上的,IP 提供的是典型的面向无连接的服务,但是 TCP 通过在发送方和接收方之间通过协商(三次握手建立 TCP 连接),建立起相互"通气"的机制,来保证数据的可靠性。这种情况,在任何两个相邻层次之间都可能出现。

4. 教学效果

由于 ISO/OSI 参考模型具有较为清晰的结构,特别是关于物理层和数据链路层的定义和描述,常被用来进行教学指导,帮助理解网络工作的过程。

目前,绝大多数物理网络在网络层之下是分层的,而且都包含物理层和数据链路层,并将自己的体系结构对应于 ISO/OSI 参考模型。

例如,针对物理层,其媒体分为两大类,有线方式和无线方式。

针对有线传输方式,在短距离上,由于以太网的众多优势,双绞线的作用日益重要;在长距离上,将越来越多地实现光纤化,速度得到了大幅度提高。

针对无线传输方式,物理层需要提供简单且强健的信号调制和无线收发技术,包括传输介质选择、传输频段选择、无线电收发器的设置、调制方式等,主要介质包括无线电、红外线、光波等。

另外,多路复用技术、多址技术、中继/放大技术及其设备、调制/解调技术、传输模式(同步/异步)、双工模式(单工/半双工/全双工)等,也都属于物理层的范畴。

在数据链路层上,也存在不少工作。

针对有线网部分,局域网目前统一为以太网;广域网主要为光纤网,其上可以使用多种数据链路层的协议,如 PPP;接入网虽然发展更加多样化,但也在数据链路层上,借助 PPP 和以太网的技术是一大趋势。它们都是针对数据链路层来设计的。

针对无线网,工作就相对复杂多了,在数据链路层,不仅需要实现公平优先的通信资源共享,还要处理数据包之间的碰撞,以及暴露站、隐蔽站问题等。目前,众多有关 MAC 协议的研究,从工作方式上可以有如下划分:

➢ 基于随机竞争的 MAC 协议。

➢ 基于时分多址/频分多址/码分多址的 MAC 协议。

➢ 混合方式的 MAC 协议。

在无线 Mesh 网(WMN)中,甚至还在数据链路层制定了路径算法(相当于路由算法)。

数据链路层的相关设备主要包括:网络接口卡(NIC)及其驱动程序、网桥、二层交换机等。

相反,TCP/IP 的网络接口层对于理解整个网络(特别是具体物理网络)工作,则显得有些模糊不清晰。

另外,随着无线网络的迅速发展,与移动节点的拓扑控制、路由算法等网络层相关的内容受到重视。无线网络,特别是无线传感器网络,在运行过程中具有高度灵活性,其网络资源的可用性也随着位置移动、物理环境变化而动态改变。如何在这些动态变化的情况下保证系统可靠、稳定的运行,提供满足用户需求的优质服务,这就要求网络应具备系统自治、自组织、自配置等特点,进而要求其路由算法也应具有某些特殊的特点,如以数据为中心、数据融合特性、适应频繁变化的拓扑结构、与应用密切相关等。

为此,研究人员进行了大量的研究,提出了大量的路由算法。这些都不是 TCP/IP 所属范畴。当然,也不属于 ISO/OSI 的标准体系。

因此,为了便于讲解,通常提出图1-2-5所示的抽象的通信体系结构,它不规定任何实质性的标准和协议,只提供工作的框架和大体的工作范畴。应该说这种体系更加科学。尽管如此,网络的研究者还是习惯将自己的工作对应于 ISO/OSI 体系。

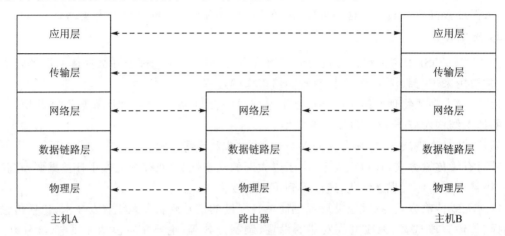

图1-2-5 抽象的通信体系结构

2.3 从通信角度出发的物联网体系结构分析

2.3.1 通信模式

针对目前大家所熟悉的互联网,虽然互联了不同的物理网络,但是从本质上讲,通信模式还是比较简单明了的,即通信的双方只有实现对等层次的协议(一般都要实现五层协议),才能进行相互通信,这是网络通信规则设定好的,本书把这种通信模式称为**直接通信模式**。

但是对于物联网来说,由于各种应用千差万别,所以通信模式要根据具体环境具体分析,这主要是由接触环节各个智能节点(包括感知节点和执行节点)的特性决定的。很多智能节点通常是功能较为简单的设备,而能量供应也并非无限,所以不太可能处理复杂的业务。因此,要求这些节点也具有和主机一样的通信层次,实现直接通信模式,是不切实际的。如果希望这些节点和互联网上的主机进行数据通信,一般需要通过一些特殊的节点(网关)进行转换,然后才能实现。本书把这种模式称为**网关连接通信模式**。

也正是借助于网关这一特殊的节点,使得在物联网中,各个环节需要实现的通信协议栈也可能不相同。

【案例2-2】 南航校区违章车辆的管理系统

由于车辆数量逐年增加,南航校园交通管理压力逐年增加。乱停乱放的车辆对校内交通影响较大,以往的纯人工管理方式效率低下,远远不能满足需求。南航校区采用了违章车辆管理系统,将教职工的机动车、车主等信息加密后通过二维码形式打印在通行证上。管理过程中,以智能手机拍摄出入证上的二维码来自动识别违章车辆的信息,通过 Wi-Fi 将信息保存至后台数据库进行快捷方便的记录,以便在合适的时间进行统计分析和处理。

这个系统的选型,因为是在校园内部,Wi-Fi 能够全部覆盖,所以对于学校来讲,成本几乎为零。

在案例 2-2 中,手机作为智能节点,拥有较强的性能和功能,可以实现五层协议栈,还可以使用较为丰富的通信辅助平台,实现典型的直接通信模式。

【案例 2-3】 假想的智能楼道管理系统

如图 1-2-6 所示,在建筑的楼道中部署红外线探测头(或者声音感知设备),当探测头感知到有人经过时,自动打开走廊灯,同时利用一个简单的信号,就能触发后台系统进行处理(例如提示监控人员通过视频摄像头进行监控)。

如果希望更加智能化,实现无人值守,则可以通过一个网关(可以是计算机上的一个特殊软件)把"有人通过"这个信号打包成 IP 数据包,发给后台监控服务器,由后者启动其视频监控功能,记录视频监控录像。

在案例 2-3 中,感知节点(红外线探测头)可以做得非常简单廉价,不能要求其具有完整的五层协议栈,也许仅仅经过物理层的一个信号传递,就可以完成感知节点和后台监控系统的通信了。

但是,网关作为一个"正常"的节点,应该实现完整的五个层次的通信协议,因为只有实现了这五个层次的通信协议,才能根据对等层通信的原则,将数据通过互联网转发给后台的监控服务器。

因此,这就出现了协议转换的问题,即网关必须在收到感知节点发来的物理信号后,对信号进行分析,转换成应用层定义的信息,经过传输层、IP 层、数据链路层的逐层封装后(可以理解为协议补充),才能发给后台监控服务器,如图 1-2-7 所示。

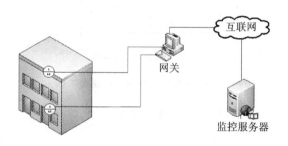

图 1-2-6 智能楼道管理

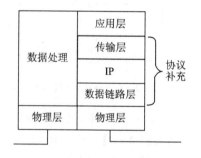

图 1-2-7 网关的协议转换问题

由此可以看出,接触节点的通信可能很简单,不必具备图 1-1-6 中传感器节点的架构,例如案例 2-3 中的红外线探测头。接触节点的通信也可以很复杂,甚至超出了图 1-1-6 中传感器节点的架构。例如,存在一些在传输层(如 AOA)甚至应用层(如 CoAP、EBHTTP)上进行的相关研究和规范。

2.3.2 物联网的通信体系结构

在设计与实现物联网应用系统之前,需要确定物联网通信的体系、系统通信所需的组成部件、部件之间的相互关系,以及部件需要完成的工作(例如协议转换)等,有了这样的指导,才能完成不同设备的集成、异构数据的交互等,为物联网应用系统的顺利实施打下良好的基础。

虽然物联网是一种新提出的概念,但物联网通信的体系结构并没有什么本质的变革。另外,通信过程仍然是以当前已经存在的技术为主,特别是互联网技术。但物联网应用因为越来越多地面向"物"这类用户,因此也使物联网的通信具有一些新的特点,从而设计出一些新的、面向物联网应用的通信技术。在设计新的通信技术时,更应该对通信体系有明确的了解,在应用需求明确定位的基础上,确定自身的层次。

在物联网中,将会有越来越多的数字化物体(如传感器节点)加入,其中很多都是资源受限的,包括能量、计算能力、存储能力等。因此,在通信协议设计时需要考虑的一个重要原则就是:节约能量。

考虑了其他一些因素,有学者提出了传感网的通信体系结构,如图1-2-8所示。该协议以传统的五层体系架构为主体,辅以能量管理平台、任务管理平台、移动管理平台等,具有多个维度,实现跨层管理。

但是,物联网应用千差万别,采用的通信技术各不相同,有简单复杂之分,不太可能要求每一个技术都必须实现5层协议。本书借鉴图1-2-8的体系结构,给出了一个物联网通信的体系框架(如图1-2-9所示)。在这个体系中,必然要涉及的是物理层和应用层,其他层次都是可选的,即依据不同的通信实现,具有不同的层次。

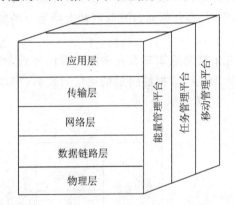

图1-2-8 Akyildiz 的 WSN 通信体系结构

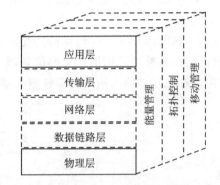

图1-2-9 物联网通信参考体系

在案例2-3中,红外线探测头到网关之间的通信,只需要物理层即可。

【案例2-4】 基于 RFID 的餐饮系统

由南航为某公司开发的基于 RFID 的餐饮管理系统(一期),前台主机通过串口线连接 RFID 阅读器,并经由 RFID 阅读器读取员工卡(内含 RFID 标签),从而实现对员工的就餐进行管控(每月就餐次数动态维护),同时,还将就餐信息写入后台数据库,以便后续进行统计、分析,并顺利实现与供餐单位的快速结算。

在案例2-4的整个操作过程中,RFID 标签和 RFID 阅读器之间,以及 RFID 阅读器和主机之间的通信,都是仅涉及物理层和数据链路层的协议。RFID 阅读器应用层读取 RFID 标签的信息后,经过必要的转换,再通过串口发送给前台计算机。

另外,该体系中,也涉及能量管理、拓扑管理、移动管理等,这些都是针对移动、资源受限节点所设计的层面,可以跨越多个层次。

2.3.3 直接通信模式的分析

目前,很多接触节点都是以计算机(或其他智能终端,如 PDA、智能手机等)的辅助设备出现的(如手机的摄像头、案例2-4中的 RFID 阅读器等),其中一个重要的特点是,两者之间的距离比较近。

所谓的直接通信模式,是指智能终端和远程应用系统之间是直接对等通信的,而接触节点是附属于智能终端的,受后者直接控制。

1. 接触节点的抽象模型

因为接触节点是以设备的形式连接到智能终端的,这样,接触节点的通信不必具有复杂、完整的协议栈,接触节点的驱动只需要提供 API 即可。接触节点可以通过很多种方式将数据传送给智能终端,有线方式如系统总线、串口线、并口线、USB 等,无线方式如蓝牙、红外等。

接触节点可以抽象描述为图 1-2-10 所示模型。

图 1-2-10 中的信息/信号转换部件,目前更多的是 AC/DC 转换器,负责将数字信号和模拟信号进行相互转换。

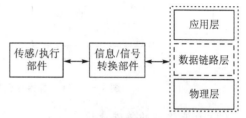

图 1-2-10　接触节点抽象模型(1)

但是,信息/信号转换部件也可以比较复杂。基于前面对 RFID 标签技术的分析,把 RFID 阅读器考虑成用来感知的接触节点 (RFID 标签被考虑为物体的一个特殊属性),则信息/信号转换部件应该为相关的协议栈转换软件,把两层无线通信协议(涉及多路存取算法)接收到的 RFID 信息转换为数字信号。

这类技术比较特殊,实现了接触节点与物品之间的通信,但是目前很多外界事物还只是处于待感知的地位,与接触节点是没有通信交流的。相信随着各种技术的发展,融入物品的技术和功能将越来越多,接触节点与物品之间的通信也会越来越频繁,信息/信号转换部件也会越来越复杂。

仍然以 RFID 为例,RFID 阅读器和智能终端之间的通信(图 1-2-10 中最右侧)可以是有线的串口通信,涉及数据链路层。

但是一些简单的接触节点,并不需要数据链路层就可以完成与智能终端之间的通信,如案例 2-3 的红外线探测头,其处理器只需要一个简单的阈值开关,输出一个电平信号给智能终端即可,不一定需要数据链路层的功能。

2. 传输体系分析

基于上面的抽象,可以把一个物联网应用的传输环节抽象如图 1-2-11 所示,接触节点一般以外部设备的形式连接到智能终端,智能终端采集到数据后,封装成 IP 数据,通过接入网传送到互联网。接触节点与智能终端之间可以采用简单的有线方式(比如串口线、USB 等),也可以采用流行的无线方式(如蓝牙、红外无线通信等)。

(1) 接触节点和外界物品的通信

目前,除了 RFID 和导航等少部分技术外,接触节点和外界物体的交流都比较简单(要么感知,要么产生一定的影响),没有涉及数据的通信。但是,随着接触节点,特别是外界物体越来越智能化,接触节点的发展方向是能够和外界物体实现越来越多的、更加复杂的交流(例如,洗羊毛衫应"告诉"洗衣机采用多大的水流、什么样的洗衣液等),这样,才能实现物联网"物与物"交流的最终目的。

接触节点感知和处理外界对象的方式越来越多的是双向交流,越来越多地借助通信技术,与此同时,协议栈也将在这一环节越来越多的得以呈现。

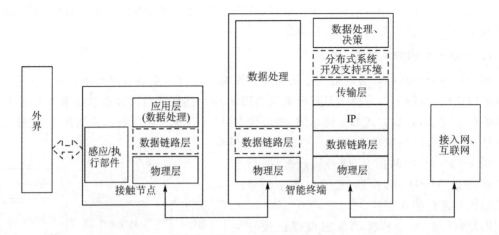

图 1 - 2 - 11 直接通信模式下物联网应用的传输环节

（2）智能终端的特殊地位

智能终端（如主机、智能手机、PDA 等）一方面需要和互联网上的其他主机进行对等方式的通信,一方面需要对接触节点进行控制、读取,从某种意义上讲,智能终端承担了类似网关的作用,将接触节点的信息读取出来,并转换为可以放到互联网上进行处理的数据,或者从互联网接受指令,转发给接触节点。

在智能终端和接触节点数据交流的过程中,因为接触节点多作为设备直接连接在智能终端上,或者和智能终端实现单步通信,一般不涉及网络层和传输层。这一部分通信,即前面所说的末端网通信。

智能终端在读取数据后,和互联网上其他节点的通信,必须遵循对等通信的原则,因此需要添加传输层的地址信息（TCP 和 UDP 的端口号）和网络层的地址信息（IP 地址）之后,才能将数据传递到互联网。

（3）接入网

接入网长度一般为几百米到几公里,负责实现将各种终端的数据转接进互联网中,或者进行反方向数据的传输。接入网发展非常迅速,经历了很多种接入技术。

传统的接入网主要是以铜缆的形式为用户提供一般的语音业务和少量的数据业务,如电话网及拨号上网技术。

随着社会的发展,人们对各种新业务,特别是宽带综合业务的需求日益增加,一系列接入网新技术应运而生,其中包括以现有双绞线为基础的接入技术（如 xDSL,最常见的是 ADSL）,广电网上提供的混合光纤/同轴（HFC）接入技术,以太网到户技术 ETTH,目前发展迅速的光缆技术（FTTx）,以及 ISDN、专线 DDN 等。

另一方面,人们对接入的便利性要求也逐渐提高,各种无线接入技术应运而生。无线接入技术与有线接入技术的一个重要区别在于可以向用户提供移动中的接入业务,可以为用户提供极大的便利,这也为很多物联网应用提供了可能性。案例 2 - 2 中,无法想象校警拖着一根网线,在校园中检查违章车辆的情景。

无线接入技术包括无线局域网（Wi-Fi）、无线广域网（WWAN）等。目前以 3G、4G 为代表的蜂窝接入技术,以及无线 Mesh 网(WMN)为代表的多跳接入技术,极大地扩展了物联网应用的接触范围。

正是因为各种接入方式的不断推陈出新,在速度、部署、便利性等方面各有所长,为物联网的信息接入提供了极大的便利。在开发物联网的各种应用时,人们有了更多的选择余地,来为用户提供性价比更高的服务。

(4)分布式系统的开发

物联网系统应该是分布式的系统。所谓分布式系统,是指分布在不同地域的主机上的应用程序同时执行,为了完成某一项,或多项任务而协调工作。当然,在一台主机上也可以有不同的进程通过相关通信手段来协同工作。

开发分布式系统,最直接的方式就是基于 Socket(套接字)技术进行编程。

套接字技术起源于 20 世纪 70 年代加州大学伯克利分校的 BSD Unix。最初,套接字被设计用来在同一台主机上多个应用程序之间进行通信,目前则被应用于不同主机之上的应用程序之间的通信。

套接字具有三种类型,分别是流式套接字(SOCK_STREAM)、数据报式套接字(SOCK_DGRAM)和原始套接字(SOCKET_RAW),其中前两者分别对应着传输层的 TCP 协议和 UDP 协议。

套接字技术以 API 形式,采用了 C/S(Client/Server,客户端/服务器)模式的机制,为开发网络应用程序提供了进程间通信的功能。套接字技术为开发人员屏蔽了 TCP/IP 网络编程的细节,降低了用户了解 TCP 协议和 IP 协议的要求,大大提高了开发分布式系统的效率。但是随着软件系统开发规模的不断扩大,仅仅依靠 Socket 技术来开发,开发的效率就有些捉襟见肘了。

图 1-2-11 中给出的分布式系统开发支持环境,从层次上分析,处于通信协议栈中的应用层的底部,它在基于套接字技术的基础上,提供了多种服务和接口,为进一步开发网络系统提供了便利。

分布式系统开发支持环境作为分布式系统开发的伴生技术,经历了较长的时间,发展出很多技术,如消息中间件、数据库中间件、远程过程调用技术(Remote Procedure Call,RPC)、分布对象计算技术(Distributed Object Computing,DOC)、分布式组件技术、Web Service 技术、网格技术,以及各种云计算(Cloud Computing)平台等。每一类都有一些经典的技术代表。

这些分布式系统开发支持技术除了屏蔽下层(Socket)数据传输的细节和为开发过程提供便利外,还提供了许多额外的服务和特性来为开发大型分布式系统提供支持,比如安全、事务、实时、时间等。

特别是云计算技术,是当前研究和应用的热点,是分布式计算、并行计算、网络存储、虚拟化、负载均衡等多个计算机领域技术发展融合的产物,为大规模计算提供了可能,使得海量数据、大数据的分析、处理不再遥不可及。

这些分布式开发支持环境的出现,为大型分布式系统的开发提供了强有力的支持,可以大大提高大型分布式系统的开发效率。当然,对于那些简单的分布式系统,则不一定是必需的。

鉴于篇幅有限,本书将不对分布式开发支持环境进行介绍。

2.3.4 网关通信模式的分析

网关通信模式下的物联网应用,是当前研究的热点。

网关通信模式的代表性技术就是无线传感器网络(WSN)技术,其中的网关可以理解为汇聚节点(Sink)。因为接触节点距离传统的互联网较远,无法直接接入互联网,只得借助一些新兴的通信手段,将数据和网关进行交流后,才能由网关作为代理与互联网进行交互。

另一类代表性技术是机会网络(包括车载 Ad Hoc 网络),它们都属于 Ad Hoc 网络的一种。本书称这类网络为末端网络。

网关通信模式下的物联网应用,发展前景是非常乐观的。可以想象,这些无线传感器节点放置在那些不便于长期驻守、危险的地点,大大减少了人工的成本和危险,为更大范围地接触物理世界奠定了良好的基础。

1. 接触节点的抽象模型

网关通信模式下,接触节点的一个特点是离传统的互联网较远,因此接触节点难以作为主机的附属设备而存在,大多以独立设备的形式存在。为此,数据的传输难以做到简单、快捷、可靠。

在这种模式下,如果希望接触节点和互联网进行数据交流,数据链路层则是必需的,以便实现较远距离的数据传送。例如现场总线技术,通过执行数据链路层相关协议,将数据从干扰严重的厂房内接出,汇聚在一个总线控制器上,由总线控制器转发给车间监控室。

在无线方式下,接触节点可能会因为距离较远而无法一步到达网关(例如 WSN 的数据通常需要经过多跳传输),为了实现数据"有方向"的进行通信,往往会借助于路由算法和报文转发技术等网络层的功能。

在无线方式下的网络层中,值得研究的、与通信相关的内容非常多,包括面向 Ad Hoc、WSN、随机网络等的路由算法、拓扑控制算法等,其中后者往往是前者研究的基础。

有的应用为了实现传输的可靠性,还研究了传输层相关技术,包括可靠传递、拥塞控制等。如 PSFQ、ESRT 传输协议等。因此,对接触节点的要求就更高。

具体采用什么样的协议栈,需要根据具体的应用需求和使用环境来具体分析。

据此,接触节点可以抽象描述为图 1-2-12 所示的模型。

同样是摄像头的例子,手机摄像头只需要提供 API 即可,而十字路口的摄像头(可以远程访问)因为不能作为辅助设备直接连接在智能终端上,它应该实现比前者更为复杂的通信协议栈。

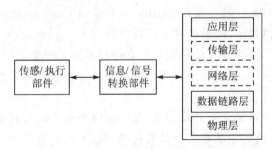

图 1-2-12 接触节点抽象模型(2)

2. 传输体系分析

网关模式下的物联网通信体系较为复杂,如图 1-2-13 所示。

（1）末端网的引入

在案例 2-5 中，GPS 接收机作为接触节点，需要通过车载总线将数据传输给 GPS 终端，再发给互联网。网关通信模式下，接触节点通常需要借助一些通信技术才能实现与网关节点，乃至互联网的通信，而这些技术往往和传统互联网不相同。

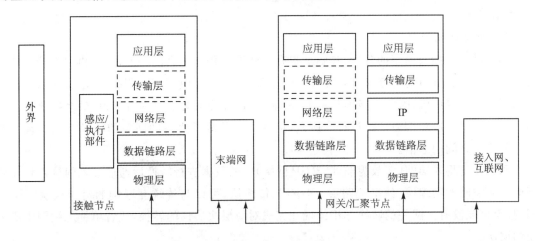

图 1-2-13　网关模式下物联网应用的传输环节

这种通信包括有线方式和无线方式，简单的可以是串口线通信，复杂的可以是涉及网络层通信技术的 WSN 等。而且，还存在一种可能，即 2 个甚至多个通信技术共同使用来完成数据的传递。本书称执行这种通信的网络为末端网，顾名思义，负责将末端神经（接触节点）和大脑（互联网）联系起来的网络。

末端网的出发点和当前的互联网有着很大的不同，一个显著的区别是：**末端网往往和需求紧密相连，为某一个特定的应用服务。**

末端网的相关技术是目前研究最多、技术发展最快的一个范畴。

针对有线通信方式，一个热门的话题是现场总线（FCS）技术，如 CAN 总线、LIN 局域互联网络等，可以实现监控设备与厂房内（环境较为恶劣、噪声较大、干扰较多）的接触节点（负责感知/控制生产机器的设备）之间的数字通信。这类网络广泛应用在电力、水处理、烟草、水泥、汽车、矿山以及无人监控、楼宇自动化、智能家居等领域。

目前研究最多的末端网是应用在以下环境中的无线通信技术：

➢ 不方便部署通信设备，如在丘陵地带、沙漠环境等不方便部署基站、有线网络。

➢ 不方便长期人工值守，如矿井险情探测。

➢ 具有一定危险性，如战场环境、地震等灾难地区。

➢ 其他信息接入较为困难的环境。

针对这一类环境，越来越多的研究聚焦于自组织网络。自组织网络是一大类网络的统称，属于无（或较少）固定设施的网络。无线传感器网络（WSN）是典型的末端网代表，ZigBee 等技术对此有明确的针对性，成为目前接受程度较高的个域网标准。此外，机会网络和车载网络（VANET）也是当前研究的一个热点。

这类网络，基本采用无线通信方式，为了实现有目的性、有方向性或有选择性的数据传输，协议栈往往需要增加网络层,来完成多跳转发,延伸距离。

还有一些无线方式,如通过卫星、飞机、激光等手段实现的无线通信方式,可以实现定向照射/接收,或者单跳可达,则可以不必采用网络层技术。

为了对数据的传输提供更高的服务质量,还有学者对这类网络的传输层进行了专门的研究,提出了相关协议和算法,如 PSFQ、ESRT 等。

（2）网关的明确引入

如接触节点抽象模型的分析,接触节点和互联网远程应用之间的通信,不再像直接通信模式下那样便利。且目前的接触节点往往功能受限,这与具体应用密切相关,无法也无须具有完整的 TCP/IP 协议栈,因此可能不具备 IP 地址、端口号等来对节点进行标识,最终导致无法和远程应用之间完成对等通信的过程。所以,接触节点通常需要借助网关的转换才能实现互联网远程应用之间的通信。

网关负责将末端网(多数为非 TCP/IP 网络)中的数据进行转换后通过接入网接入到互联网中。末端网的物理层、数据链路层、网络层、传输层,可以与传统互联网的对应层次完全不同,甚至可能没有。网关的转换作用体现在完成对应层次协议的转换,或者填补末端网中所欠缺的层次。

（3）性能的妥协

随着技术的发展和应用需求的不断提高,在网关(甚至接触节点)上部署较高层次的协议也提上日程。网关和互联网上的远程应用进程之间的通信,无论是有线方式还是无线方式,都应该实现完整的五层协议。但是某些网关处理能力较弱,如果运行传统互联网的 TCP 协议和HTTP 协议则显得有些勉强。

针对 TCP 协议,由于 TCP 采用复杂的流量控制、拥塞控制和重传机制等来实现可靠传输,因此 TCP 并不太适用于资源受限的设备。

为此,对于那些处理能力较弱的设备,物联网常采用非常简单的 UDP 协议作为传输层的协议。但是,UDP 是不可靠的传输机制,为此需要与应用层相结合,以提高物联网数据传输的可靠性。另外,也有一些研究采用简化的 TCP 作为传输层的协议。

为了使一些嵌入式系统可以提供 Web 服务,相关组织和公司指定了特殊的协议和标准。例如,EBHTTP(Embedded Binary HTTP)是 IETF 专门针对物联网中资源受限的嵌入式设备正在制定的一种应用层协议,EBHTTP 采用压缩的二进制消息代替标准 HTTP 采用的ASCII 消息,并以 UDP 代替 TCP 来降低传输开销,同时保持了标准 HTTP 的简单性、无状态性和可扩展性。

因为在性能上的妥协,网关往往不采用复杂的分布式系统开发支持环境。并且,网关的工作一般更侧重于通信的转换,而不是业务的完善。因此,本节所展示的体系中,并未列出分布式系统开发支持环境。

【案例 2-5】 思增出租车 GPS 监控调度管理系统

该系统集 GPS、GSM、GIS 和计算机网络技术于一体,具有定位监控、实时调度、信息发布、反劫防盗等功能。调度中心可以向 GPS 车载终端发出呼叫指令,终端收到指令后,可将定位数据通过 GSM 传到调度中心,直接显示在调度中心的电子地图上。利用对车辆的具体位置、运行线路等信息数据,可以进行 24 小时定时监控管理,甚至可以远程熄火。除此之外,系统还可以辅助呼叫车辆。

案例 2-5 中,可以把 GPS 终端作为一个网关节点。GPS 终端通过车载总线(现场总线的一种)读取 GPS 用户接收机的数据,通过接入网(本书分析应该是采用了 GSM+GPRS 所形成的 2.5G 的分组通信技术)将数据传送到互联网,以进行后续的调度、监控等。图 1-2-14 展示了思增出租车 GPS 监控调度管理系统的 GPS 终端。

图 1-2-14 GPS 终端

第 3 章　物联网中物体的分析

在接触环节中,主角应该是物体,各方面的研究(包括各种通信技术)都是围绕着物体而展开的,要么是对物体进行感知,要么是对物体产生影响。所以本章首先对物体进行一定的分析。

当前的物体,既可以是无信息处理能力的无智能物体(如后面激光制导中的物体),也可以是具备相当信息处理能力的智能物体,而后者更容易被接纳到物联网范畴,能够容易地和物联网中其他设备产生信息交流。

笔者设想了一个具有多种信息处理能力,且需要和外界进行多种交流的智能物体的结构,如图 1-3-1 所示。

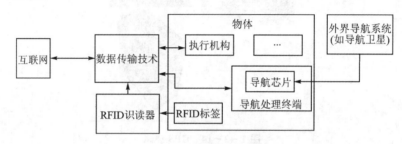

图 1-3-1　目前物品状况分析

图中,数据传输技术模块因为包含较多的分类和工作模式,所以这里简化描述。但是,这并不意味着物体内的各种设备都是通过同一个传输技术与互联网进行通信的,有可能每个设备都有自己的通信手段,分别同外界进行交流。

在这种情况下,各种具有数据处理的部件是分散的,并且各自为政,难以形成一个统一、完整的体系,进而使得物体难以形成一个较好的智能体。其主要体现为可扩展性较差,当需要增加一个新的子系统时,可能不得不再增加一套通信结构。

随着 IT 的迅速发展,特别是嵌入式技术的快速发展,物体将拥有更多的智能部件,这种模式就难以有效地工作了,复杂而可靠性低,生产加工难度大。

设想一下对特殊人群的健康护理,如果把受监护人考虑为特殊的物体,身上穿戴了多种护理设备,由于可能是多个厂商生产的设备,所以每种设备都是自主和外界进行交流的。显然,这种方式对于受监护人来说是非常麻烦的。

智能物体是一个很好的发展思路,是进行各种智能部件的高度集成。它需要大量采用嵌入式系统,使物品具有自己的大脑和记忆体,可以进行一定的自主控制;在此基础上定义物体内部信息交流的标准,方便智能部件和处理器之间,以及智能部件之间的信息交流,使物体成为一个真正的、具有智慧的物体,如图 1-3-2 所示。

在对智能物体感知和控制这个方面,汽车行业通过行车电脑和 CAN 总线来进行汽车系统的集成就是一个很好的例子。

【案例 3-1】　基于行车电脑和总线传输进行控制的智能汽车

现代汽车中所使用的电子控制系统越来越多,如发动机电控系统、自动变速器控制系统、防抱死制动系统和车载多媒体系统等。这些系统之间、系统和显示仪表之间、系统和汽车故障

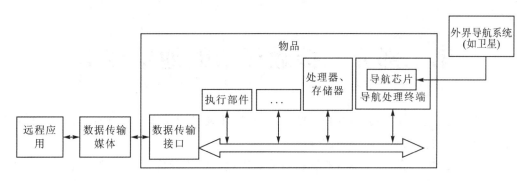

图 1 - 3 - 2　物品发展方向预测

诊断系统之间等,均需要进行数据交换,并且很多都需要集中在驾驶座附近进行控制。这导致现代汽车难以采用传统的、用导线进行点对点连接的传输控制方式,普遍采用了行车电脑和总线传输的控制方式。

行车电脑由输入电路、微机和输出电路三部分组成。输入电路接收传感器和其他装置输入的信号,在进行一定的处理后传给微机。微机对信号进行运算处理,然后将处理结果送至输出电路。输出电路进行处理后发给伺服元件,驱动其进行工作。行车电脑可以实现安全报警、车辆故障检测、实时车况显示等多种功能。CAN 总线(Controller Area Network,控制器局域网)属于现场总线技术,是国际上应用最广泛的开放式现场总线之一,已被广泛应用到各个自动化控制系统中,汽车电子就是其中之一。

应该说,图 1 - 3 - 2 是一种理想的模型。鉴于此,图 1 - 3 - 2 中并未画出 RFID 相关技术,因为如果物品具有了存储器(如 Flash 等),那么 RFID 标签将不再是必需的了。例如,从工作原理上讲,一台电脑是不需要 RFID 的,标识电脑的是 MAC 地址。这时,物体的标识可以动态写入并存放在存储器中,或者,如同电脑主板包含网卡一样,RFID 芯片被包含在"物体"中。

另外,为了便于控制和生产,智能物品内应以总线作为传输通道,并且这种总线应以串行为主(目前的计算机总线是并行的,对于较远距离的通信,成本高,易受干扰),这样可以有效地扩展传输的距离。

这方面可以更好地借鉴 CAN 总线技术。CAN 总线将汽车多种设施连接入 CAN 总线,使得汽车各个设施有了很好的通道和管理,并使得汽车可以以一种统一的通信技术、方便地连入物联网提供了很大的便利。

有了这种体系,智能物体本身已经形成一个末端网,物联网对物体的感知和操作,只是如何借助网关模式将数据进行相互交流。

因为图 1 - 3 - 2 是一种理想的模型,即使未来,也不太可能要求每个智能物体都必须具备此结构。对于那种无需太多智能的物体,RFID 还是必要的,因为它给了物品一个最低限度的智能。但是就目前的 RFID 技术来说,它还存在缺陷:一是深受关注的成本问题,二是其性能的不断扩展问题。因此可以推断,RFID 将会向两个方向发展。

① 进一步简化并降低成本,以替代目前的条码,例如运用具有良好导电特性的油墨印刷天线来取代蚀铜天线,这样就降低了标签的成本。

② 进一步强化性能,并使其具有更多智能,使得携带 RFID 的物品可以和外界具有更加丰富的对话。

第二部分　接触环节的通信技术

第一部分介绍了物联网通信的相关概述,以及所涉及的网络体系的分析,从本部分开始,将对各种具体的通信技术加以介绍和分析。

本部分首先对"智能"物体本身的现状和发展进行一定的分析和预测,然后着重介绍下面三种为了感知物体而进行通信的相关技术:

① 标签(RFID)技术用来感知物体的标识,是感知设备(RFID 阅读器)和物体(实际上是 RFID 标签)之间的通信。

② 导航技术用来感知物体的位置,是跟随物体的导航信息接收机和外界辅助设备(主要指导航卫星)之间进行的通信。

③ 激光制导技术作为一种特殊的通信技术,也是为了实现对物体的感知而发展起来的。其通信过程由系统的某一部分发出,另外一部分接收。这类技术还包括雷达制导技术等。需要指出的是,这些技术因为涉及物理层的无线发收过程,所以被归纳为通信技术,而红外制导,因为仅仅感知红外信号(这种信号不涉及人为设计、控制的过程),不被本书认为是通信的过程。

就从目前接触环节来看,通信技术可以分为有线方式和无线方式,它们已经具有了很多技术标准,但是这些技术主要集中在 ISO/OSI 模型底下两层和应用层。接触环节的通信协议栈分析如图 2-0-1 所示。

对于物理层,由于物体需要感知的特殊要求,目前以无线为主,并且以使用电磁波为主,使用光波为辅。无线通信方式无需物理连接,适用于远距离或不便布线的场合,其缺点是易受干扰。

对于数据通信,特别是在无线方式下,数据链路层的工作至关重要。数据链路层的工作包括:链路管理、帧定界与透明传输、差错控制、流量控制等。

图 2-0-1　接触环节的通信协议栈分析

为了更好地理解后面各个通信知识点,这里先介绍一下数字通信的基本步骤。

① 原始信息经过编码后形成基带信号。

② 基带信号通过调制操作,转化为频带信号。

③ 频带信号可以在信道中进行传输。

④ 接收端通过解调操作,把频带信号转化为基带信号。

⑤ 基带信号经过解码后,还原为原始信息。

其中编码又可以根据不同的目的分为信源编码和信道编码,如图 2-0-2 所示。

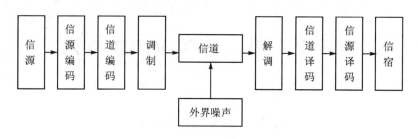

图 2 - 0 - 2　数字通信的基本步骤

➤ 信源编码是指为了提高信号的有效性和传输效率,把信源发出的消息(如语音、图像等)转换成为二(多)进制形式的信息序列。为了提高传输效率,可以通过信源编码器去掉一些无关的内容,还可以通过压缩技术进行信息压缩。

➤ 信道编码又称纠错编码,目的是抵抗信道各种失真和干扰,尽可能地降低信号码元在信道传输过程中所产生的误码率,以此提高通信的可靠性。通常在信息中增加相关冗余比特后输出,即通过牺牲传输带宽的代价换取传输可靠性。

第 4 章　射频标签 RFID 技术

4.1　RFID 概述

在物联网中,个体标识技术是非常重要的,它可以用来标识每一个物体。把物体进行标识,相当于给了物体一个身份证,在此基础上才能够实现对物体的跟踪、溯源、交流等后续动作,可以说标识是物体的一个重要属性。

对个体的标识目前主要是借助射频识别(Radio Frequency IDentification,RFID)技术来实现。RFID 技术,又称为电子标签技术、无线射频识别技术等,是一种基于短途无线通信技术的、主要用于识别的系统。

为什么 IP 地址不能用来进行个体识别呢？ 其原因如下:

➢ IP 地址是专门用于信息传输的路由定位技术,其存在是为了实现通信定向,如果用 IP 地址标识个体,则大量的商品流动则会对路由技术造成困难。

➢ 很多设备的 IP 地址是动态分配的,无法固定标识一个物体。

与此相反,从理论上讲,数据链路层的 MAC 地址却比较适合进行个体识别。但是如果采用 MAC 地址标识个体则需要对 MAC 地址进行重新规划和扩展。从技术代价和商业利益方面考虑,都不太现实。

个体的标识由 RFID 标签进行记录。我国的第二代身份证就是含有 RFID 标签芯片的卡片,它除了标识个体外,还存储了持卡者的有效信息。本书把 RFID 标签认为是物体的一部分,因为它和物体(包括特殊的物体,人)是一一对应的。

图 2-4-1 展示了两种标签的实例,左边为单个标签,右边为不干胶形式的一卷标签。

图 2-4-1　RFID 标签实例

存在标签中的、物体的标识需要被相关系统进行感知和处理,而进行感知的器件是 RFID 阅读器(识读器、具有写操作功能的还可以叫读/写器),这两者之间的通信是整个 RFID 系统的关键。

通过 RFID 标签和 RFID 阅读器之间的无线电信号交流,可以实现特定目标信息(包括标识信息)的读取。还有些 RFID 技术可以将相关信息写入 RFID 标签。这些操作都无需识别系统与特定目标之间建立机械或光学接触,被认为是标识物体的一种很好的技术方案。

最初,雷达的改进和应用催生了 RFID 技术,1948 年哈里·斯托克曼发表的"利用反射功率的通信"奠定了 RFID 技术的理论基础。早期 RFID 技术的探索阶段,主要处于实验室实验研究。20 世纪 70 年代,RFID 技术与产品研发处于一个大发展时期,各种 RFID 技术测试得到加速。目前,产品得到广泛应用,RFID 产品种类更加丰富,电子标签成本不断降低,规模应用行业持续扩大,逐渐成为人们生活中不可分割的一部分。

RFID 与条码相比具有更多的优势,其优势主要包括:

➤ 容量大,包含信息多,可以识别单体,而目前常用的条码只能识别一类产品,这是 RFID 的主要优势。

➤ 高效性,阅读器可短时间内读取多个 RFID 电子标签,读取速度快,极大地提高了数据采集和处理效率。

➤ 可以读取污染的标签(条码则无能为力),读/写能力强,可以重复使用。

➤ 读取距离远,可以在移动过程中进行数据的读取,这是不停车收费的重要基础。

➤ 适应性强,在恶劣环境中也可以使用。例如在刮风下雨的环境中不影响读取性。另外,针对 RFID 标签对金属和液体等环境比较敏感这一问题,已经有公司成功研发出能够在金属或液体环境中进行读取的标签产品。

【案例 4-1】　烽火船舶 RFID 自动识别系统

烽火船舶 RFID 自动识别系统集成了无线射频识别、GIS、北斗等先进的物联网技术,系统能够自动识别、统计船舶进出港情况,将盲目的、被动的进出港签证管理转变为全面的、主动的管理,实现船舶证书电子化,现场检查、取证电脑化,能够有效防止渔船"套牌",加强进出港签证管理,提高执法检查效率。结合北斗系统,可以极为准确和及时地提供导航定位、遇险求救、船位监控等服务,实现对渔船的精细化管理。

每艘渔船配备一个 2.45G 有源电子标签,通过港口基站式读/写设备或渔政船载读/写设备实现自动识别渔船身份和状态功能。作业渔船在每次进出港经过港口监控点时,系统都会自动地将信息反馈到监控中心。还可以通过执法船上的读/写设备实现对航行渔船的不停船检查。其中,港口读/写器与服务器之间的数据传输采用 GPRS、CDMA 等无线网络,而渔政船终端软件与远程服务器之间采用国际海事卫星(Inmarsat 系统)或北斗系统进行数据传输。

在这个案例中,因为有可能距离读/写器较远,所以采用了有源电子标签。

4.2　RFID 的工作原理

4.2.1　RFID 的主要部件

1. RFID 标签

RFID 标签(Tag)又称为电子标签,也可以称为应答器(Responder),标签是射频识别系统的技术核心,是射频识别系统真正的数据载体。

RFID 标签可以分为主动式和被动式。主动式标签主动发送数据给阅读器,主要用于有障碍物的应用中,距离较远(可达 30 m)。被动式标签只有在接受阅读器的征询后,才会和阅读器发起交流。被动式标签被认为是条码的有利替代者,具有更好的发展前景。下面的相关内容,主要以被动标签技术为研究对象。

RFID标签由专用芯片和标签天线或线圈组成,通过电感耦合或电磁反射原理与阅读器进行通信。

专用芯片由以下三个主要模块组成:

➢ 控制单元:用来控制数据的接收与发送,还可以根据自身的服务能力来加入加密算法等复杂的功能。

➢ EEPROM存储单元:用来存储识别码(EPC)或其他数据。

➢ 射频接口:用来接收与发送信号。

2. 天 线

天线(Antenna)是RFID系统内部建立无线通信,从而将标签和阅读器连接起来的设备,为标签和阅读器提供射频信号的空间传播。RFID系统的天线分为两类:

➢ 内嵌于RFID电子标签内部的天线。

➢ 阅读器的天线,可以内置也可以外置。

3. RFID 阅读器

阅读器(Reader)是RFID系统中重要的电子设备,属于感知设备。

阅读器一方面产生无线电射频信号发送给标签,以进行相关的控制;另一方面接收由电子标签反射回来的无线电射频信号,经处理后解读标签数据信息。阅读器和应答器之间一般采用半双工通信方式进行信息交换。

两个阅读器实例如图2-4-2所示,其中左图显示了一个常见的阅读器,右图展示了阅读器批量读取产品标签的过程。

远距离一体化读/写器

图 2-4-2　阅读器示意图

基于RFID技术的应用软件需要与阅读器进行交互,以便执行操作指令和汇总上传数据。在进行数据汇总上传时,阅读器会进行一定的过滤,防止错误数据和重复数据的产生,然后形成阅读器事件后再集中上传。

此外,很多阅读器内部还集成了微处理器和嵌入式系统,从而实现信号状态控制、奇偶位错误校验与修正等一部分中间件的功能。阅读器的发展趋势将呈现微型化、高度集成化和智能化的特点,并且其前端控制能力将大幅度提升。

阅读器一般可作为外设连接到智能终端,而手持式阅读器目前也越来越多地得到推广。

4. 软件系统

RFID 系统中的软件主要完成对标签信息的存储、管理以及分析等操作,是架构在 RFID 硬件之上的部分。软件系统是根据具体的业务开发的,大型的系统开发可能还会借助分布式系统开发环境来提高开发的效率。

图 2-4-3 为 RFID 系统中阅读器和标签的结构示意图。其中标签中的电源是可选项,这类带电源的标签称为有源标签。

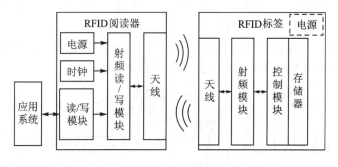

图 2-4-3　RFID 系统示意图

4.2.2　RFID 的工作过程

RFID 的工作过程通常如下:

① RFID 识别系统利用 RFID 标签来承载信息,对物体进行个体标识(如身份证中的身份证号等)。

② 当 RFID 标签通过 RFID 阅读器所产生的射频区域时,RFID 阅读器通过天线,向所有 RFID 标签(可能不止一个)广播询问信号(需要编码和调制)。

③ RFID 标签从感应电流中获得能量(需要超过一定的阈值)后被激活。

④ RFID 标签解调、解码 RFID 阅读器发来的询问信号,将自身承载的标识等信息读出,经过编码和调制后,依据 RFID 阅读器给出的冲突协调办法,通过标签的内置天线发送出去。

⑤ RFID 阅读器的天线接收到从标签发来的信号,传送到 RFID 阅读器。

⑥ 如果没有冲突,RFID 阅读器对接收的信号进行解调和解码,必要时进行一定的数据预处理,然后送到计算机系统进行后续处理。

⑦ 计算机系统根据逻辑运算判断该标签的合法性,针对不同的设定做出相应的控制,发出指令信号控制执行机构动作。

4.3　RFID 的通信协议

目前,国际上主要有三个 RFID 技术标准体系组织:全球产品电子编码中心(EPC Global)、ISO/IEC(国际电工委员会)和 Ubiquitous ID Center(UID),其中 ISO/IEC 标准占着较为重要的作用,本书以该标准为主进行介绍。

4.3.1 RFID 的通信形式

在射频识别系统工作时,可能会有一个以上的应答器(标签)同时处于阅读器的射频识别范围内。在这样的系统中,就会存在着两种不同的基本通信形式。

第一种:无线电广播式通信。

从阅读器到应答器的无线电广播式通信如图 2 - 4 - 4 所示。

阅读器会发送一些指令给应答器,从而协调整个读取过程。在这种方式下,阅读器发送的数据流同时被所有的应答器所接收。这如同若干个无线电收音机同时接收一个广播信号,因此这种通信形式也被称为"无线电广播"。

很显然,这种通信过程中,因为只有一个信号源产生信号,也即射频场中只有一个信号在传播,应答器只是被动地接收即可,所以是不会存在冲突的。

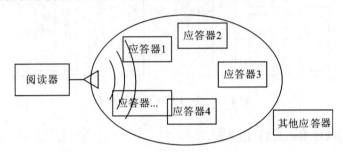

图 2 - 4 - 4 无线电广播式工作

第二种:多路存取式通信。

在阅读器的作用范围内,可能会有多个应答器都需要传输数据给阅读器(如图 2 - 4 - 5 所示),这种通信方式称为多路存取。

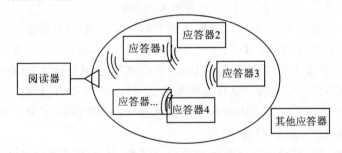

图 2 - 4 - 5 阅读器的多路存取式工作

这种通信方式是 RFID 中最常见的,也是最有价值的信号传输过程,是应用程序通过阅读器获得具体业务数据的过程。

在这种通信方式下,多个应答器之间因为使用共享的信道,所以如果它们同时要求传输自己所携带的数据,则必定产生信号的冲突,导致阅读器无法正确读取。

为了使阅读器能够正确地获得所有应答器的数据,必须采用一定的算法来防止冲突的产生。即多路存取式通信技术应允许两个或两个以上的应答器通过一个公共信道来无冲突地发送信号。但是算法必须有个前提,应答器不能有太复杂的工作。

多路存取式通信技术在现代通信技术中起着非常重要的作用。在卫星通信、计算机通信、

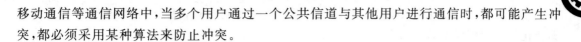

移动通信等通信网络中,当多个用户通过一个公共信道与其他用户进行通信时,都可能产生冲突,都必须采用某种算法来防止冲突。

4.3.2　空中接口

空中接口通信协议主要是规范阅读器与电子标签之间的信息交互,目的是实现不同厂家生产设备之间的互联互通性。ISO/IEC(IEC 为国际电工委员会)制定了 5 种频段的空中接口协议,如表 4-1 所列。

表 4-1　ISO/IEC 相关标准

协　议	内　容
ISO/IEC 18000-1	参考结构和标准化的参数定义。它规范协议中应共同遵守的阅读器与标签的通信参数表、知识产权基本规则等内容。这样每一个频段对应的标准不需要对相同内容进行重复规定
ISO/IEC 18000-2	适用于中频 125~134 kHz。它规定在标签和阅读器之间通信的物理接口,阅读器应具有与 Type A 和 Type B 标签通信的能力;规定协议、指令和多标签通信的防碰撞方法
ISO/IEC 18000-3	适用于高频段 13.56 MHz。它规定阅读器与标签之间的物理接口、协议和命令以及防碰撞方法。 关于防碰撞协议可以分为两种模式,而模式 1 又分为基本型与两种扩展型协议;模式 2 采用时频复用 FTDMA 协议,共有 8 个信道,适用于标签数量较多的情形
ISO/IEC 18000-4	适用于微波段 2.45 GHz。它规定阅读器与标签之间的物理接口、协议和命令以及防碰撞方法。 该标准包括两种模式,模式 1 为无源标签,工作方式是阅读器首先进行通信;模式 2 为有源标签,工作方式是标签首先进行通信
ISO/IEC 18000-6	适用于超高频段 860~960 MHz。它规定阅读器与标签之间的物理接口、协议和命令以及防碰撞方法。 它包含 Type A、Type B 和 Type C 三种无源标签的接口协议,通信距离最远可以达到 10 m。其中 Type C 是由 EPC global 起草的,并于 2006 年 7 月获得批准,它在识别速度、读/写速度、数据容量、防碰撞、信息安全、频段适应能力、抗干扰等方面有较大提高
ISO/IEC 18000-7	适用于超高频段 433.92 MHz,属于有源电子标签。它规定阅读器与标签之间的物理接口、协议和命令以及防碰撞方法。 有源标签识读范围大,适用于大型固定资产的跟踪

4.3.3　数据标准

数据内容标准主要规定数据在标签、阅读器到主机(中间件或应用程序)各个环节的表示形式。因为标签能力(存储能力、通信能力)的限制,所以在各个环节的数据表示形式必须充分考虑各自的特点,采取不同的表现形式。

RFID 数据协议提供了一套独立于应用程序、操作系统和编程语言,也独立于标签阅读器与标签驱动之间的命令结构。

ISO/IEC 15961 规定阅读器与应用程序之间的接口,侧重于交换数据的标准方式,这样应用程序可以完成对电子标签数据的读取、写入、修改、删除等操作功能。该协议也定义了错误响应消息。

ISO/IEC 15962 规定数据的编码、压缩、逻辑内存映射格式，以及如何将电子标签中的数据转化为应用程序有意义的方式。

ISO/IEC 15963 规定电子标签唯一标识的编码标准。物品编码是对标签所贴附物品的编码，而该标准标识的是标签自身。

4.4 ISO/IEC 18000 - 6B 协议

由于 UHF(860～960 MHz)频段具有读/写速率快、识别距离远、抗干扰能力强、标签小等优点，因此 UHF 频段的相关协议标准已成为全球 RFID 产业和研究部门关注的热点。本节主要以 ISO/IEC 18000 - 6B 协议为主进行介绍。

4.4.1 概 述

ISO/IEC 18000 - 6 全称为《信息技术——针对物品管理的射频识别(RFID)——第 6 部分：针对频率为 860～930 MHz 无接触通信空气接口参数》，规定了阅读器与应答器之间的物理接口、协议和命令以及防冲突仲裁机制等。

ISO 18000 - 6 标准采用物理层(Signaling)和标签标识层两层体系结构，可以分别对应于 ISO/OSI 参考模型中的物理层和数据链路层。

ISO 18000 - 6 的标准层次如图 2 - 4 - 6 所示。其中：

➢ 物理层主要涉及 RFID 频率、数据编码方式、调制格式以及数据速率等问题。

➢ 标签标识层主要处理阅读器读/写标签的各种指令。

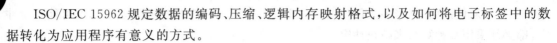

| 标签标识层 |
| 物理层（Signaling） |

图 2 - 4 - 6 ISO 18000 - 6 的标准层次

ISO/IEC 18000 - 6 系列标准中包括了 Type A、Type B 和 Type C 三种协议标准。其中 Type A 是较早期的标准，从读/写速率、性能、准确性和安全性等方面都不如后期的 Type B 和 Type C 技术。

现阶段，Type B 与 Type C 是 UHF 频段的 RFID 技术最常用的两种标准，可以适用在不同的应用场合。表 4 - 2 对 Type B 和 Type C 标准的一些基本参数进行了简单的比较。

表 4 - 2 ISO/IEC 18000 - 6 Type B 和 Type C 标准比较

参　数	Type B	Type C
调制方式	ASK	SSB - ASK、DSB - ASK、PR - ASK
前向链路编码	Manchester 编码	PIE 编码
反向链路编码	FM0	FM0 或 Miller 子载波
标签唯一识别号	64 位	16～496 位
数据速率	10 kbps 或 40 kbps	26.7～128 kbps
标签容量	2 048 位	最大 512 位
防冲突算法	自适应二进制树	随机时隙反碰撞

下面主要讨论 ISO/IEC 18000 - 6 Type B 协议。

4.4.2 部件及工作流程

1. 阅读器

阅读器的逻辑结构如图 2-4-7 所示,它包含了 ISO 18000-6 标准中物理层和标签标识层的相关内容。

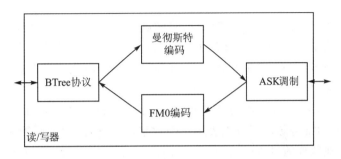

图 2-4-7 阅读器的逻辑结构

阅读器的物理层主要实现信息的编码和调制。该层调制技术使用的是幅移键控(ASK)。编码分为两个方向,其中由阅读器到应答器方向的编码为曼彻斯特编码,由应答器到阅读器方向的编码为 FM0 编码。

阅读器的标识层需要实现 BTree 协议来进行多路存取工作模式下的冲突避免,使得阅读器可以和多个应答器在共享信道上进行通信。

相关内容在后面进行介绍。

2. 应答器

应答器即标签,对阅读器发送的命令进行应答。

标签的逻辑结构和阅读器(见图 2-4-7)基本相似,只是其中的箭头方向(代表着数据的流向)正好相反。

应答器内通过一个 8 位的地址来进行寻址,因此应答器一共可以寻址 256 个存储块,每个存储块包含 1 字节数据,这样整个存储器可以最多保存 2 048 个比特数据。其中,存储块 0~17 被保留用作存储系统的信息,而块 18 以上的存储器才能被用作应答器中普通的应用数据存储区。

3. 通信流程

基于 RFID 系统的感知,实际上就是通过 RFID 标签和 RRID 阅读器之间特有的通信协议来实现的。

Type B 协议中,RFID 系统的通信协议是基于"阅读器先发言"的模式。顾名思义,当应答器进入阅读器的识别范围内后,是阅读器首先发出命令,随后应答器进行应答,并且,阅读器的命令与应答器的回答遵循交替发送的机制。这意味着除非应答器已经收到、并正确地解码了阅读器的命令,否则它不会发出响应。协议规定阅读器和标签需要在两个通信方向上进行通信的切换,即半双工通信模式。协议规定如下:

➢ 从阅读器到应答器使用命令帧。

➢ 从应答器到阅读器使用响应帧。

4.4.3　阅读器到标签的通信

由阅读器发送给标签的通信又称为前向链路通信。由标签发送给阅读器的通信又称为反向链路通信。

Type B 中前向链路通信和反向链路通信采用的都是幅移键控（ASK）调制技术，位速率为 10 kbps 或 40 kbps。

ASK 调制又称为"振幅键控"，是最基本的调制技术之一。ASK 调制是指把载波（正弦波）的频率、相位作为不变量，而把载波的振幅作为可变量，用载波振幅的不同来对数字基带信号进行表示的调制技术。一个最简单的 ASK 调制形式是：用载波存在振幅表示数字"1"，用载波振幅为 0 表示数字"0"。

对于数字的编码，Type B 采用的是曼彻斯特编码（Manchester coding）。曼彻斯特编码的特点是，由一前一后两部分脉冲组合来表示一个数字，而且前后两个脉冲必须不一样，即在两个脉冲中间必须存在跳变的过程。

事实上，曼彻斯特编码存在两种截然相反的数据表示约定：

第一种是由 G. E. Thomas 和 Andrew S. Tanenbaum 等人在 1949 年提出的，它规定"0"是由低到高的电平跳变表示，"1"是由高到低的电平跳变表示。

第二种约定则是在 IEEE 802.4（令牌总线）和低速版的 IEEE 802.3（以太网）中规定的，由低到高的电平跳变表示"1"，由高到低的电平跳变表示"0"。

两种曼彻斯特编码方式如图 2-4-8 所示。

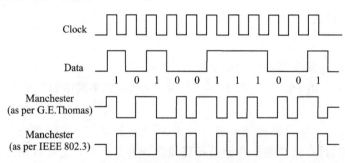

图 2-4-8　曼彻斯特编码

很显然，跳变的存在使得发送方和接收方很容易实现时间上的同步，避免了长期得不到同步而导致时间的漂移，进而无法正确接收信息。

Type B 标准采用的是第一种定义。

阅读器发给标签的命令可以分为：选择命令、识别命令和数据传输命令等。

➤ 选择（Selection）命令根据某种条件，在射频场范围内选择一组标签进行识别或写入数据。此命令也可用于冲突仲裁。

➤ 识别命令用于实现多卡识别协议，包括 FAIL、SUCCESS、RESEND、INITIALIZE 命令等。例如，如果阅读器发现存在多个标签同时要求阅读器识别自己时，识别算法使用 FAIL 命令，使得某些标签退避，而某些标签重新尝试再一次的识别。

➤ 数据传输命令用于将数据从标签存储器读出或写入标签存储器，如 READ、WRITE、LOCK 命令等。

命令又可以分为下列类型之一:强制的、可选的、定制的、专有的。其中,符合标准的所有标签和阅读器必须支持所有强制的命令。可选的命令是指非强制的命令。如果标签不支持某个可选的命令,它应当保持静默。

表 4 - 3 列出了其中一些命令(参数略)。

表 4 - 3　部分 Type B 命令

命令码	类　型	命令名称	备　注
00	强制	GROUP_SELECT_EQ	选择命令之一,用于选择标签作为识别对象
08	强制	FAIL	失败命令
09	强制	SUCCESS	成功命令
0A	强制	INIT	初始化
0C	强制	READ	从标签读数据
0D	可选	WRITE	向标签写数据
0F	可选	LOCK	

命令帧中的帧头(Start of Frame, SOF)是 9 位的 Manchester 编码"0"(即方波的 010101010101010101),这样定义可以方便双方时钟的同步。

RFID 前向和反向链路用同样的 16 位循环冗余校验(CRC - 16)。

CRC 是当前常用的一种帧校验方法。

在 CRC 中,首先需要了解一下多项式表达法:计算机网络中要传输的数据是 0 和 1 的位串,如果用单纯的位串来书写、记忆和计算,相当麻烦,于是人们采用多项式方法来表达一些位串。

例如可以用 $G(x) = x^5 + x^2 + 1$ 代表 100101,其中位串中的数字相当于 x^n 的系数,而多项表达式中的指数指的是 2 的指数(x^5 代表的是 2^5,其系数为 1,即位串中第一个位。x^4 代表的是 2^4,其系数为 0,即位串中第二个位,以此类推),这样表达的一个好处是可以省略位串中的 0 位,清晰易懂。

CRC 计算过程描述如下:

① 发送双方事先选定一个生成多项式 P(最高位的指数为 n)。

② 在发送端,先把数据划分为组,假定每组 k 个比特,计算过程是按照组来进行的。现在假设需要计算的一个数据组为 M。

③ 发送时,将数 M 乘以 2^n,相当于在 M 后面添加 n 个 0,得到 M',长度为 $k+n$ 位。

④ 用 M' 除以(模 - 2 除法,即在除的过程中,将其中的减法替换为模 - 2 的加法即可)P,得出余数是 R(n 位,如果不足 n 位则前面补 0)。

⑤ 最终要发送的数据 $T(x) = 2^n M + R$。

举一个简单的例子来说明:

设生成式 $P = x^5 + x^4 + x^2 + 1$(即 110101,$n=5$),待传送的一组数据 $M = 1010001101$(即 $k=10$),则被除数 $M' = M * 2^5 = 101000110100000$。

计算的过程如图 2 - 4 - 9 所示。计算后得到的余数 R 为 01110,则最终要发送的数据 $T(x) = 2^n M + R$ 是 101000110101110。

在接收端,对收到的每一帧同样进行分组(每组为 $k+n$ 位),然后进行 CRC 检验(即用收

到的 $T(x)$ 字串,模 -2 除以 P 即可),有如下可能:

> 若得出的余数 $R = 0$,则判定这个帧没有差错,进行接收。

> 若余数 $R \neq 0$,则判定这个帧有差错,就丢弃。

CRC 检测方法并不能确定究竟是哪一个或哪几个比特出现了差错。而且那些被接收的数据,并非真的就一定没有错误,只能说以一个非常接近于 1 的概率认为其没有产生错误。但是,只要经过严格的挑选,并使用位数足够多的生成多项式 P,那么出现检测不到差错的事件的概率就会非常小。

命令帧中 CRC -16 应计算帧首 SOF 之后整个命令的所有比特(从分隔符到数据)。用于计算 CRC 值的多项式是 $x^{16}+x^{12}+x^5+1$。

为了实现无冲突的数据读取,阅读器和标签需要实现 BTree 协议。BTree 协议的相关内容,将在下面的防止冲突算法中进行介绍。

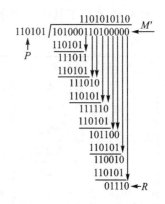

图 $2-4-9$　模 -2 除法计算过程

4.4.4　标签到阅读器的通信

对于标签到阅读器的通信,射频载波调制采用反向散射调制技术。从传统意义上的定义来说,无源电子标签并不能被称为发射机。这样,整个系统只存在一个发射机,却巧妙地完成了双向的数据通信。

反向散射调制技术是无源电子标签利用阅读器的载波反射作为自己的载波通信技术。标签根据需要发送的数据的不同,通过控制自己的天线阻抗,使得被反射的载波在幅度上产生微小的变化,这样,反射的回波的幅度变化就可以对应于不同的数字信号。很显然,反向散射调制技术从载波的表象上来看和 ASK 调制是一样的。

控制电子标签天线阻抗可以基于一种称为"阻抗开关"的方法,即通过数据变化来控制负载电阻的接通和断开。

反向散射调制得以实现,需要有以下两个前提条件:

> 阅读器和射频标签之间的通信是基于"一问一答",且阅读器先发言的方式,因为只有当阅读器发送完命令后,标签才能获得能量进行自己的操作。

> 当阅读器发送完自己的命令后,阅读器仍然要继续发送载波,但是却并不调制其载波。这是为了让标签利用该载波信号实现反向散射调制,从而实现对阅读器的响应。阅读器在此阶段负责侦听来自标签的响应。

在标签发送完应答后,至少需要等待 $400~\mu s$ 才能再次接收阅读器的命令。

反向链路的编码采用 FM0 编码,FM0 编码又称双相间隔编码(Bi - Phase Space),是在一个位窗内采用电平变化来表示逻辑。

根据 FM0 编码的规则,无论传送的数据是 0 还是 1,在位窗的起始处都需要发生跳变。并且,如果电平从位窗的起始处翻转且保持不变则表示逻辑"1";如果电平除了在位窗的起始处翻转外,还在位窗的中间产生翻转,则表示逻辑"0",如图 $2-4-10$ 所示。

同曼彻斯特编码一样,FM0 编码也是非常便于位同步的提取,在短距离通信中得到了广

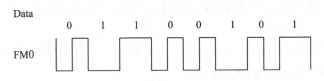

图 2 - 4 - 10　FM0 编码示意图

泛的应用。标准规定,FM0 反向链路数据速率为 40 kbps。

　　标签一旦收到阅读器命令,应首先检验命令帧中的 CRC 值是否是有效的。如果是无效的,应当放弃该命令帧,不响应,并且不采取任何其他动作。如果是有效的,则根据需要发送应答帧。

　　反向帧的帧头(如图 2 - 4 - 11 所示),能使阅读器锁定标签的数据时钟,并且开始解码信息。反向帧头由 16 个码元组成,并且其中包含了多个违例码(即未遵守 FM0 编码规则的码元)作为从帧头域至数据域过渡的帧标志。由图 2 - 4 - 11 可以很容易看出,这些违例码均未在位窗的起始处进行翻转。采用违例码来表示帧的开始被许多通信技术所采纳。

图 2 - 4 - 11　帧头波形

表 4 - 4 显示了标签的部分响应。

表 4 - 4　标签的部分响应

响应码	响应名称	响应长度
00	ACKNOWLEDGE	1 个字节
01	ACKNOWLEDGE_OK	1 个字节
FF	ERROR	1 个字节
n/a	WORD_DATA	8 个字节
n/a	VARIABLE DATA	LENGTH 个字节
n/a	BYTE_DATA	1 个字节

4.5　防止冲突算法

　　如果只有一个 RFID 标签位于阅读器的识别范围内,将不需要其他的命令,阅读器就可以直接对标签进行识读。但是,很多情况下阅读器的识别范围内会存在多个射频标签同时发送数据,这将会相互干扰形成所谓的数据冲突,使通信失败,降低信道的利用率,增加射频标签的接入延时。

　　因此,当一个 RFID 阅读器在需要识别、读取多个标签的时候,应该尽量做到:将多个标签的传输时间(空间、频段等)进行分割、分配、调度,使标签在传输自己的数据时相互不产生干扰,从而避免出现数据冲突的情况。

　　目前,RIFD 通信有很多防止冲突的算法,并且很多算法的基本思想都采用了随机时间分割技术,即不同的标签将自己传输数据的时间起点根据一个随机数进行分散化,降低时间上的重叠,以达到降低冲突的目的。

下面从最简单的纯 ALOHA 算法开始介绍,然后是一些常用的防冲突算法,以及 ISO/IEC 18000 - 6B 规范中所涉及的相关算法。

4.5.1 纯 ALOHA 算法

纯 ALOHA 算法是诸多多路存取方法中最简单的方法。这种算法没有检测机制,也没有恢复机制,只是以一定的概率来确保标签发出的数据帧被阅读器无误地接收。

这类算法通常要求标签只有较短的数据(如序列号)传输给阅读器。

算法的主要思想:所有需要传输数据的标签依据一定的概率在不同的时间段内发送它们的数据,最终使数据包不互相冲突。

纯 ALOHA 算法过程如下:

① 当应答器进入阅读器工作区域并被激活后,等待一个随机时间,然后把数据发送到信道上,上传给阅读器。

② 若有其他标签也在发送数据,则有可能使标签发送的信号重叠,导致完全冲突或部分冲突,从而使得阅读器无法正确识读标签,如图 2 - 4 - 12 所示。

③ 阅读器检测接收到的信号,判断是否有冲突发生。若存在数据冲突,则阅读器发送命令让标签停止发送,转向④,否则转向⑤。

④ 标签等待一段随机时间后重新发送,直到数据发送成功。

⑤ 若没有冲突,则阅读器向发送数据包的标签发送一个应答信号,使其转入休眠状态,并不需再次发送数据。这样,该标签将在后续时间内不对其他标签产生影响,进一步减少冲突的产生。

纯 ALOHA 算法是在循环过程中不断尝试将这些数据发送给阅读器。在多标签的情况下,为了读取一个标签,算法可能会经过多次冲突和反复读取。这样,导致了数据传输时间只是重复时间的一小部分,在两次传输之间将可能产生相当长的等待间歇。所以当阅读器一次性读取较多标签的情况下,所有的标签被正确读取所经历的时间是不同的,即标签数目越多,完成读取所需的时间越长。

如图 2 - 4 - 12 所示,纯 ALOHA 算法过程中,不仅在两个标签同时发送数据帧时会发生冲突(完全冲突),而且两个传输帧即使只有一点重叠也会发生冲突(部分冲突)。很显然,无论整个帧都被破坏,还是只损坏帧的一小部分,数据都会出现错误并被丢弃,标签不得不重传整个帧。

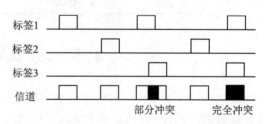

图 2 - 4 - 12 纯 ALOHA 算法冲突示意图

可以看出,纯 ALOHA 算法并不适合传输标签量/数据量很大的 RFID 系统。但是纯 ALOHA 算法实现起来比较简单,所以还是很适合于传输标签量/数据量较少、实时性要求不高的场合。

4.5.2　时隙 ALOHA 算法

时隙 ALOHA(Slotted ALOHA, SA)算法是纯 ALOHA 算法的改进,主要思想是将纯 ALOHA 算法中标签发送信息的时间加以限定,使之不能在其他标签发送过程中开始发送自己的数据,从而彻底避免了纯 ALOHA 算法中的部分冲突问题。

时隙 ALOHA 算法如图 2-4-13 所示。首先,时隙 ALOHA 算法将时间域分为离散的时间间隔,称为时隙(slot)。其次,标签发送信息的起始时间点不能像纯 ALOHA 算法那样任意,而只能在某一个时隙的起始处开始;并且,标签发送数据的时间不能超过一个时隙长度。

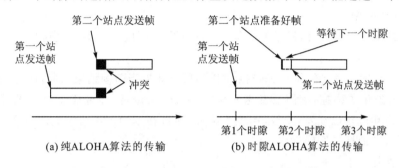

(a) 纯ALOHA算法的传输　　　(b) 时隙ALOHA算法的传输

图 2-4-13　纯 ALOHA 算法与时隙 ALOHA 算法传输对比

时隙 ALOHA 算法过程如下:

① 阅读器和标签进行时间同步,告知时隙长度。

② 标签产生一个随机数 n,代表它将在第 n 个时隙发送数据。如果 $n=0$,则标签立即发送数据;否则,标签等待 $n-1$ 个时隙后发送数据。

③ 阅读器检测接收到的信号,判断是否有冲突发生。若存在数据冲突,则阅读器发送命令让标签停止发送数据,并转向②,否则转向④。

④ 阅读器向发送数据包的标签发送一个应答信号,使其转入休眠状态,并不需再次发送数据。

时隙 ALOHA 算法中,多个标签传送的信息要么不冲突,要么完全冲突,与纯 ALOHA 算法相比,减少了冲突的可能性,信道利用率有所提高。但是,由于采用时隙技术,所以要求标签和阅读器的时间必须严格同步。粗略估算,这一小小的改进使信道利用率增加了一倍。

4.5.3　帧时隙 ALOHA 算法

在时隙 ALOHA 算法中,标签可能会反复进入冲突—等待—发送数据这一仲裁过程,并且再次等待时隙的个数是没有任何限制的,这样会对已经等待了一段时间的标签产生影响,不利于公平性。因此一些研究对时隙 ALOHA 算法做出了改进,产生了帧时隙 ALOHA 算法(Framed Slotted ALOHA,FSA)。

帧时隙 ALOHA 算法的主要思想:冲突的仲裁过程被划分为周期,那些在当前周期内产生冲突的标签不能立即产生新的随机数并开始新的参与过程,而是必须等到当前周期结束,才能与其他产生冲突的标签一起重新开始仲裁过程。

帧时隙 ALOHA 算法的周期体现为时间帧,而每个帧的时间域又被分割成时隙,在帧内执行时隙 ALOHA 算法。

帧时隙 ALOHA 算法过程如下:

① 阅读器发出 Query 命令,表示仲裁过程开始,其中包含一个整数 N(N 等于帧长,即帧中时隙的个数)。

② 所有标签进行时间的同步。

③ 每个标签各自产生一个小于 N 的随机整数 n,作为自己的计数器。

④ 每过一个时隙,标签将自己的计数器 n 减 1。如果 $n=0$,则标签立即进入就绪状态并对阅读器进行响应。

⑤ 阅读器监测碰撞情况,如果没有发生碰撞,则转向⑥,否则转向⑨。

⑥ 因为只有一个标签响应,阅读器向此标签发送 select 命令,使得标签处于被选中状态,并向阅读器发送数据。

⑦ 阅读器接收完信息后,发送 kill 命令。刚才发送完成的标签在收到 kill 命令后,表示此次发送成功,此后不再响应。

⑧ 如果所有标签都已经发送完数据,则转向⑩;如果当前帧结束,则转向③,否则转向④。

⑨ 若此处发生了碰撞,阅读器发送一个 unselect 命令,刚才处于就绪态的标签不能进入选中状态,因为知道自己在发送过程产生了碰撞,所以在本帧内不再响应任何命令。等待本帧结束后转向③,其他标签则转向⑧。

⑩ 算法结束。

帧时隙 ALOHA 算法的示意图如图 2-4-14 所示。

需要注意的是,虽然图 2-4-14 中只演示了两个帧长时间,但是,有可能只用一个帧长时间就可以读完,也有可能需要更多的帧长时间才能完成。后面情况类似。

角色		帧				帧				
		1	2	3	4	1	2	3	4	时隙
阅读器	Query		读	读	读	读			读	阅读器动作
标签1		1	0							
标签2		0				3	2	1	0	
标签3		0				0				
标签4		2	1	0						
标签5		3	2	1	0					
		存在冲突	1发送	4发送	5发送	3发送			2发送	

图 2-4-14 帧时隙 ALOHA 算法示意图

很明显:

➢ 如果算法过度加大帧中所包含的时隙的数量(N),可以有效地降低每一帧中标签发生冲突的概率,但是,这也造成了共享信道的浪费,因为在大部分时间内,共享信道都处于空闲的状态。

➢ 如果算法过度减小帧中所包含的时隙的数量(N),则所有参与仲裁的标签所选取随机数的范围减小,从而就会明显增加每一帧中标签发生冲突的概率,进而导致仲裁轮数的增加。

以上两种情况都意味着防冲突识别的速度变慢,浪费了共享信道的带宽。

因此,运用帧时隙 ALOHA 算法的一个关键,就是寻找一个有效的折中方案,使多路存取的可靠性和速度都可以被接受。

4.5.4　Type A 的防冲突机制

ISO/IEC 18000－6 中 Type A 标准的防冲突机制是一种动态时隙 ALOHA 算法,其本质上可以归为帧时隙 ALOHA 算法。

Type A 的防冲突机制要求 RFID 标签内需要具有随机数发生器和比较器。另外,该机制还添加了时隙延迟参数来进一步减少冲突的概率。

Type A 防冲突机制中的标签具有 6 种状态,图 2－4－15 显示了该机制所涉及的状态图。

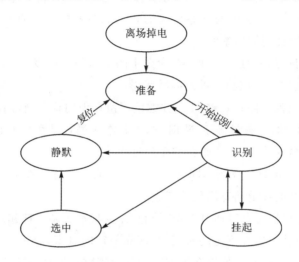

图 2－4－15　Type A 防冲突机制的状态图

Type A 的防冲突算法描述如下:

① 标签在进入阅读器的工作范围后,从离场掉电状态进入准备状态。

② 处于准备状态的标签,在接收到阅读器发出的"开始识别"命令后,进入识别状态。在"开始识别"命令中包含有初始的时隙数 N。

③ 进入识别状态的标签,随机选择一个时隙 n(由标签的内部伪随机数发生器产生)作为自己将要发送数据的时隙,同时标签将自己的时隙计数器复位为 1,并不立即响应阅读器。此后,每经过一个时隙时间,标签计数器加 1。

④ 当标签随机选择的时隙数 n 等于自己的时隙计数器时,转向⑤,否则转向⑥。

⑤ 标签根据自己的时隙延迟参数对阅读器进行不同的响应,在它的响应中须包含自己的签名。

➤ 如果时隙延迟标志为"0",则标签立即回发响应给阅读器。

➤ 如果时隙延迟标志为"1",则标签随机延迟一段时间后才回发响应。转向⑦。

⑥ 标签选择的时隙数 n 不等于自己的时隙计数器,标签等待下一个命令或下一个时隙,然后转向④。

⑦ 当阅读器发送完开始识别命令之后，如果没有检测到标签的回答（即没有标签选择在该时隙内进行数据的发送），为了节约时间，阅读器发送结束时隙命令，提前结束该时隙。处于识别状态而没有回发的标签，在接收到该命令后，把自己的时隙计数器加 1，然后转向④。

⑧ 当阅读器在某时检测到存在多个标签的应答，知道发生了冲突（或者没有冲突，但是发现了 CRC 检验失败）时，阅读器将在确认没有标签继续应答后，发送结束时隙命令，提前结束本次时隙。

➤ 那些发生冲突（或者 CRC 检验失败）的标签将被跨过，不能参与本次循环的仲裁过程，转向③，等待下一帧开始。

➤ 其他处于识别状态的标签在接收到此命令后，把自己的时隙计数器加 1，然后转向④。

⑨ 当阅读器接收到一个正确的标签应答时，可以选中并读取，此后阅读器发送"下一时隙"命令，该命令包含刚读到的标签的签名。

➤ 刚刚应答过阅读器，并且"下一时隙"命令中的签名与自己发送的签名是一致的那些标签（表明自己此次发送成功），进入静默状态。

➤ 其他标签将自己的时隙计数器加 1，并继续停留在识别状态，转向④。

⑩ 当阅读器检测到时隙数量等于 N 时，标志着本次循环结束。阅读器可以通过发送开始识别命令或新识别命令转向②，开始新的循环过程。

与传统的帧时隙 ALOHA 算法不同的是，Type A 防冲突算法新的循环长度 N 是阅读器根据前一次循环中的冲突数量动态优化后产生的。

在一次循环中，阅读器还可以通过发送"挂起"命令将本次循环挂起。

Type A 防冲突算法可以在确定的时间内，依靠一定的概率，经过多次循环最终分辨出在阅读器工作范围内所有的标签。如果在识别区内的标签数目相对于开始识别命令中制定的初始时隙数 N 较多时，防冲突的过程就会比较长。

4.5.5 Type B 的防冲突机制

ISO/IEC 18000 - 6 中 Type B 标准的防冲突机制是自适应二进制树防冲突算法（BTree）。BTree 算法和前面算法的思想有所不同：前面所讲的算法都是先利用随机数争取冲突的分散和避免，然后才进行冲突的检测和反复。而 BTree 算法正好相反，先检测冲突，然后再利用随机数进行冲突的分散和避免。

Type B 的标签主要有 4 种状态：POWER - OFF、READY、ID、DATA - EXCHANGE。各个状态的转换关系如图 2 - 4 - 16 所示。

BTree 算法描述如下：

① 当标签进入阅读器的射频范围内时，从 POWER - OFF 状态进入准备状态。

② 阅读器使用 GROUP_SELECT 命令，使部分或所有在射频场中的标签都参与冲突仲裁过程，竞争共享信道。参与冲突仲裁的标签由准备状态进入识别状态，同时把它们的内部计数器清 0。

③ 所有处于识别状态并且内部计数器为 0 的标签，发送它们的 UID 给阅读器。

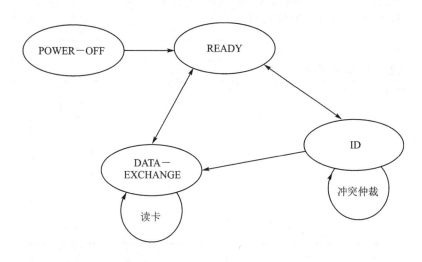

图 2 - 4 - 16　状态转换关系图

④ 如果有一个以上的标签发送 UID,阅读器将收到有冲突的响应,阅读器发送 FAIL 命令给所有标签。

⑤ 当标签接收到 FAIL 命令后,查看自己的内部计数器:

➢ 如果计数器不为 0,则把计数器加 1。

➢ 如果计数器为 0,则标签将生成一个 1 或 0 的随机数,令自己的计数器加上该随机数。如果标签计数器仍然为 0,则再次尝试发送其 UID。

通过这个过程,使得原本没有参与回应过程的标签计数器加 1(发送时间继续推后),而一部分参与回应过程的标签计数器加 1(退出了本次发送的竞争),其他的标签继续参与下一次回应过程。这时可能会出现以下 4 种可能情况:

a. 如果有一个以上的标签产生的随机数是 0,它们继续发送其 UID(还存在冲突),则重复④操作。

b. 如果刚才所有参与回应过程的标签产生的随机数全是 1,即都不发送自己的 UID,这时阅读器就接收不到任何来自标签的响应。为了节约时间,阅读器将发送 SUCCESS命令,强制结束本次传输过程。接收到 SUCCESS 命令后,所有标签的计数器减 1,然后计数器为 0 的标签继续发送 UID,接着重复④操作。即让刚才参与回应的标签重新尝试。

c. 如果只有一个标签产生的随机数是 0,则它发送自己的 UID,阅读器"知道"此时不会产生数据冲突,阅读器发送 DATA_READ 命令(包含收到的 UID),开始读取数据。标签正确接收该命令后,从 ID 状态进入 DATA EXCHANGE 状态,并开始发送数据。数据发送完毕,阅读器发送 SUCCESS 命令,结束本次传输过程。这时所有标签的计数器减 1,转向④。

d. 如果只有一个标签发送 UID,但是没有被正确接收,那么阅读器将发送 RESEND 命令,标签重新发送它的 UID 给阅读器。

⑥重复④,直至所有标签都读/写完毕。

图 2 - 4 - 17 展示了 BTree 算法的过程。

角色		1	2	3	4	5	6	7	8	9
阅读器	GROUP_SELECT			读	读		读		读	读
标签 1		0	0	0	—	—	—	—	—	—
标签 2		0	1	2	1	0	1	0	1	0
标签 3		0	0	1	0	—	—	—	—	—
标签 4		0	1	2	1	0	1	0	0	—
标签 5		0	1	2	1	0	0	—	—	—
		存在冲突	存在冲突	1发送	3发送	存在冲突	5发送	存在冲突	4发送	2发送

图 2 - 4 - 17 BTree 算法示意图

4.5.6 Type C 的防冲突机制

ISO/IEC 18000 - 6 中 Type C 标准提出了一种新的防冲突算法——随机时隙防冲突机制（SR），从本质上讲，SR 算法与 Type A 所采用的动态时隙 ALOHA 算法一样，都属于帧时隙 ALOHA 算法。

SR 算法设冲突仲裁过程的周期长度（即帧长度）为 $2Q$，并且 SR 算法可以根据识别过程的实际情况来动态调整 Q 值，从而动态地调整当前的周期长度。

SR 算法的标签识别过程如下：

① 阅读器发送 Query 命令来启动识别周期，Query 命令中包含参数 Q。

② 标签收到 Query 命令后，记录 Q 值，并在 $[0 \sim 2Q - 1]$ 的范围内随机挑选一个值，将该值载入自己的时隙计数器。

如果标签的计数器为 0，则标签将用 RN16（16 位随机数）响应阅读器。

③ 阅读器检查响应情况：

➢ 如果发现射频场范围内只有一个标签对阅读器发出响应（说明当前的 Q 值设置得比较合理，不存在冲突），则阅读器发送 ACK 命令给该标签，以通知该标签发送数据，转向④；

➢ 如果发现射频场范围内没有标签响应自己，或者存在多个标签同时响应（即存在着冲突），则转向⑤。

④ 标签传送数据给阅读器。如果没有其他标签需要读取数据，则算法结束。

⑤ 阅读器根据不同的情况调整 Q 值，然后转向①。

SR 算法的流程如图 2 - 4 - 18 所示。其中 Q_{fp} 为 Q 的浮点表示；C 为调整因子，其典型值为 $0.1 < C < 0.5$；SC 为随机时隙计数器，用以标志标签是否可以发送数据；Int 为基于四舍五入的取整函数。

Type C 和 Type A 一样，核心思想都是采用了基于时隙的 ALOHA 协议，也都可以动态调整帧长，而 Type C 中的 Q 值更加灵活一些。

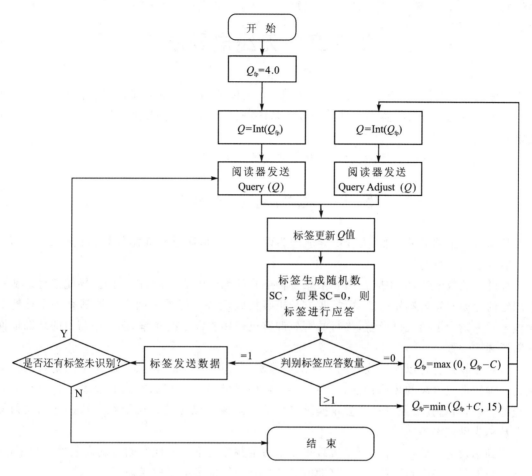

图 2 - 4 - 18　SR 算法流程图

第5章　无线电导航

物体的位置(或者与规定航线之间的偏差)是物体的另一个重要属性,该属性往往需要使用特定的定位芯片/部件(感知部件),与外界基础设施(比如卫星、基站等)之间进行通信才能获得。

本章先介绍导航的原理,然后重点介绍涉及的相关通信技术。

5.1　无线电导航概述

从基础设施的类型上看,无线电导航分为两类,一类是通过地面站发射器进行的导航,一类是通过卫星进行的导航。

在过去的数十年,空中航行主要依靠各种形式的无线电测向设备。首先,导航信息是从一个固定的地面站发射器发射的,而接收方是机载接收设备。每个地面发射器都有一个独特的无线电频率。为了给飞机导航,飞行员需要调整机载接收设备的频率,该频率与目的地的地面发射器频率一致。

机载接收设备可以根据收到的无线电信号确定发射器的方向,然后操纵飞机朝着发射器飞行。利用无线电波的传播特性,可测定飞行器的导航参量(方位、距离和速度),算出与规定航线的偏差,由驾驶员或自动驾驶仪操纵飞行器消除偏差以保持正确航线。这些地面发射器可以被称为助航设备。

当到达发射器后,飞行员调整机载接收设备的频率为下一段航线附近的发射器的频率,飞向下一个发射设备。将这些发射器(助航设备)串起来,即形成了整条航线。

飞行员常用的无线电导航系统包括甚高频全向信标系统(VORS)、测距装置系统(DMES)、塔康导航系统(TACANS)和全向信标系统(NDBS)等。

用无线电导航的作用距离可达几千公里,近距离精度比磁罗盘高,因此被广泛使用。但是,无线电波在大气中传播几千公里后,由于受电离层折射和地球表面反射的干扰较大,所以精度不是很理想。另外,如果目的点规模很大,则需要部署巨量的地面基站,费用太大。正因为如此,研究人员借助卫星来实现定位。

卫星导航技术是当前应用的热点技术,属于一种战略性的技术,受到了多个国家的重视。20 世纪 60 年代,美国实施了子午仪(Transit)卫星导航系统(Radio Navigation Satellite System,RNSS),并取得了成功。此后,各国发展了若干个利用卫星进行导航的系统,最著名的是美国的 GPS(Global Positioning System)、俄罗斯的 GLONASS(GLObal NAvigation Satellite System),以及中国的北斗(COMPASS)。欧洲的伽利略系统则发展较为缓慢,印度也在积极推动自己的卫星导航技术。

迅速发展的卫星导航技术,在军事和民用方面起到了重大的作用,改变了导航技术的面貌,使得导航技术进入了一个崭新的发展阶段。

本章主要对卫星导航技术进行介绍。卫星导航系统是利用导航卫星发射的无线电信号,求出载体相对于卫星的距离,再根据已知的、卫星相对地面的位置,计算并确定载体在地球上的位置的一种技术。

5.2　GPS

受当时技术水平、研制周期等因素的制约,子午仪导航卫星系统具有一些明显的缺陷,例如,不能连续定位,两次定位的时间间隔较长等。因此,子午仪卫星导航系统服役不久,美国即着手研究第二代卫星导航系统——"导航星"全球定位系统(GPS)。

GPS 是一个中距离圆形轨道卫星导航系统,它可以为地球表面绝大部分地区(98%)提供准确的定位、测速和高精度的授时服务,属于基于"伪距"(Pseudo Range)的无线电导航卫星系统。

基于 GPS 的系统如案例 2-5。

2000 年 5 月,美国空军宣布启动新一代 GPS 系统计划——GPS Block III(简写为 GPS 3),比现用 GPS 卫星更强、更精确、更可靠。例如,在目前无法定位的环境(如室内)依然可以实现精准的定位。GPS 3 还计划使卫星开始具备抗干扰能力。GPS 3 将确保由 GPS 2 到 GPS 3 星座的平稳过渡。

2012 年初,GPS 3 原型开始测试。期间已经对现有 GPS 系统进行了若干次升级。精度得到了较大的提高。

美国对 GPS 民用信号做出了重大调整,引入了三种民用信号 L2C、L5 和 L1C。其中在 L2C 信号中加入了纠错编码,加长了伪随机码的长度。L5 信号利用 1/2 卷积码对数据进行编码,可以在信噪比降低 5 dB 的条件下,获得与不编码时相同的差错率。针对 GPS 3 的 L1C 信号,使用了 LDPC 码,信道编码方案还在研究中,L1C 信号最终将取代现有的 L1C/A 信号。

5.2.1　GPS 工作原理

GPS 采用的是 WGS84 坐标系统。GPS 时间起点是 1980 年 1 月 6 日的 00:00:00。

GPS 系统的定位过程可以描述为:

① 已知卫星的位置,卫星给出,并包含在卫星发射的信号中。

② 测得卫星和用户之间的相对位置。

③ 解算得到用户位置。

理想情况下,可以利用 $R = C \times t$ 求得第②步所需的距离,其中 t 为信号到达接收机所经过的时间,C 为电磁波速度。

第③步,从理论上讲,只要能同时接收 3 个卫星的信号,就可以得到 3 个以各自卫星为球心的坐标,以及以用户到各自卫星的距离 R 为半径的球面;3 个球面的交点,就是用户接收机所在的位置。

但是,由于不能在 GPS 接收机上安装高精度原子钟,接收机无法和卫星做到时间上的同步(卫星的时间是严格同步的),所以用 $R = C \times t$ 求出的距离是不准确的,是伪距(PR),因此称 GPS 是基于无线电伪距定位技术的。伪距可以表示为

$$PR = R + C \times \Delta t = \sqrt{(x_i - x)^2 + (y_i - y)^2 + (z_i - z)^2} + C \times \Delta t \qquad (5-1)$$

其中,Δt 为接收机和卫星的钟差,可为正、负;(x_i, y_i, z_i) 为卫星 i 的空间坐标。这样,需求解的就不仅仅是三维坐标 (x, y, z) 了,还要包括 Δt,也就是要求解含有 4 个未知数的方程组。因

此,GPS 不得不接收到 4 颗卫星($i=1\sim4$)的信号才能正常工作。

GPS 导航的过程如下:

① GPS 接收机接收并根据 4 颗卫星的信息形成四元二次方程组,进行求解,得到经、纬度等位置信息和时间信息。

② 根据经、纬度来配合电子地图里面的经、纬度来确定在地图上的位置,完成 GPS 定位在地图上的显示。

③ 也可以使用地面工作站来辅助定位,增加定位精度,比如 A－GPS 等。

一般可以先用 3 颗卫星快速计算,进行粗定,然后再用第 4 颗卫星精确定位。这是一个较为实用的方法。

从 1993 年 6 月 26 日起,美国导航星全球定位系统便开始向各种用户提供精确的三维位置、三维速度和时间信息,其精度如下:

➢ 对于军用或其他有高精度要求的需求,可以提供的定位精度优于 10 m,速度优于 0.1 m/s,时间优于 100 ns。

➢ 对于民用需求,获得的定位精度为 30 m,但是出于国家安全方面的考虑,故意将民用码的定位精度降到 100 m,即在卫星的时钟和数据中引入了误差。

如果采用差分技术,GPS 可以达到提高定位精度的目的。差分 GPS 定位又称为相对动态定位。从某种意义上讲,差分 GPS 定位可以作为 GPS 的一种应用。差分 GPS 基本上分为三种:位置差分、伪距差分和相位差分。由于定位技术不是本书的重点,所以这里不再赘述。

5.2.2 GPS 组成

GPS 系统主要由空间星座部分、地面监控部分和用户设备三部分组成。空间星座负责周期性地发出定位信号,用户设备接收卫星信号并计算自己的位置等信息,地面监控部分负责维护空间星座部分的运行。

1. GPS 卫星

最初,GPS 的卫星星座由 24 颗卫星所组成,其中 21 颗为工作卫星,3 颗为备用卫星。24 颗卫星均匀地分布在 6 个轨道平面上,每个轨道面上有 4 颗卫星。这种布局的目的是保证在全球任何地点、任何时刻,至少可以接收到 4 颗卫星的信号。后期的 GPS 发展为 32 颗卫星。

空间星座部分功能包括:

① 接收并执行由地面站发来的控制指令,如通过推进器调整卫星的姿态和启用备用卫星等。

② 卫星上设有微处理机,进行部分必要的数据处理工作。

③ 通过星载的高精度铷钟、铯钟产生基准信号和提供精密的时间标准。

④ 向用户不断发送导航定位信号,包括:

➢ 调制在 L1 上的伪噪声码 C/A 码(Coarse Acquisition Code 粗捕获码)。

➢ 调制在 L1 和 L2 上的伪噪声 P 码(Precise Code 精码)。

值得关注的是,GPS 系统的控制开关掌握在美国的手中,美国随时可以扩大信号误差、甚至可以关闭特定区域信号,让 GPS 失灵。中国的银河号货轮就是因为所在地区 GPS 被关闭,导致无法正常航行。

而且,更加糟糕的是,由于中国电信 CDMA 在网络同步等方面严重依赖 GPS 系统,如通信基站在工作的切换、漫游等方面都需要 GPS 的精确时间来控制,因此,当 GPS 系统升级或人为关闭时,CDMA 网络就会受到严重影响。

中国移动自行发展的早期 TD - SCDMA 也采用了 GPS 同步。从 2008 年开始,中国移动启动了"TD - SCDMA 系统 GPS 替代方案"技术工作,一方面通过有线传输网络传送精确时间同步信号;另一方面利用我国自主发射的北斗卫星作为时间信号源,使用北斗卫星与 GPS 卫星双模授时,彻底摆脱了对 GPS 的依赖。

2. 地面监控部分

地面监控部分主要由 6 个监测站(Monitor Station)、1 个主控站(Master Control Station,MCS)和 4 个地面天线站(Ground Antenna,又叫注入站)组成。

这些地面站的工作方式如下:

① 当某颗 GPS 卫星通过当地时,监测站便汇集从卫星接收到的导航电文等数据,将其发送给主控站。

② 主控站对导航电文数据进行计算和处理之后,制定出这颗 GPS 卫星的星历和卫星时钟偏差参数,形成注入电文,并将其发送给注入站。

③ 注入站将注入电文发送给该卫星。

GPS 卫星的电文数据就是利用这种方式每天至少更换一次,使整个系统始终处于良好的工作状态。

(1)监控站

地面监控站的主要任务是对每颗卫星进行观测,采集 GPS 卫星数据和当地的环境数据,并向主控站提供观测数据。监控站的作用如图 2-5-1 所示。

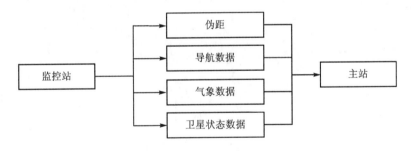

图 2-5-1 监控站的作用

每个监测站配有:

➤ 一个高性能的四通道接收机,用来测量到卫星的伪距离。

➤ 一台气象数据敏感器,用来记录当地温度、气压和相对湿度,供主控站计算信号在对流层中的延迟作用。

➤ 一台原子频标(即原子钟)和一台计算机。

(2)主控站

主控站收集各个监测站传送来的数据,根据采集的数据计算每一颗卫星的星历、时钟校正量、状态参数、大气校正量等,并按一定格式编辑成导航电文传送到注入站。

同时,主控站还可以对卫星进行一定的控制,向卫星发布指令,当工作卫星出现故障时,调度备用卫星工作以替代失效的工作卫星等。

另外,主控站也具有监控站的功能。主控站位于美国科罗拉多州的谢里佛尔空军基地,是整个地面监控系统的管理中心和技术中心。另外还有一个位于马里兰州盖茨堡的备用主控站,在发生紧急情况时启用。

（3）注入站

注入站（也称为加载站）同时也负责监测站的工作。

注入站目前有 4 个,其主要作用是将主控站计算得到的、需要传输给卫星的资料（卫星星历、导航电文等）,以既定的方式注入到卫星存储器中。

3. GPS 信号接收机

GPS 的用户设备就是 GPS 信号接收机。GPS 信号接收机的任务是:

➤ 能够捕获上空卫星的信号,选择并接收至少 4 颗卫星发出的导航信号,以及跟踪这些卫星的运行。

➤ 对所接收到的 GPS 信号进行变换、放大和处理。

➤ 解析 GPS 卫星所发送的导航电文。

➤ 测量出从 GPS 卫星到接收机之间的 GPS 信号传播时延。

➤ 实时计算接收机的三维位置,甚至三维速度和时间。

➤ 进行各种传播校正、卫星时钟偏差校正等。

➤ 进行坐标的变换,计算出在地图上的位置,由显示设备显示出地图和自身所在位置,以及速度和时间等信息。

导航接收机应由 4 个基本部分组成,即天线、接收机、处理器和数据显示装置,如图 2 - 5 - 2所示。

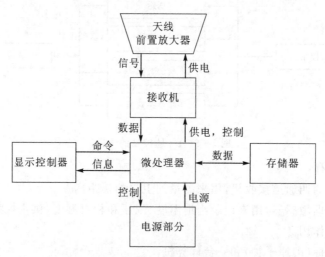

图 2 - 5 - 2　接收机结构

其中天线和接收机负责接收数据,是一种单向（GPS 到接收机）通信部件。微处理器和存储器负责各种计算和控制。显示控制器负责地图和各种控制操作的显示。

5.2.3　GPS 通信技术

1. GPS 多址接入

GPS 系统采用码分多址(Code Division Multiple Access,CDMA)体制,从而将 24 颗卫星的通信进行区分,并且能够在共享的信道中,完成互不干扰的通信。

在 CDMA 情况下,多址接入的实质是给每个用户安排一个具有良好自相关性和互相关性的伪随机码字,此码字用来将用户的信号转换成宽带扩频[①]信号,即用一个扩频码序列代表原码中的 1,用它的反码代表原码中的 0,这个扩频码序列又称为码片(chip)序列,原来的 1、0 序列就变成了由码片组成的、更长的新序列。

例如,设 S 站的 8 比特码片序列为 00011011(实际参与计算的是向量(−1,−1,−1,+1,+1,−1,+1,+1))。则 S 在发送比特 1 时,就发送二进制序列 00011011,S 希望发送比特 0 时,就发送其反码序列 11100100,即(+1,+1,+1,−1,−1,+1,−1,−1)。在此例下,可以这样理解:原来 S 欲发送比特 n 的序列,但实际上发送的是比特 $8×n$ 的序列。

CDMA 中的码片序列的选取有着严格的规定:

➤ 通信时,每个站被分配的码片序列必须各不相同,以便对不同站进行区分,如同临时身份证。

➤ 不同站的码片序列必须互相正交(orthogonal),来保证多对用户在共享的信道上共同进行数据的传输。

以上两条规则是 CDMA 的基础,必须严格执行。

令向量 S_v 表示 S 站的码片序列向量,令 T_v 表示其他任何一个 T 站的码片序列向量。所谓正交,就是向量 S_v 和向量 T_v 的规格化内积等于 0,即满足:

$$S_v \cdot T_v \equiv \frac{1}{m}\sum_{i=1}^{m} S_i T_i = 0 \qquad (5-2)$$

其中,m 为向量 S_v 和 T_v 的维数。

下面举例说明:假设 T 的码片序列为 00101110,即向量 T_v 为(−1,−1,+1,−1,+1,+1,+1,−1),则 $S_v \cdot T_v = [(−1×−1)+(−1×−1)+(−1×1)+(1×−1)+(1×1)+(−1×1)+(1×1)+(1×−1)]/8=0$。也就是说 T_v 和 S_v 满足正交关系,符合上述规定。

可以很容易地证明,如果两个站的码片序列正交,则其中一个站的码片序列与另一个站的码片序列的反码正交,即

$$S_v \cdot (-T_v) \equiv \frac{1}{m}\sum_{i=1}^{m} S_i(-T_i) = -\frac{1}{m}\sum_{i=1}^{m} S_i T_i = 0 \qquad (5-3)$$

另外,可以很容易地证出,任何一个码片序列向量与自己的规格化内积是 1。

$$S_v \cdot S_v = \frac{1}{m}\sum_{i=1}^{m} S_i S_i = \frac{1}{m}\sum_{i=1}^{m} S_i^2 = 1 \qquad (5-4)$$

而一个码片序列向量与自己的反码向量的规格化内积是 −1。

[①]　利用高速率扩频码片流与低速率信息符号流相乘,把一个符号扩展为多个码片,从而将窄带信息符号频谱扩展为宽带码片频谱。扩频有直接序列扩频(直扩)、跳变频率(跳频)、跳变时间(跳时)和线性调频 4 种,CDMA 属于其中的直接序列扩频。

$$S_v \cdot (-S_v) = \frac{1}{m}\sum_{i=1}^{m} S_i(-S_i) = \frac{1}{m}\sum_{i=1}^{m} -S_i^2 = -1 \qquad (5-5)$$

根据 CDMA 技术的工作原理,即使要发送的比特串同样为 110 三个比特,S 站和 T 站也是可以同时在同一个共享信道上发送的。也就是说,即使两者的信号在空间进行了叠加,也不影响接收方对自己想要的数据的接收。更多站也同样。

下面举例说明 CDMA 的工作原理。示意图如图 2-5-3 所示。

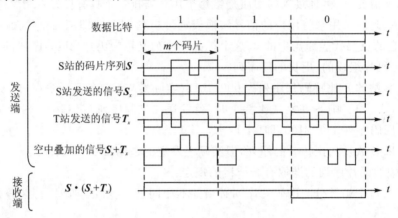

图 2-5-3 CDMA 发送举例

为了发送比特 1,S 发送的是 $S_x = S_v$,即 $(-1,-1,-1,+1,+1,-1,+1,+1)$,而 T 发送的是 $T_x = T_v$,即 $(-1,-1,+1,-1,+1,+1,+1,-1)$。

两者在空中叠加的信号 $S_x + T_x = (-2,-2,0,0,+2,0,+2,0)$。

接收端在接收数据之前,必须首先通过一定的协议交互来获得发送端的码片向量(例如 S 的向量 S_v)。

接收端在得到叠加的空间总信号($S_x + T_x = S_v + T_v$)后,将 S_v 与空间总信号进行规格化内积,即 $S_v \cdot (S_v + T_v)$。读者可以自己证明,这个计算过程是满足分配律的,即 $S_v \cdot (S_v + T_v) = (S_v \cdot S_v) + (S_v \cdot T_v)$,根据公式(5-4)和(5-2)可得,$(S_v \cdot S_v) + (S_v \cdot T_v) = 1 + 0 = 1$。最后的 1 即是接收方恢复出来的数据比特"1"。

为了发送比特"0",S 发送的是 $S_x = -S_v$,而 T 发送的是 $T_x = -T_v$,两者在空中叠加的信号为 $(-S_v) + (-T_v) = (2,2,0,0,-2,0,-2,0)$,如图 2-5-3 所示。

接收端进行统一的处理,仍然使用发送端 S 的码片序列 S_v 与空间总信号进行规格化内积,即 $S_v \cdot [(-S_v) + (-T_v)]$,根据分配率,可以得到 $S_v \cdot (-S_v) + S_v \cdot (-T_v)$。根据公式(5-5)和式(5-3)可得,$[S_v \cdot (-S_v)] + [S_v \cdot (-T_v)] = -1 + 0 = -1$。最后的 -1 即代表接收方恢复出来的数据比特 0。

其他两种情况(即 S 站发送比特 1 而 T 站发送比特 0,S 站发送比特 0 而 T 站发送比特 1)留给读者自己思考。

2. GPS 通信

每颗工作卫星,均在 L 波段(L1=1 575.42 MHz 为主频率、L2=1 227.60 MHz 为次频率)范围内以不同的电码连续发射导航电文。采用较高频率 L 波段进行工作的原因是大气层中的电离层对该波段无线电信号的折射影响较小。L1、L2 波段有两种最基本的编码,C/A 码和 P(Y)码,用 CDMA 伪随机序列器生成。

L1 波段的信号用两个正交的伪随机码调制,其中一个是提供精确定位服务的精密码,即 P 码。P 码采用了 10.23 MHz 的二相调制技术,码元长度约为 97.8 ns(1/10.23 MHz),供军事用户和若干经过特殊批准的其他用户使用。Y 码是在 P 码的基础上形成的,保密性能更佳。

另一个伪随机码调制是用于进行粗略测距和捕获 P 码的 C/A 码,也称捕获码,供民用。C/A 码信号属于称为 Gold 码的伪随机噪声(PRN)码系列,是 1.023 MHz 的二相调制信号,码元长度大约为 977.5 ns(1/1.023 MHz)。民用不加密,很容易截取。

二相调制(BPSK)又称为二进制相移键控,是最基本的调制技术之一。二相调制是把载波(正弦波)的频率和振幅作为不变量,通过载波的两个不同相位来表示数字的调制技术。最常见的二相调制是用载波的 0 和 π 两种相位,来分别代表二进制的数字 1 和 0,如图 2-5-4 所示。

正常工作时,L2 波段的信号只使用 P 码进行调制,在特殊应用或试验时,也可以改用 C/A 码进行调制。

GPS 系统中 P 码的捕获通常是利用 C/A 码来完成的,用户首先捕获到 C/A 码,然后利用 C/A 码调制的导航电文中的转换字(Hand Over Word,HOW)所提供的 P 码信息对 P 码进行捕获。

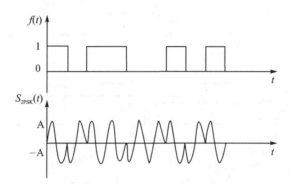

图 2-5-4　二相调制波形

此外,工作卫星还以 1 783.74 MHz 和 1 381.05 MHz 的频率发送指令和遥测控制信息。

GPS 卫星发射的信号主要分为载波(Carrier Wave)、测距码(Ranging Code)和导航电文(Navigation Messages)三部分。

➢ 载波,传送信息(话音和数据等)的物理基础,最终的物理承载工具,包括 L1 载波和 L2 载波。

➢ 测距码,用来方便测量卫星与地面的距离,包括 P 码和 C/A 码。

➢ GPS 卫星的导航电文是用户用来定位和导航的数据基础,主要包括卫星工作状态信息、卫星星历、卫星时钟校正参数、电离层传播延时校正参数、工作状态、从 C/A 码转换为 P 码所需的时间同步信息等。

卫星将相关信息按照规定的格式,以二进制码的形式向用户发送,所以导航电文又被称为数据码,即 D 码。

一般的 GPS 接收机只能接收 L1 波段的信号。根据特定方法,接收机能够从该信号中提取出数据码,也即导航电文。

3. GPS 导航电文

GPS 导航电文的主要组成单位是长达 1 500 bit 的主帧(Frame/Page)。一个完整的 GPS 电文由 25 个连续的主帧所构成,一共有 37 500 bit。GPS 导航电文的广播速率为 50 bps,因此,一个完整的 GPS 电文传输时间长达 12.5 min。

每一主帧又分为 5 个子帧(Sub - frame/Sub - page),每个子帧传输时间为 6 s,即 300 bit,分为 10 个字码,每个字码为 30 bit。

每个子帧的开头都是遥测字和转换字。

> 遥测字(Telemetry Word,TLM)是每个子帧的第一个字,由 8 位用于同步的二进制数 10001011 开始,其后的 16 位用于授权的用户,最后 6 位是奇偶校验位。

> 转换字(Handover Word,HOW)的前 17 位用于传输星期时间(Time of the Week,TOW),星期时间从星期日的 00:00:00 开始计时,到周六 23:59:59 截止,从 0 开始计数,每 6 s 加 1,意味着计数到 100 799 后从 0 开始。第 20~22 位表示传输的子帧页码,最后 6 位为奇偶校验位。

GPS 导航电文如图 2 - 5 - 5 所示。

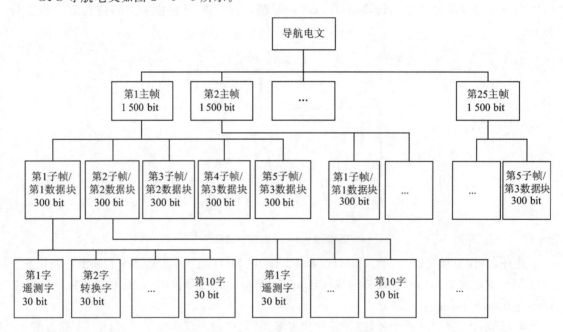

图 2 - 5 - 5 GPS 导航电文

25 个主帧中的第 1、2、3 子帧是重复的,实现了每 30 s 重复一次。

其中,第 1 子帧的第 3~10 个字码为第 1 数据块,它包括本星的如下信息:载波的调制波类型、星期序号、卫星的健康状况、数据龄期、卫星时钟改正参数等。

第 2 和第 3 子帧是第 2 数据块,它载有本星的星历、修正的开普勒模型信息等。采用这些数据能够估计出发射卫星的位置。

每 30 s 重复一次意味着 GPS 接收机每 30 s 就可以接收到发射信息的卫星的完整星历数据和时钟。

与前 3 个子帧不同的是,25 个主帧中的第 4、5 子帧都是不同的,所有的 4、5 子帧共同构成了第 3 数据块,为用户提供其他卫星的概略星历、时钟改正和卫星工作状态等信息。第 3 数据块以 12.5 min 为一周期发送给用户接收机。

在导航电文的第 2～5 和第 7～10 主帧的第 4 子帧,广播的是第 25～32 颗卫星的星历,每一个子帧传送一颗卫星的星历。第 18 主帧的第 4 子帧传送的是电离层影响的修正值以及 GPS 的误差值。第 25 主帧的第 4 子帧包括了 32 颗卫星的配置信息和第 25～32 颗卫星的状态信息。

在第 1～24 主帧的第 5 子帧,广播的是第 1～24 颗卫星的星历,每一个子帧传送一颗卫星的星历。第 25 主帧的第 5 子帧广播的是第 1～24 颗卫星的状态信息和原始星历时间。

4. GPS 相关协议

与 GPS 定位技术紧密相关的还有 NMEA0183、NTRIP 等协议,这些协议,主要是负责将 GPS 的定位信息从 GPS 接收机读出,并加以应用。其中 NMEA0183 协议属于本书所属末端网数据传输技术,将在后续章节进行介绍。

5.3　北斗卫星导航系统

5.3.1　概　述

出于对国家安全战略上的考虑,中国曾要求加入欧洲伽利略导航系统的研发。未果,中国提出了自己的北斗卫星导航系统(BeiDou/COMPASS Navigation Satellite System,BDS),这是中国自行研制的全球卫星定位与通信系统(CNSS),是继美国 GPS 和俄罗斯 GLONASS 之后第三个成熟的卫星导航系统,属于国家级战略性的发展项目,突破了很多国外的技术封锁。北斗导航图标如图 2-5-6 所示。

图 2-5-6　北斗导航图标

北斗系统经历了两代,分别是北斗一号和北斗二号,北斗一号作为实验,采用了简单的双星定位机制,解决的是有无问题。而目前正在全力发展的是北斗二号(北斗二代)。

案例 4-1 中,也可以采用北斗定位系统来进行渔船的管理。

5.3.2　北斗一号

北斗一号(或北斗一代)也称为"双星定位导航系统",我国"九五"列项。北斗一号是利用地球同步卫星为用户提供快速定位、简短数字报文通信和授时服务的一种全天候、区域性(主要覆盖中国地区)卫星定位系统。

由于是试验系统,北斗一号系统能够容纳的用户数为每小时 540 000 户。系统具有卫星数量少、投资小、用户设备简单、价廉等特点,能实现一定区域的导航定位、通信等用途,可在一定程度上满足我国陆、海、空运输导航定位的需求。另外,北斗系统不仅能让用户知道自己的所在位置,还可以告诉别人自己的位置。

一代北斗采用的是有源定位(GPS 和 GLONASS 等都是无源定位),所谓有源定位就用户需要通过地面中心站联系及传输才能完成定位工作。

北斗一号导航系统由地球静止卫星、地面中心控制系统、标校系统和各类用户机等部分组成。

➢ 最初的北斗卫星由三颗地球静止轨道卫星组成,两颗工作卫星分别位于东经 80°和 140°的赤道上空,另有一颗是位于东经 110.5°的备份卫星,可在某一工作卫星失效时予以代替。2007 年,中国再次发射一颗备份试验卫星,形成了四颗卫星的格局。

➢ 地面段由中心控制系统和标校系统组成。中心控制系统主要用于卫星轨道的确定、电离层校正、用户位置确定、用户短报文信息交换等。标校系统可提供距离观测量和校正参数。

➢ 用户段即用户的导航终端。

北斗一号卫星定位系统的通信波段为 L/S 波段,具有较好的抗干扰性,其数据传输速率可以达到 16.625/31.25 kbps(入站/出站)。北斗一号有一定的多点用户业务并发能力。

北斗一号的数据传输采用 CDMA 进行数据编码,进一步增加了抗干扰性。数据传输为超长报文,每帧报文长度可达 210 Byte/次。

同样,北斗也分为军用和民用两种类型,为了规范终端厂家的产品,其民用营运商北京神州天鸿科技有限公司制定了神州天鸿终端通信协议。该协议(V2.0 Release)共有 27 条指令,根据不同功能,被分为 5 类:状态类、定位类、通信类、查询类和授时类。此外协议还对超长报文传输协议、终端与外设进行信息交互的数据接口定义、指令内容格式等做了严格、统一的规定。

北斗一号卫星导航系统的工作过程如图 2-5-7 所示。

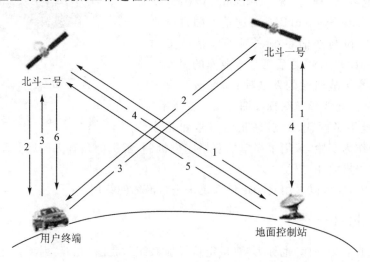

图 2-5-7 北斗一号的工作过程

① 由地面中心控制系统向北斗一号和北斗二号同时发送询问信号,该信号为经伪码扩频的信号。

② 询问信号经卫星转发器向服务区内的用户广播。

③ 用户响应其中一颗卫星的询问信号,并同时向两颗卫星发送响应信号。

④ 响应信号经卫星变换并转发回中心控制系统。

⑤ 中心控制系统接收并解调用户发来的信号,然后根据用户的申请服务内容进行相应的数据处理,包括对用户定位申请的计算。

⑥ 中心控制系统将计算出的用户三维坐标等信息经加密发送给用户。

因为北斗一号是双星定位,所以这一通信过程显得较为繁琐,所涉及的信号也经过了若干次变化:用户终端到北斗卫星发射的是 L1 波段信号,北斗卫星将其变成 C 波段信号,然后发射到地面站。地面站在经过一定的处理后,再发射 S 波段信号到北斗卫星,北斗卫星转发器将其变成 L2 波段信号发射到用户终端。

对于用户的定位申请,中心控制系统需要测出两个时间延迟:

➢ 从中心控制系统发出询问信号,经某一颗卫星转发到达用户,用户发出定位响应信号,经同一颗卫星转发回中心控制系统的延迟。

➢ 从中心控制发出询问信号,经同一卫星到达用户,用户发出响应信号,经另一颗卫星转发回中心控制系统的延迟。

由于中心控制系统和两颗卫星的位置均是已知的,因此,由上面两个延迟量就可以算出用户接收机到第一颗卫星的距离,以及到第二颗卫星的距离。进而,可以得到两个球面(分别以两颗卫星为球心,用户到对应卫星的距离为半径),用户位置即在这两个球面的交线上(如图 2-5-8 中的粗虚线的圆),该交线所形成的圆与赤道面垂直(如图 2-5-8 所示)。该圆与地球将形成两个交点,取北半球的点为用户的位置(也正因为如此,北斗一号只能对国内的用户进行定位)。

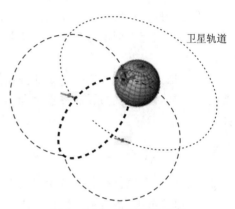

图 2-5-8　双星定位原理

中心控制系统还可以从存储在计算机内的数字化地形图中查寻到用户高程值,得到用户的三维坐标。

由于北斗一号是主动双向测距的询问-应答系统,用户设备与地球同步卫星之间不仅要接收地面中心控制系统的询问信号,还要求用户设备向同步卫星发射应答信号。可以看出,北斗一号对地面中心控制系统的依赖性明显要大很多,因为定位解算是在那里进行集中式解算的,而不是由用户设备解算的。并且,导航期间,通信要经过地球静止卫星走一个多来回,再加上卫星转发时延,中心控制系统的处理时延等,定位时间延迟较长,因此对于高速运动体,就加大了定位的误差。

就性能来说,北斗一号与美国 GPS 相比差距甚大。第一,覆盖范围只是初步具备了我国周边地区的定位能力,与 GPS 的全球定位相差甚远。第二,定位精度较低,定位精度最高 20 m,而 GPS 可以到 10 m 以内。第三,由于采用有源的无线电测定体制,用户终端机工作时要发送无线电信号,会被敌方无线电侦测设备发现,不适合军用。第四,无法在高速移动平台上使用。

虽然北斗一号存在一些缺陷,但最重要的是,北斗一号是我国独立自主建立的卫星导航系统,它的研制成功标志着我国打破了美、俄在此领域的垄断地位,解决了中国自主卫星导航系统的有无问题。目前我国正在全力发展推广的是北斗二号(北斗二代)。

【案例 5-1】 水情自动测报系统

该方案将北斗一号双星定位技术的报文通信技术应用于水情数据传输。采用该通信方式,水情自动测报系统具有不需要申请专用信道、传输可靠性高、时效快、通信费用低、抗干扰能力强、误码率低等特点。

该方案中,系统的遥测站数据采集终端(RTU)在采集数据后,将数据通过 RS-232 标准串口传送给北斗卫星终端,北斗卫星终端通过北斗卫星将数据传送给地面站,地面站将数据传送给本系统的数据中心接收机,中心接收机最后将数据传送给系统的后台计算机进行处理加工。另外,中心站也可以通过北斗卫星向各个遥测站点发送各项指令,监控整个系统的正常运行。使用北斗一号通信,可以保证整个系统的时效性。

根据资料,长江委水文局是国内首家将北斗卫星民用系统应用于水情自动测报领域信息传输的研究单位。利用自主开发的设备与北斗卫星组建了江口电站水情自动测报系统、大渡河瀑布沟水电站施工期水情测报及气象服务系统、国家防汛指挥系统汉口分中心系统等,运行效果良好。

水情也是关系国家安危的一个业务监控,采用北斗可以在降低成本的同时,提高安全性。需要指出的是,该案例的系统,并没有利用北斗的定位功能,而只是把北斗通信作为一种末端网技术。

5.3.3 北斗二号

北斗二号是我国自行研制的第二代卫星导航系统,是国产的 GPS,无论是系统组成,导航方式,还是覆盖范围,都将和美国的 GPS 非常类似。

第二代北斗导航卫星系统与第一代北斗导航卫星系统在体制上是存在根本差别的,主要表现在:第二代用户机可不用发送上行信号,不再依靠中心站的电子地图进行高程处理,而是同 GPS 一样直接接收卫星单程测距信号后自己进行定位,系统的用户容量不再受限制,并可提高用户的位置隐蔽性。

北斗二号的定位原理和 GPS/GLONASS/GALILUE 完全一样,采用无线电伪距定位。导航系统采用的坐标框架是中国 2000 大地坐标系统(CGCS2000)。

北斗二号的系统时间叫做北斗时,属于原子时,起算时间是 2006 年 1 月 1 日协调世界时(Coordinated Universal Time,UTC)0 时 0 分 0 秒。最新的卫星系统全部使用国产铷原子钟,突破了国外的封锁,且性能优于进口。

北斗二号还继承了试验系统的短信服务,实现了短报文通信功能,一次可以传送多达 120 个汉字的信息。这项服务仅限于亚太地区,其中军用版容量可达 120 个汉字,民用版 49 个汉字。

北斗卫星导航系统同样包括开放服务和授权服务两种类型:

> ➢ 开放服务是向全球免费提供的定位、测速和授时服务,以及短报文信息服务。基本服务性能:平面位置精度 10 m;高程 10 m;测速精度 0.2 m/s;授时精度单向 50 ns。

> ➢ 授权服务是为那些具有高精度、高可靠卫星导航需求的用户(如军队)提供更安全和更高精度的定位(定位达到厘米级)、测速、授时服务,同样也包括通信服务功能。

差分北斗卫星导航系统是在北斗卫星导航系统的基础上,利用差分技术,借助无线电指向标播发差分修正信息,为用户提供高精度定位服务的助航系统。经过试验数据的分析,差分北斗卫星导航系统明显提高了北斗卫星导航系统的定位精度。误差从 10 m 缩小到 1 m 以内,其性能指标已领先全球定位系统。图 2-5-9 显示了北斗差分基准站。

北斗卫星导航系统还能兼容 GPS 信号,这就意味着安装北斗终端的用户既可以单独使用北斗系统进行导航,也可以使用北斗和 GPS 进行双模导航。

北斗二号还具备了美国 GPS 3 的一些关键技术特征,如区域波束功率增强。

截至 2012 年底,北斗二号在轨卫星达到了16 颗(其中 14 颗卫星已投入正式使用),已经初步具备了区域导航、定位和授时等功能,已向亚太大部分地区正式提供区域服务。

图 2-5-9 北斗差分基准站

北斗的精度与 GPS 相当,而在增强区域(亚太地区),甚至超过 GPS,并可以为无依托地区用户的数据采集提供数据传输服务。

由于北斗二号是自主研发的系统,经过了高强度加密等安全设计,系统安全、可靠、稳定,适合关键部门应用。

目前北斗二号定位精度高于 GPS,又可以实现自身位置的通知,这就带来了隐私的保护。北斗系统在设计时就特别注重隐私保护,用户的定位信息被严格加密。此外,北斗传输的信息,先经过了"粉碎化"处理,同时通过多条线路传输,只破解一个通道,只能获得一堆无用的碎片。

北斗二号的系统组成

北斗二号与 GPS 等的组成非常类似,由空间卫星、地面站和用户端三部分组成。

按照规划,北斗二号卫星导航定位系统总共需要发射 35 颗卫星,包含 5 颗静止轨道卫星和 30 颗非静止轨道卫星。30 颗非静止轨道卫星又细分为 27 颗中轨道(MEO)卫星和 3 颗倾斜同步(IGSO)卫星。27 颗 MEO 卫星平均分布在倾角 55° 的三个平面上,轨道高度21 500 km。据分析,轨道分布优于 GPS。北斗二号计划于 2020 年实现该规划,将有能力参与全球竞争,在全球范围内为各类用户提供全天候、全天时的服务。北斗二号卫星导航定位系统在完成部署后,将极少有通信盲区。

北斗二号的地面站与 GPS 相同,包括主控站、注入站和监测站等。相关功能与 GPS 相似,这里不再赘述。

与众不同的是,北斗二号的用户端还可以兼容 GPS 等其他卫星导航系统。图 2-5-10 显示了北斗二号基带信号处理芯片,图 2-5-11 所示为北斗二号的用户终端。

图2-5-10 北斗二号基带信号处理芯片　　　　　图 2-5-11 用户终端

5.3.4　北斗通信技术

1. 北斗通信

北斗卫星导航系统官方宣布，在 L 波段和 S 波段发送导航信号，其中在 L 波段的 B1、B2、B3 频点上发送服务信号，包括开放的信号和需要授权的信号。

国际电信联盟（ITU）分配了 1 590 MHz、1 561 MHz、1 269 MHz 和 1 207 MHz 四个波段给北斗卫星导航系统，这与伽利略卫星定位导航系统使用或计划使用的波段存在重合。国际电信联盟的政策是频段先占先得，中国以实际先占的原则确定对相应频率的优先使用权。最好的频段已经被美国的 GPS 所占用了。

表 5-1 列出了北斗的频点信息。

表 5-1　北斗信号频点

频点序号	频点范围/MHz	调制方式
B1 频点	1 559.052～1 591.788	QPSK(2)
B2 频点	1 166.220～1 217.370	BPSK(2)＋BPSK(10)
B3 频点	1 250.618～1 286.423	QPSK(10)

下面以 B1 进行介绍。

B1 信号点的标称载波频率为 1 561.098 MHz，传输的信号分成 2 类，分别称作"I"和"Q"。I 的信号具有较短的编码，被用来提供开放服务（民用）；Q 部分的编码更长，且有更强的抗干扰性，被用作需要授权的服务（例如军用）。B1 信号就是由 I、Q 两个支路的"测距码＋导航电文"正交调制在载波上构成的。

北斗卫星发射的信号采用正交相移键控（Quadrature Phase Shift Keying，QPSK）调制。QPSK 是一种频谱利用率高、抗干扰性强的数字调制方式，它被广泛应用于各种通信系统中。

在 QPSK(2) 中，通过改变载波的相位（如 $\frac{\pi}{4}$、$\frac{3}{4}\pi$、$\frac{5}{4}\pi$、$\frac{7}{4}\pi$），载波可以被调制出 4 种状态的正弦波（码元）。因为具有 4 种状态，所以每个码元就可以代表 2 个比特（00，01，10 或 11）的信息。图 2-5-12 的星座图展示了这 4 种码元的相位情况（当然，星座图可以同时展示码元的振幅情况）。

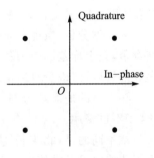

图 2-5-12　星座图

码元的种类数（n）和一个码元能够代表的比特数（len）的关系为

$$\text{len} = \log_2 n \tag{5-6}$$

接收方收到信号后，解调器根据星座图以及载波信号的相位来判断发送端发送的信息比特，每读取一个码元，可以判断出两个比特的信息。

北斗卫星的信号复用方式为码分多址（CDMA）。

根据速率和结构的不同，导航电文被分为 D1 导航电文和 D2 导航电文。

➤ D1 导航电文的速率为 50 bps，并调制有速率为 1 kbps 的二次编码，内容包含了基本导航信息（本卫星的基本导航信息、全部卫星历书信息、与其他系统时间同步信息）。

> D2 导航电文速率为 500 bps,内容包含基本导航信息和增强服务信息(北斗系统的差分及完好性信息和电离层信息)。

所谓 D1 导航电文上调制的二次编码,是扩频的一种,是指在速率为 50 bps 的 D1 导航电文上,再调制一个哈夫曼码(Neumann - Hoffman,简称 NH 码)。该 NH 码的周期为 1 个导航信息位的宽度。

如图 2 - 5 - 13 所示,原始的 D1 导航电文中,一个信息比特的宽度为 20 ms,采用二次编码,每个比特采用 20 比特(0,0,0,1,0,1,0,0,1,0,1,1,0,0,1,1,0,0,1,1)的 NH 码来代替。NH 码中,每一比特称为一个扩频码,每个扩频码宽度为 1 ms。也就是说,用 20 比特的扩频码(1 个 NH 码)来代表原来的 1 个导航信息比特,实现了扩频。最终的速率为 50 bps×20=1 kbps。

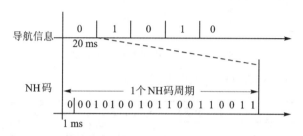

图 2 - 5 - 13　二次编码示意图

采用主码与二次编码相结合的结构化分层码是当前卫星导航系统常用的手段,可以获得更加优良的接收性能,包括最新的 GPS 和 Galileo 都采用了这种设计。二次编码可以使地面接收机迅速地实现数据同步,降低频谱谱线间隔,进一步抑制窄带干扰。

下面再来关注一下扩频技术,它是当前非常流行的一种传输处理技术。扩频技术利用与信源信息无关的码对被传输信号进行扩展频谱,使之占有的带宽超过被传送信息所必需的最小带宽。可以简单地理解为,将原有的频率给扩充了。扩频的主要优势是抗干扰,抗多径衰落、低截获概率、具有码分多址能力、高距离分辨率和精确同步特性等。

2. 北斗电文

北斗 MEO/IGSO 卫星的 B1 信号播发 D1 导航电文,GEO 卫星的 B1 信号播发 D2 导航电文。下面以 D1 导航电文进行介绍。

D1 导航电文由超帧、主帧和子帧组成。

> 每个超帧为 36 000 bit,历时 12 min。每个超帧由 24 个主帧组成。
> 每个主帧为 1 500 bit,历时 30 s。每个主帧由 5 个子帧组成。
> 每个子帧为 300 bit,历时 6 s。每个子帧由 10 个字组成。
> 每个字为 30 bit,历时 0.6 s。每个字由导航电文数据及校验码两部分组成。

D1 导航电文的帧结构如图 2 - 5 - 14 所示。

D1 导航电文包含有基本的导航信息,如下:

> 本卫星的基本导航信息,包括本周内的秒计数、整周计数、用户距离精度指数、卫星自主健康标识、电离层延迟模型改正参数、卫星星历参数及数据龄期、卫星时钟钟差参数及数据龄期等。
> 全部卫星历书。
> 与其他系统时间的同步信息(UTC、其他卫星导航系统)。

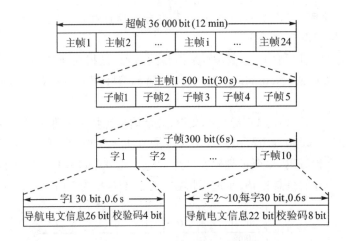

图 2-5-14 D1 导航电文帧结构

D1 导航电文主帧结构及信息内容如图 2-5-15 所示。

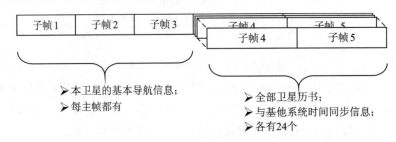

图 2-5-15 北斗 D1 导航电文的主帧结构与信息内容

子帧 1～3 用来播发本卫星的基本导航信息，每个主帧都包含，即第 1,2,3 子帧是不断重复的，每 30 s 重复一次。

子帧 4 和子帧 5 各有 24 个，分布在 24 个主帧中。其中 1～24 主帧的子帧 4 和 1～10 主帧的子帧 5 用来播发全部卫星历书信息，以及与其他系统时间的同步信息；11～24 主帧的子帧 5 为预留页面。

导航电文采取 BCH(15,11,1) 码加交织方式进行纠错。BCH 码长为 15 bit，信息位为 11 bit，纠错能力为 1 bit，其生成多项式为 $g(X)=X^4+X+1$。

5.3.5 北斗进展

2013 年中国发布了《北斗系统空间信号接口控制文件(2.0 版)》系统文件。其最大的亮点就是公布了北斗系统第二个民用信号 B2I。同时，对已发布的接口控制文件中北斗 B1I 信号接口内容表述进行了修订。北斗从此进入到多频应用的时代，标志着北斗系统成为首个拥有两个民用频点并已经形成服务能力的系统。两个频点最大的优势是可以提供更高精度的位置导航服务。发布一个频点以后，北斗定位精度达到 10 m，基于两个频点的导航定位精度可以提高到米级。

2013 年，北斗系统的室内定位也已宣布研发成功，精度达到 3 m。

2014 年，差分/北斗船载终端样机完成应用测试，在 300 km 范围内，定位精度水平优于 5 cm，垂直优于 3 cm。目前，正组织制定全国沿海的差分站点建设规划和实施方案，实施后，将实现沿海岸线 300 km 以内的亚米级差分定位导航服务，岸线 50 km 以内实施厘米级定位服务。

第6章　激光制导

激光制导最初是用于军事目的制导技术,使得炸弹、导弹(后面简称为导弹)等可以基于激光通信技术,对敌方目标进行准确跟踪和攻击,大大提高了攻击效率。随着技术的发展,激光制导技术也渐渐用于民用行业,比如激光制导测量机器人,可以为人类的科研生产带来巨大的便利,减少人类工作的危险。再比如基于激光制导的无人机撞网回收系统的研究。最新的城市灭火导弹也是不错的发展方向。

6.1　概　述

激光制导炸弹首次投入使用是在越南战场上,另外在1986年美军飞机长途奔袭利比亚,海湾战争中袭击伊拉克等,激光制导炸弹都取得显著的效果。图2-6-1展示了中国研制的激光制导炸弹。

因为激光波束方向性强、波束窄,故激光制导精度高、抗电磁干扰能力强。但是某些波段的激光易被云、雾、雨等吸收,透过率低,全天候使用受到限制,容易被敌方借此进行干扰(例如在可能被袭击的目标周围施放烟幕,把目标隐藏在浓浓的烟幕之中),如采用长波激光,则可以在能见度不良的情况下继续使用。

激光制导的感知原理其实非常简单,只需要持续对物体进行照射,通过照射/反射的激光感知物体所在的方向即可,无需复杂的通信层次。但是,因为这种感知还会涉及到物理层的编码问题,所以本书把它归纳为通信的范畴。

图2-6-1　中国研制的激光制导炸弹

这种通信所涉及的目标,很可能是非智能的物体(不需要参与通信),而通信的接收者,很可能是一种执行部件(如机器人、炸弹等),兼任了感知(传感)节点和执行节点的双重任务。

6.2　激光制导原理

激光制导系统一般由三个部分组成:

➤ 激光指示器(或照射器),负责发射指示用的激光束,对目标进行持续照射,指出寻目标的方向。为了进行激光的辨识(防止被其他激光诱导)或者进行方向的指示,一般都会将激光进行一定的编码。

➤ 激光接收器(寻的器),一般位于弹体上,负责接收激光指示器照射过来的激光信号,或者经由目标漫反射过来的激光信号,经过解码后发给控制器。

➤ 控制器,根据激光信息,算出弹体偏离照射或反射激光束的程度,不断控制炸弹的飞行舵,调整炸弹航向和飞行轨迹,使战斗部沿着照射或反射激光前进,最终命中目标。

这个通信过程基本上是一个单向传输的过程。

根据具体的工作方式,以及激光指示器和激光接收器的位置,激光制导可以分为激光驾束制导、半主动寻的制导、主动寻的制导等。其中技术最成熟、在战场上使用最多的是半主动寻的制导。

1. 激光波束制导

激光指示器是单独的一部分(可以安装在飞机、战车上),激光接收器安装在导弹(或炸弹)上。导弹发射时,激光指示器对着目标进行持续的指示照射,发射后的导弹在激光波束范围内飞行,如图2-6-2所示。

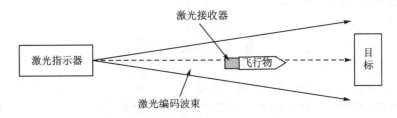

图 2-6-2　激光波束制导原理图

激光波束制导的工作过程如下:

① 激光照射器首先捕捉并跟踪目标,给出目标所在方向的角度信息,然后经火控计算机控制弹体发射架,以最佳角度发射导弹,使后者进入激光波束中(进入波束的方向要尽可能与激光波束的轴线一致)。

② 在导弹飞行过程中,导弹上的激光接收必须能够时刻接收到激光指示器照射到导弹上的激光信号。

③ 导弹的飞行可能会偏离方向,即偏离激光波束轴线,则导弹上的接收器可以通过激光的编码规则,感知到偏离的方位和程度(即弹体轴线与激光波束轴线的偏离方向和大小),并将这个误差量送入导弹的控制系统。

④ 控制系统按事先规定好的导引规律,形成控制指令调整导弹的飞行方向和姿态,使导弹重新与激光照射光束的轴线相重合,最终引导战斗部抵达目标之上。

此种制导方式就像让导弹在激光束上滑行一样,所以俗称"驾束制导"。

2. 半主动寻的制导

同激光波束制导一样,激光半主动寻的制导中的激光接收器与激光指示器也是分开配置的,只不过引导方式有所不同。

① 攻击时,先从地面或空中用激光目标指示器对准目标发射激光束,然后发射或投放导弹。

② 激光束照射到目标的表面后,会对激光产生漫反射效应。

③ 导弹前端的接收器捕获漫反射回来的激光,并控制和导引弹头对目标进行奔袭,直至击中目标并将目标炸掉。

3. 主动寻的制导

主动寻的制导系统中的激光接收器与激光指示器都是安装在导弹上的,过程如下:

① 导弹自己发出照射目标的激光波束。

② 激光波束照射到目标的表面后,产生漫反射效应。

③ 导弹前端的接收器捕获漫反射回来的激光,并控制和导引弹头对目标进行奔袭,直至击中目标并将目标炸掉。

6.3　激光制导编码

因为以下原因,需要对激光制导中的激光进行编码:

① 为了实现激光制导过程。

② 为了避免激光制导导弹受到外界/敌方激光干扰而迷失制导方向。

③ 为了避免在使用多枚激光制导导弹攻击集群目标时,互相干扰而无法正常瞄准,导致重炸、漏炸现象。

针对第②点,可以利用一些编码技术来提高抗干扰性,就是给激光制导信号进行具有加密性质的编码,使其规律性较难发现。例如,导弹只有在收到周而复始的“10011010”激光脉冲性质的波束时,才进行姿态调整。这样,只要敌方不知道编码规则(密码),那么敌方的干扰机就不能发出相同规律的激光脉冲波束,导弹就不会受到干扰,从而大大提高了激光制导武器的抗干扰能力。

针对第③点,在多目标的情况下,可以给每个导弹设置不同的编码(相当于身份证的作用),导弹按照各自的编码接收符合要求的激光脉冲,只攻击那些被自己编码所照射的目标。

激光编码是指以激光作为信息传播载体,通过对激光的各种物理特性(如激光能量、偏振方向、脉冲宽度、重复频率、波长及相位等参量)进行改变,使激光具有不同的状态,从而可以携带指定的信息。一般情况下,在激光照射器内进行数据的编码,在激光接收器内进行数据的解码。

激光编码可采用的方式,是由当前的激光技术和光电检测技术等综合因素所决定的。目前,利用光频或光相位实现空间调制编码较为困难,所以主要利用光束强度和偏振来实现调制编码。

6.3.1　激光驾束制导编码

激光驾束制导方式常用的编码可分为斩光式、空间扫描式和空间偏振式等。

➤ 斩光式编码方式是利用激光辐射强度进行激光编码调制。

➤ 空间扫描式是利用激光方向特性进行激光编码调制。

➤ 空间偏振式是通过调制激光的偏振态来实现空间编码,使在不同位置的光束有不同的激光偏振。

这些技术分别产生含有方位信息的激光束,也就是把方位信息融入光束中,这可以用不同的激光脉冲宽度、脉冲间隔等参数来实现。

1. 斩光式

斩光式可以采用调制盘实现调制。调制盘的图案有对称辐射形,螺旋曲线形和长条形等。图 2-6-3 中显示了一个简单的对称辐射形调制盘(实际上调制盘可以设计得非常复杂)。调制盘中黑色部分为不透明,激光不可穿越,白色部分为的透明的,激光可穿越。

调制盘放置在发射光路中,转动调制盘转动实现对激光束进行的切割。显然,不同的调制盘所切割而成的光束的特性是不同的,被切割(调制)后的激光束经过投影物镜被投影到目标方向。

在图2-6-3中,调制盘的图案中心与激光束的中心相重叠(实际上两个中心还可以不重叠),且调制盘围绕着这个中心旋转。在导弹发射后的整个制导过程中,整个光束被调制盘分割成许多扇形区,这些扇形区按照固定的频率沿着光轴不断旋转,从而实现了对激光束的切割。

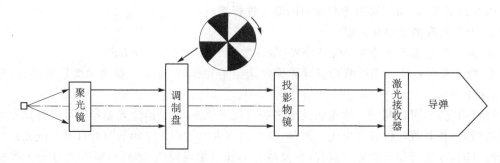

图2-6-3 同心旋转编码系统

导弹上的激光接收器接收编码后的激光脉冲信号,转换成电信号,经过译码器电路解算出导弹偏离瞄准线的位置信号,供驾驶仪控制导弹飞行。

在图2-6-3中,导弹的激光接收器具有一些感光探测器(一个假设的感光探测器布局如图2-6-4所示),它们通过感知光脉冲来让导弹知道自己的飞行状况。如果导弹在飞行过程中偏离了光轴,某些探测器(图2-6-4中灰色的两个)处于光束的外部,则在导弹偏离方向的时间内,灰色的探测器所接收到光脉冲次数将少于其他探测器的次数,导弹就知道自己已经偏离方向了。在该示例中,导弹还可以根据处于光束外面的探测器的数量,知道自己偏离了多少。

调制盘设计的不同,斩光式所实现的、对激光的调制也不同(比如激光脉冲的频率不同),这可以帮助导弹来判断所接收到的激光束是否为己方的激光指示器所发出的激光束。

斩光式较为简单,但是缺点也是不容忽视的:

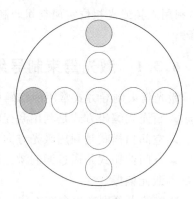

图2-6-4 探测器布局示意图

> 要求激光是连续的,或者具有很高的重复频率。
> 调制盘工作时需高速旋转,这需要有很好的机械性能。并且因为有旋转的机械装置,体积大,旋转时易产生振动干扰。
> 调制盘边缘的能量透过率高(光束多),而中心能量透过率低(光束少),因此中心编码精度较低,甚至存在死区。

2. 空间扫描编码方式

空间扫描编码方式利用激光指示器来发射具有特定截面范围的激光束,通过机械的方法使激光束在该范围内进行空间扫描,形成空间编码激光信号。导弹上的接收器接收编码信号,转变成电信号,经过译码,给出导弹的位置信号。

图 2-6-5 展示了一种空间扫描编码方式的示例。

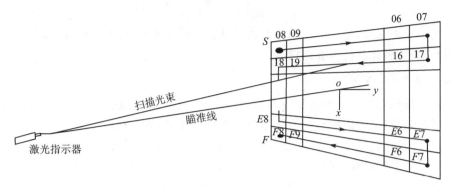

图 2-6-5 激光束调制编码原理图

在该示例中,将瞄准的空间区域 A 等分成 $n \times n$ 个小区域,并且给每一个空间小区域 $A_{ij}(i=1,\cdots,n;\ j=1,\cdots,n)$ 都赋予一个代码 C_{ij}。

在制导的过程中,激光指示器调制光束从 A 的扫描起始点 S 开始,沿箭头方向扫描到终节点 F 完毕,形成一个扫描周期,然后以最快的速度跳回到 S 点,开始下一次的扫描。并且,光束在扫描的过程中,根据扫描区域的不同,发送不同的 C_{ij}。

飞行中的导弹如果被光束扫描到,通过接收光束携带的信息可以获得导弹现在所处方位的代码 C_{ij},从而根据 A_{ij} 所在 A 的位置,算出导弹偏离瞄准中心线的误差,采用相应的控制机制,把导弹调整到中心线上。

6.3.2 激光寻的制导编码

采用编码的激光脉冲作为制导信号,是激光寻的制导武器实现同时攻击多目标和提高抗干扰性的重要手段。

从理论上讲,激光编码主要有脉冲间隔调制(PIM)和脉冲宽度调制(PWM)。但在目前公开报道的文献中,普遍采用的是脉冲重复频率(Pulse Repetition Frequency,PRF)编码。PRF编码与PIM编码实际上是一种编码,只是在物理概念上有所不同。

国内外对激光编码方法的认识和研究比较深入,提出的激光编码方法主要有:精确频率码、脉冲调制码、二间隔码、等差型编码、伪随机码等。

1. 精确频率码

如图 2-6-6 所示,激光指示过程一般分为很多指示/照射周期(ΔT),其中每一个向上的箭头代表一个激光脉冲。

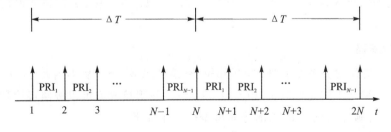

图 2-6-6 激光脉冲制导序列周期示意图

精确频率码是指编码的激光脉冲间隔在整个照射周期内固定不变。即

$$PRI_1 = PRI_2 = \cdots = PRI_{N-1} = T_0$$

这其实是一类编码,包括下面的脉冲调制脉。精确频率码的编码及解码都简单,但是很容易被识别和复制,因此其抗干扰性较差。

2. 脉冲调制码(PCM)

脉冲调制编码方法是一种比较简单的调制方式,它对照射周期 ΔT 内的激光脉冲进行一定规律的屏蔽,使得能够照射出去的脉冲按照编码的要求,重复循环发出。

例如,对于重复频率为 20 次/s 的 7 位脉冲调制码,假设用来调制的码型为 1001011。

调制脉冲编码的过程如图 2-6-7 所示。其中,横坐标为时间(s),竖线为激光脉冲。从第 0 秒开始,有脉冲则表示数字 1,随后的两个时间间隔无脉冲,表示数字 0,以此类推。7 个脉冲发射完毕,表示照射周期 ΔT 的结束,此后重复发送这样的 7 个脉冲,周而复始,直至抵达目标。

脉冲调制码的特点是编码较简单,在一定程度上增加了敌方识别和诱导的难度,但如果参与编码的位数较低,由于编码存在的规律性,则抗干扰性一般。

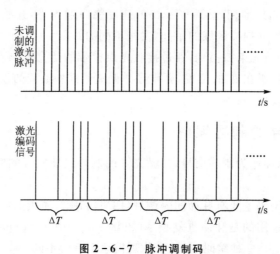

图 2-6-7 脉冲调制码

3. 二间隔码

二间隔码方法是指采用两个时间间隔 PRI_1 和 PRI_2(图 2-6-6 中,$PRI_1 \neq PRI_2$,且 $PRI_1 + PRI_2 = 2T_0$),使得激光脉冲在整个照射周期(ΔT)内按重复间隔 PRI_1、PRI_2、PRI_1、PRI_2……的规律周期性重复。

二间隔码编码与解码都较简单,与 PCM 码相比,规律性更强,更容易被识别和复制,因此抗干扰性差。

4. 等差型编码

等差型编码方法是指各个脉冲间的间隔具有某种趋势,例如从小到大(或从大到小),脉冲间隔的规律可以用一个约定好的公式(算法)来求得,使得接收方可以按照规律顺利接收。

例如,两种首脉冲间隔为 PRI_1 的等差型编码规定如下:

等差递增:
$$PRI_N = PRI_1 + (N-1)\Delta t$$

等差递减：$$\mathrm{PRI}_N = \mathrm{PRI}_1 - (N-1)\Delta t$$

等差型编码的脉冲间隔在整个照射时间内不存在周期性,并且编码与解码较简单,且规律性较为简单,因此这种编码的抗干扰性一般。而且这种编码只适合短时间激光照射,无法持续长时间照射。

5. 伪随机编码

伪随机编码方法实质上是一种将制导信号(可以是先经过其他编码技术调制后的激光信号)与伪随机信号在时间轴上进行交叠的一种编码(如图 2-6-8 所示)。也可以简单地直接使用伪随机信号作为编码的信号。

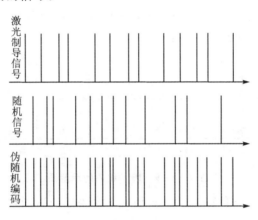

图 2-6-8　伪随机码示意图

伪随机编码因为采用伪随机机制,所以不存在固定的循环周期。编码后的信号既具有随机码的性质,又具有一定的规律性。

伪随机编码的前提是,接收方需要事先知道发送方随机数字的产生算法和随机范围等。

此种编码的规律性较难发现,不容易被敌方识别,所以抗干扰性最好,但是编码与解码相对较复杂。

6. 脉冲间隔调制(PIM)编码

PIM 编码方法通过调制空间相邻的两个激光脉冲的时间间隔来实现编码目的,即利用图 2-6-6 中不同的 PRI_i 来实现调制。

最简单的 PIM 编码可以用 PRI_i 代表码字 0,而用 PRI_j 代表码字 1($\mathrm{PRI}_i \neq \mathrm{PRI}_j$),前面所讲的二间隔码是这种编码方式的一种特例。

另外,还可以通过将脉冲间隔进行组合来实现更加复杂的编码技术。首先将相邻脉冲的时间间隔分组(例如将相邻 3 个脉冲的 2 个时间间隔分为一组),调制的信号表现在空间上,体现为不同的时间间隔顺序上,不同的时间间隔顺序代表不同的码字,并且每组码字中所用到的时间间隔顺序必须是唯一的。

例如用 $(\mathrm{PRI}_{i-1}, \mathrm{PRI}_i)$ 代表一个码字,$(\mathrm{PRI}_i, \mathrm{PRI}_{i+1})$ 代表另一个码字。前提是必须至少满足下面条件之一:$\mathrm{PRI}_{i-1} \neq \mathrm{PRI}_i$、$\mathrm{PRI}_i \neq \mathrm{PRI}_{i+1}$。这样,假设有 n 个时间间隔长度,则通过两个时间间隔的组合,最多可以组合成 n^2 个码字。

如果希望识别一个间隔对,只需要检测到相邻 3 个脉冲就可以确定它们是否是制导信号了。这种编码方法又可以称为唯一间隔对编码。

PIM 编码具有随机码和密码的特性,其标准性、通用性和可扩展性比较好,有较强的抗干扰性能,但解码较复杂。

7. 脉冲重复频率(PRF)编码

PRF 编码方式本质上是一种脉冲间隔调制编码。

PRF 令数字 1~8 分别代表着 8 个不同的重复频率(即代表着 8 个特定的脉冲时间间隔),其数字越小代表其重复频率(越小的时间间隔)越高,这种编码方式还可以由此产生一定的优先级特性。

在 PRF 编码的码字中,若 1 代表重复频率为 f_1(间隔为 PRI_1)的激光脉冲,2 代表重复频率为 f_2(间隔为 PRI_2)的激光脉冲,……8 代表重复频率为 f_8(间隔为 PRI_8)的激光脉冲,则编码 158 在时空上的表示如图 2-6-9 所示。

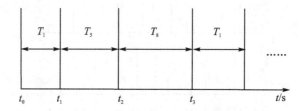

图 2-6-9　PRF 编码的示意图

精确频率码是 PRF 的一种特例。PRF 码抗干扰性与 PCM 码相当。

8. 脉宽编码(PWM)

脉宽编码是指对各个激光脉冲的宽度进行调制,使激光制导信号的各个脉冲宽度不全相同,从而达到编码的目的。

如图 2-6-10 所示,用 1.2 ms 宽度的脉冲代表 1,用 0.6 ms 宽度的脉冲代表 0。

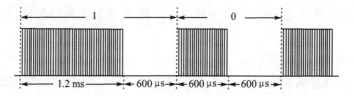

图 2-6-10　脉宽编码示意图

PWM 编码与 PIM 编码从本质上是相同的,不同之处在于二者调制的物理量一个是脉冲宽度,一个是脉冲间隔宽度。

PWM 编码系统在实现上较为复杂。

9. 不断发展的编码技术

鉴于目前激光有源干扰技术的不断发展,特别是激光告警技术、激光解码技术和激光器技术的不断发展,前面所介绍的各种激光编码技术相对于目前的激光有源干扰技术,都表现出抗干扰性越来越差的趋势。因此,有必要提出新的编码方法,以提高激光编码的抗干扰性。

例如,将 PIM 编码与 PWM 编码进行结合,将激光制导信号既进行 PIM 编码又进行 PWM 编码,产生的 PIWM(Pulse Interval and Width Modulation)编码激光制导信号,既可以对抗激光角度欺骗干扰又可以对抗高重频激光干扰。

6.4　反激光制导

1. 制造制导屏障和欺骗

制造制导屏障和欺骗最常用的手段是采用烟幕法对光波产生强烈的散射和吸收,有效遮挡光波的通道,使激光指示器难以瞄准目标,也使激光制导武器的接收器无法接收到由目标漫反射回来的引导光波。

撒放金属铂丝/条,产生对激光强烈的反射,形成激光反射云团,使制导武器产生错觉,难以命中目标。

还可以设置充气式军事装备、车辆模型,以吸引激光制导武器对其攻击,从而分散和消耗敌方的火力。

2. 黑化和镜面处理

浅色外表容易对照射的激光产生强烈的漫反射,为激光制导武器提供较强的目标指示信号。黑化表面可以有效地减小漫反射强度,使激光制导武器接收不到足够的反射激光,在很大程度上实现对激光制导武器的隐形。

在目标的表面使用平面镜进行防护,平面镜将对照射其上的激光按反射定律产生集中的定向反射。反射光同样是很窄的光束,且能量集中,导弹上接收器的光学元件在碰到反射光束时容易被激光射毁而失效。

3. 模拟干扰

破解攻击方制导激光的调制规则,使用干扰激光模拟器制造符合调制规律的激光,造成对导弹的干扰。

第三部分 末端网通信技术——有线通信技术

当某接触节点获取到外界的信息后,需要把数据通过一定的通信技术传输到后台计算机上,从而进行数据的后续处理,包括存储、计算、展示等;或者反方向从后台控制系统获得指令,传输给接触节点,使其进行一定的操作。后面为了方便起见,不再赘述反方向的传输过程。

从第一部分的内容分析知道,物联网的传输环节分为三个阶段:

➤ 第一阶段,如何将信息或处理后的数据经过一定的通信技术,从接触节点传输给特定的节点(如主机、网关等)。

➤ 第二阶段,特定节点如何利用各种接入技术,将数据传输到传统的互联网上。

➤ 第三阶段,数据在互联网上传输。

本部分开始着重介绍第一阶段通信技术。

如果把目前的互联网比喻成主干神经的话,这一部分通信技术作为互联网向物理世界的进一步延伸,有些像人类的末端神经,帮助互联网向物理世界进行深度扩张,因此本书称之为末端网通信技术。

末端网的主要工作是进行数据的搜集/分发。从第2章分析看,其功能主要是在到达互联网之前的通信工作,是连接接触节点和接入网/互联网的桥梁,是物联网发展的关键。如果把接入网比喻为最后一公里问题,那么末端网就是最后米级的问题了。

末端网可以是有线通信方式,如采用串口线直接连接到主机上;也可以是无线通信方式,如蓝牙、红外、无线传感器网络(WSN)等;也可以是多种技术共同使用来完成传输。

目前的末端网技术有以下一些特征:

① 多数末端网技术不用 IP 地址作为通信实体的地址标识。例如接触节点如果采用串口线连接到主机上,则使用串口号对接触节点进行标识。再如,如果接触节点采用 WSN 向互联网传输数据,因为 WSN 多是以数据为中心的网络,所关注的是监测区域的感知数据,而不是具体哪个节点获取的信息,因此,不必依赖于全网唯一的地址标识。

② 随着对实施便利性要求的不断提高,无线方式将逐步占据主要角色。这主要是因为有线网络基础设施建设和维护费用高昂,不能完全覆盖到世界各个地方。而无线网络提供了灵活方便、成本合理的信息共享方案,可以安全方便地应用到有线网所不能覆盖的区域。特别是无线 Ad Hoc 方式,将越来越多地表现出其巨大的优越性。

如图 3-0-1 所示,当物联网的接触节点向互联网传输数据时,肯定会涉及到物理层和数据链路层,因为传输过程必定涉及到结构化的数据以及所带来的链路管理。

很多技术还会涉及到网络层,如各种 Ad Hoc 网络等,因为这些网络需要路由技术的支持。

还有一些研究,对于物联网的传输层也进行了探讨,产生了一些针对物联网传输层的协议和算法。

末端网技术可以分为以下两大类。

图 3-0-1 末端网通信
协议栈分析

1. 直接连接到智能终端

接触节点作为设备直接连接到智能终端上,数据先传输给智能终端,再由后者接入互联网即可。这个模式主要用在第 2 章介绍的直接通信模式中。

这种方式,一般传输距离较近,信号传输质量较好,其又可以分为以下两种类型:

➤ 串行通信技术;

➤ 无线技术。

串行技术包括各种串行接口、USB、SPI（Serial Peripheral Interface）、现场总线、I2C（Inter‐Integrated Circuit）总线等。例如利用串口线读取导航仪数据（GPS 输出通信协议——NMEA0183）。这类通信方式和协议相对简单、传输质量较好、价廉,但是速度一般不是很高,传输距离受限（RS‐232‐C 标准规定最大通信距离为 15 m）。

无线技术是目前日益流行的方式,例如采用无线蓝牙技术、红外线技术,来代替传统的线缆式。通信双方的距离也不能太远,蓝牙 1.0b 标准规定工作距离在 10 m 以内,最高速度1 Mbps;蓝牙 2.0 标准规定工作距离可到 100 m,最高速度可达 10 Mbps。无线方式虽然带来实施方面的便利,但是由于采用无线方式,导致传输协议较为复杂,并且通信质量较易受到外界的干扰。

2. 借助网关的通信方式

在物联网不断发展的情况下,直接连接到智能终端这种方式可能会越来越不能满足需要。例如:在对敌监测区域、战场上,无法架设基础设施;在地震、水灾、等重大灾难后的灾区现场,预先架设的网络基础设施已经损毁,无法利用;在广袤的大草原,为偶尔的通信进行基础设施的架设,经济上难以维系等。因为没有通信环节到网络接入设施,设备采集的数据无法正常传输出去,最终导致数据的无用。

这些场景需要一种能够根据需要,临时快速地、自动组成一个网络的通信技术,帮助接触节点以接力的方式,把数据传递给某处一个合适的互联网接入点（网关）。作为移动通信的一个新兴的重要分支——Ad Hoc 网络（移动自组织网络）技术可能是满足这些特殊场合需要的重要选择。Ad Hoc 网络已经衍生出了若干新兴的通信技术,一些技术可以作为末端网来加以利用,例如无线传感器网络 WSN、无线车载网 VANET 等,这些技术的出现,大大方便了接触节点数据的输出。

但是,无线方式因为能量的辐射,容易导致信号传输过程中产生衰退和干扰,数据信号的质量难以保证。所以在无线方式下,一般速率较低,传输协议较为复杂;在数据链路层往往还需要考虑冲突的可能;另外,一般还需要网络层的路由协议来进行数据的转发。

本部分将首先从有线通信方式进行讲解,后续讲解无线方式、Ad Hoc 网络的相关概念和技术。

第7章　串行接口通信

串行接口通信是最常见的连接方式,其技术简单、价格便宜,方便使用,是很多物联网应用的较好选择。案例1-2和案例2-4中,都是采用串行接口通信进行数据采集到计算机的传输。

7.1　概　述

在数据通信中,有几个接口标准是经常见到和用到的:EIA-232、EIA-422、EIA-449、EIA-485与EIA-530等标准。它们都是串行数据接口标准,最初都是由电子工业协会(EIA)制定并发布的。由于EIA提出的建议标准都是以"RS"作为前缀的,所以在通信工业领域,习惯将上述标准以RS作为前缀。

EIA标准只对接口的电气特性做出规定,而不涉及接插件、电缆或协议,在此基础上用户可以建立自己的高层通信协议。

表7-1是RS-232、RS-422与RS-485三种串行接口的部分性能参数。

表7-1　三种串行接口的部分参数表

性能参数	RS-232	RS-422	RS-485
工作方式	单端	差分	差分
节点数	1收1发	1发10收	1发32收
最大传输电缆长度/m	15	1 219	1 219
最大传输速率	20 kbps	10 Mbps	10 Mbps
工作方式	全双工	全双工	半双工

需要注意的是,不同接口不能混接,如RS-232不能直接与RS-422接口相连,市面上有专门的串口转换器,必须通过转换器才能混接。并且,建议不要带电插拔串口,插拔时至少有一端是断电的,否则容易造成损坏。

7.2　RS-232串行接口标准

RS-232是于1970年制定的串行通信的标准,它的全名是"数据终端设备(DTE)和数据通信设备(DCE)之间串行二进制数据交换接口技术标准",现在被推广应用于多种设备与计算机之间的通信,是计算机与通信工业中应用最广泛的一种串行接口。

RS-232目前经历了若干个版本,较新的版本号为E,它相对目前广泛应用的C版本来说,电气性能改进了不少。

RS-232被定义为一种在低速率串行通信中增加通信距离的标准。一般认为是为点对点通信而设计的,多用于本地设备之间的通信。

RS-232采取不平衡传输方式,即所谓单端通信。

单端通信方式是相对于差分通信方式而言的,它仅使用一条信号线进行发送,当信号线为

信号电流提供正向通道时,接地线负责提供回流通道。单端接口的优点是简洁、实施成本低,但也有 3 个主要的缺陷:

> 对噪声较为敏感。

> 容易造成串扰(串扰是相邻信号和控制线之间的电容和电感耦合)。

> 产生的横向电磁波,成为影响相邻电路的严重电磁干扰(EMI)源。

RS-232 标准规定,采用 25 引脚的 DB25 连接器。较新的 E 版本 RS-232 规定使用其中的 23 根引脚(有 2 个予以保留)。RS-232 标准对各种信号的电平加以规定,并对连接器每个引脚的信号内容加以规定。

RS-232 标准虽然指定了 23 个不同的信号连接,但是很多设备厂商并没有全部采纳。例如,出于节省资金和空间的考虑,不少机器都采用较小的连接器,特别是 9 芯的 DB-9 型连接器被广泛使用。

这些接口的外观都是一个 D 形的(俗称 D 型头),对接的两个接口又分为针式的公插头和孔式的母插座两种。DB-9 母插座和公插头,以及 DB-25 的母插座和公插头如图 3-7-1 所示,其中左边为母插座,右边为公插头。可以看到,接口的所有引脚都被加以编号,分别是 Pin1~Pin9 和 Pin1~Pin25。

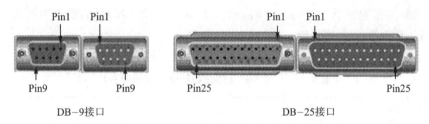

图 3-7-1　DB-9/DB-25 接口

在 RS-232 标准中定义了逻辑 1 和逻辑 0 的电压级数,规定正常信号的电平/振幅在正的 3~15 V 和负的 3~15 V 之间。RS-232 规定接近 0 的电平是无效的,其中:

> 负电平被规定为逻辑 1,有效负电平的信号状态称为传号(Marking),它的功能意义为 OFF。

> 正电平被规定为逻辑 0,有效正电平的信号状态称为空号(Spacing),它的功能意义为 ON。

根据设备供电电源的不同,± 5,± 10,± 12,± 15 等的电平都是可能的。图 3-7-2 是 RS-232 数据传输的一个波形示例图(图中规定数据为 8 位,另外,第一个 0 为起始位,最后一个 1 为结束位)。

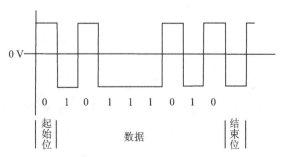

图 3-7-2　RS-232 数据传送波形图

RS-232 的这种编码属于不归零编码(Non-Return-to-Zero,NRZ),在这种传输方式中,1 和 0 分别由不同的电平状态来表现,没有中性状态。从字面上理解,NRZ 中,每当表示完一位后,电平不需要回归到 0 V(中性状态)。而图 3-7-3 展示了归零制的一个例子,在表示完一位后,电平需要回归到 0 V。

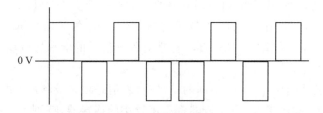

图 3-7-3 归零制编码示例

理论上,不归零制编码可以设计得比归零制要密集。但是,不归零制可能会带来的一个严重后果是:如果长期传输某一个数据位,将导致电平长期没有波动,接收方的接收时钟可能长期得不到同步,会产生漂移,进而导致接收数据出错。因此,需要为不归零制编码设计特殊的同步技术。而归零制则不存在这样同步的问题。

通常,如果通信速率低于 20 kbps 时,RS-232C 直接连接的最大物理距离为 15 m,但是可以通过增加中继器来进行延伸。

表 7-2 所列的是 9 芯 RS-232 接口的信号和引脚分配。

表 7-2 9 芯 RS-232 接口的信号和引脚分配

引脚号	缩写符	信号方向	说　明
1	DCD	输入	载波检测,也叫接收线信号检出(Received Line Detection,RLSD),用来表示 DCE 已接通通信链路,告知 DTE 准备接收数据
2	RXD	输入	接收数据,DTE 通过 RXD 线终端接收从 DCE 发来的串行数据
3	TXD	输出	发送数据,DTE 通过 TXD 终端将串行数据发送到 DCE
4	DTR	输出	数据终端准备好,有效(ON 状态)时,表明数据终端可以使用。该信号只表示设备本身可用,并不说明通信链路可以开始进行通信了,能否开始进行通信要由 RTS 和 CTS 信号决定
5	GND	公共端	信号地
6	DSR	输入	数据装置准备好,有效(ON 状态)时,表明接口处于可以使用的状态。该信号只表示设备本身是否可用,并不说明通信链路可以开始进行通信了
7	RTS	输出	请求发送,用来表示 DTE 请求 DCE 发送数据,即当终端要发送数据时,使该信号有效(ON 状态),向 DTE 设备请求发送
8	CTS	输入	允许发送,用来表示 DCE 准备好接收 DTE 发来的数据,是对请求发送信号 RTS 的响应信号
9	RI	输入	振铃指示,该信号有效(ON 状态)时,通知终端,已被呼叫

还有一种最为简单,且常用的连接方法是三线制接法,即地、接收数据和发送数据三脚相连。其连接方法如表 7-3 所列。

表 7 - 3　简单的三线连接方法

接口类型	线 1 连接引脚		线 2 连接引脚		线 3 连接引脚	
DB9 - DB9	2	3	3	2	5	5
DB25 - DB25	3	2	2	3	7	7
DB9 - DB25	2	2	3	3	5	7

其中 DB9 和 DB25 两个不同类型的接口,也可以通过三根线互联,也省去了前面所提及的转换器的转换。

当然,只有物理层是根本使用不起来的,所以必须规定数据链路层相关协议才能加以使用,后续将讲到相关技术。具体来说,数据链路层协议可以是国际认可的标准,也可以是自己定义的一套非常简单的规范。

7.3　RS - 422

RS - 422 通常被认为是用作 RS - 232 的扩展,是为改进 RS - 232 通信距离短、速率低的缺点而设计的。RS - 422 目前的应用主要集中在工业控制环境,特别是长距离数据传输,如连接远程周边控制器或传感器。

RS - 422 定义了一种平衡通信接口,又叫差分传输。

首先,从线路上看,差分传输方式是由相互对称的两根绝缘导线所构成的电气回路。相对称的两根导线电流方向相反,产生的磁场可以相互抵消,并且由于两根导线相互绞合,两根线不停地变换位置,对于周围环境任意一点的干扰,两根线所受到的影响可以看成是一致的。

其次,所谓差分,是指利用导线之间的信号电压差来传输信号的。差分使用两条信号线,将其中一条线定义为 A,另一条线定义为 B。通常情况下,A、B 之间的电平差(例如 A 的电平－B 的电平)在＋2～＋6 V 之间是一个逻辑状态(例如 1),电平差在－2～－6 V 之间是另一个逻辑状态(例如 0),如图 3 - 7 - 4 所示。

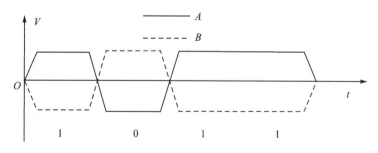

图 3 - 7 - 4　差分传输示意图

差分传输方式与单端传输方式相比,能有效地提高数据传输速率。之所以能够实现高速信号传输,是因为差分传输方式能缩小信号的电压振幅。具体来讲,若以 0 V 为“低”,4 V 为“高”,传输信号时,电压无法瞬间从 0 V 变为 4 V,这种变换需要一段时间,导致了高速数据传输难以实现。但是,如果设定 0 V 为低,0.3 V 为高,信号跃迁范围就只有 0.3 V,电压能在较短时间内完成改变,实现高速的信号传输。但信号跃迁范围变小,不但会增加判断信号电压高低的难度,信号还容易受到噪声的影响。差分传输方式通过合并两条线路的信号,可以得到 2 倍的电压振幅(例如 0.6 V),这不仅增加了电压振幅,还带来了另一个好处,它对外部电磁干扰是高度免疫的,因为一个干扰源很难相同程度地影响差分信号对的每一条线。

因为可以有效提高数据传输速度,所以差分方式得到了广泛的应用,如 USB、HDMI、PCI Express、SATA、LVDS、Display - Port 等。

典型的 RS-422 是四线接口,加上 1 根信号地线,共 5 根线,接口的机械特性由 EIA - 530 或 EIA - 449 规定。

RS-422 允许在一条平衡总线上连接最多 10 个接收器,即一个主设备(Master),其余为从设备(Slave),实现单机发送、多机接收(但从设备之间不能通信),完成点对多的双向通信。主设备的 RS-422 发送端与所有从设备的 RS-422 接收端相连;所有从设备的 RS-422 发送端连在一起,接到主设备的 RS-422 接收端。这样连接使得主设备发送时,所有从设备都可以收到,而从设备都可以向主设备发送信息。为了避免两个或多个从设备同时发送信息而引起冲突,通常采用主设备呼叫、从设备应答的方式,即只有被主设备呼叫的从设备(每一台从设备都有自己的地址)才能发送信息。

RS-422 的最大传输距离为 4 000 ft(约 1 219 m),最大传输速率为 10 Mbps。导线的长度与传输速率成反比,在 100 kbps 速率以下,才可能达到最大传输距离。只有在很短的距离下才能获得最高速率传输。一般 100 m 长的双绞线所能获得的最大传输速率仅为 1 Mbps。

7.4 串口的扩展

一般来说,一台计算机的串口有限,而对于某些特殊的需求,计算机需要控制的设备远远不止两台,如一台播控计算机需要同时控制视频服务器、录像机、切换台、字幕机等各种设备,这就需要对串口进行扩展。

RS-232 是作为点对点通信而设计的,即 RS-232 只能实现一对一的通信。但是通过特殊的模块,可以实现 1 对多的通信,如武汉鸿伟光电的 E232H4 4 路 RS-232 高速隔离集线转换器,就可以实现 1 个串口设备与 4 个串口设备间的主、从式通信。

再如,MOXA CI-134 是专为工业环境下,那些需要一对多通信的应用而设计的 RS-422/485 四串口卡,它支持 4 个独立的 RS-422/485 串口,在一对多点的通信应用下,最多可控制 128 个设备。

7.5 GPS 输出通信协议——NMEA0183

上面讲述了部分串口的通信技术,本节简要介绍一个应用于串口通信技术之上的数据链路层协议。

不同品牌、不同型号的 GPS 接收机,所配置的控制应用程序会因生产厂家的不同而不同,进而 GPS 接收机与其后的智能终端之间的数据交换格式,一般也由生产厂商自行定制。但是,为了让不同厂家基于导航的软件程序(或其他物联网应用)能够读取任一台 GPS 接收机的数据,就需要制定一个统一格式的数据交换标准,NMEA0183 数据标准就是在这种应用背景下提出来的。

NMEA0183 是美国国家海洋电子协会（National Marine Electronics Association）为海用电子设备制定的标准格式。目前已经成为 GPS 导航设备统一的 RTCM（Radio Technical Commission for Maritime services）标准协议。

符合 NMEA0183 标准的 GPS 接收机，其硬件接口推荐依照 EIA422（也即 RS－422）规范，但应该兼容计算机的 RS－232C 协议串口。

NMEA0183 通信协议所定义的标准通信接口参数如表 7－4 所列。

表 7－4　NMEA0183 通信协议接口参数

参　数	值
波特率	4 800 bps
数据位	8 位
停止位	1 位
奇偶校验	无

NMEA0183 通信协议中规定了一系列的命令，这些命令负责完成智能设备和 GPS 接收机之间的数据交互，这些通信语句都是以 ASCII 码为基础的。

NMEA0183 通信协议所定义的命令如表 7－5 所列。

表 7－5　NMEA0183 通信协议定义的命令

序　号	命　令	说　明	最大帧长
1	＄GPZDA	UTC 时间和日期	
2	＄GPGGA	全球定位数据	72
3	＄GPGLL	大地坐标信息	
4	＄GPVTG	地面速度信息	34
5	＄GPGSA	卫星 PRN 数据	65
6	＄GPGSV	卫星状态信息	210
7	＄GPRMC	运输定位数据	70

NMEA0183 通信协议的发送次序为 ＄GPZDA、＄GPGGA、＄GPGLL、＄GPVTG、＄GPGSA、＄GPGSV＊3、＄GPRMC。

NMEA0183 协议语句的数据帧格式如下：

＄aaccc,ddd,ddd,…,ddd＊hh＜CR＞＜LF＞

其中，"＄"为帧命令起始位；","为域分隔符；"aaccc"为命令，前两位"aa"为识别符，后三位"ccc"为语句名；"ddd…ddd"为数据；"＊"为校验和前缀，表示其后面的两位数为校验和；"hh"为校验和。"CR"（Carriage Return）＋"LF"（Line Feed）代表命令帧的结束，分别为回车和换行。

校验和是"＄"与"＊"之间（不包括这两个字符）的所有字符 ASCII 码的校验和，各字节做异或运算，得到校验和后，再转换成十六进制格式的 ASCII 字符。

以 GPGGA 为例，它是一个包含了 GPS 定位信息的主要帧，也是使用最广的帧。其格式如下：

$ GPGGA,<1>,<2>,<3>,...,<13>,<14>*<15><CR><LF>

其中：

<1> UTC 时间,格式为 hhmmss. sss,h 为时,m 为分,s 为秒;

<2> 纬度,格式为 ddmm. mmmm,dd 为度,00～90,mm. mmmm 为分的度分格式,前导位数不足则补 0;

<3> 纬度半球,N 或 S(北纬或南纬);

<4> 经度,格式为 dddmm. mmmm,ddd 为度,000～180,mm. mmmm 为分的度分格式,前导位数不足则补 0;

<5> 经度半球,E 或 W(东经或西经);

<6> 定位质量指示,0＝定位无效,1＝定位有效;

<7> 使用卫星数量,从 00～12;

<8> 水平精确度,0.5～99.9;

<9> 天线离海平面的高度,−9 999.9～9 999.9 m;

<10> 高度单位,M 表示单位 m;

<11> 大地椭球面相对海平面的高度(−999.9～9 999.9);

<12> 高度单位,M 表示单位 m;

<13> 差分 GPS 数据期限(RTCM SC‐104),最后设立 RTCM 传送的秒数量;

<14> 差分参考基站标号,从 0 000～1 023(前导位数不足则补 0);

<15> 校验和。

第 8 章　USB 总线

8.1　USB 概述

USB(Universal Serial Bus,通用串行总线)由康柏、IBM、Intel 和 Microsoft 于 1994 年共同推出,旨在统一外设接口(如打印机、外置 Modem、扫描仪、鼠标等的接口),以便于用户进行便捷的安装和使用,逐步取代以往的串口、并口和 PS/2 接口。

从技术上看,USB 是一种串行总线系统,它最大的特点是可以支持即插即用和热插拔功能。

【案例 8 - 1】

成都索蓝科技公司推出的 WSN/USB 网关(如图 3 - 8 - 1所示),支持用户 WSN 相关模块与计算机 USB 接口的无缝连接;另外,USB 数据电缆可以实现供电的功能(可选),可以用在精准农业、桥梁建筑监测、森林防火等场合。

在这个案例中,就是结合了两种通信技术(无线的 WSN 和有线的 USB)的末端网。

目前,USB 共有 4 种标准:

➢ 1996 年发布的 USB1.0。

➢ 1998 年发布的 USB1.1。

➢ 2000 年 4 月起广泛使用的 USB2.0。

➢ 2008 年 11 月发布的 USB3.0,又被称为 Super Speed USB。

图 3 - 8 - 1　WSN/USB 网关

从直观上看,这 4 个版本最大的差别表现在数据传输速率方面:USB1.0速度只有1.5 Mbps(低速模式),USB1.1速度提升到 12 Mbps(全速模式),USB2.0 的理论传输速度可以达到 480 Mbps(高速模式),而 USB3.0 最大传输带宽高达 5.0 Gbps。

另外,USB1.0、USB1.1、USB2.0 是半双工方式,USB3.0 支持全双工方式。下面的内容主要以 USB2.0 为代表进行介绍。

在民用领域,USB 目前已经发展成为主流,但在工业控制领域,USB 接口即插即用的功能并没有优势。

8.2　USB 组成

USB 通信技术的主要出发点是用来连接外设和主机的,要求外设和主机都需要支持 USB 技术。一般来说,在 USB 系统中,只有一个主机,主机可以连接多个 USB 设备(理论上,USB

主机一个接口可以支持最多 127 个设备),当 USB 设备连接主机以后,由后者负责给此设备分配一个唯一的地址。

USB 设备主要分为集线器和功能部件两种,集线器可以提供更多的 USB 连接点,功能部件为主机提供了具体的功能。

USB 和主机系统之间的接口称作主机控制器,主机控制器可由硬件、固件和软件综合实现,一般存在于主机上。

USB 体系在物理结构上,采用了分层的树形拓扑(又可称为菊花链)来连接所有的 USB 设备,USB 拓扑结构如图 3-8-2 所示。

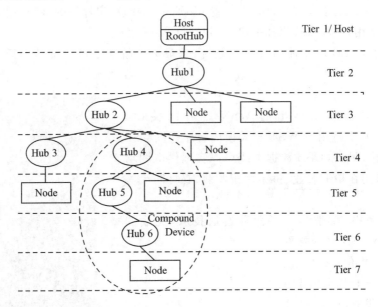

图 3-8-2　USB 体系

USB 体系最多支持 7 层(Tier),也就是说任何一个 USB 系统中最多可以允许 5 层 USB Hub 级联,以提供更多的连接点。一个复合设备(Compound Device)可以包括若干 USB Hub 和功能器件,同时占据两层或更多的层。

虽然诸多 USB 设备可以通过 USB Hub 进行级联,形成的物理拓扑为树形,但是在逻辑上,主机与各个逻辑设备是直接通信的,就好像它们是直接被连到主机上一样,形成了一跳的星形。

USB1.0~USB2.0 的标准都是采用 4 针插头(连接 4 条线路,其示意图如图 3-8-3 所示)作为接口。其中两针插头是用于发送信号,另两个为 VBU(V_{BUS})和 GND,负责向设备提供电源。VBU 使用+5 V 电源。4 条线缆的颜色如表 8-1 所列。

表 8-1　USB 线缆颜色

线　缆	颜　色
V_{BUS}	红
Data-(D-)	白
Data+(D+)	绿
GND	黑

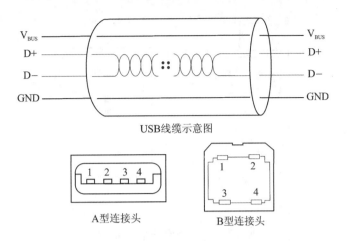

图 3 - 8 - 3　USB 线缆、接头示意图

USB 虽然是一种统一的传输规范,但是接口有许多种,最常见的是计算机上用的那种扁平形的(如图 3-8-3 所示),叫做 A 型口,里面有 4 根连线,分为公、母接口,一般线上的是公口,机器上的是母口。

集线器是一种复用设备(如图 3-8-4 所示),拥有多个连接点,每个连接点称为一个端口。集线器可让不同性质的设备连接在一个 USB 上,复用该 USB。每个集线器的上游端口连接主机方向,每个集线器的下游端口允许连接另外的集线器或功能部件。集线器可检测每个下游端口所连设备的安装或拆卸,并可对下游端口的设备分配资源。

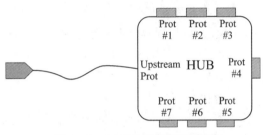

图 3 - 8 - 4　USB 集线器示意图

一个集线器包括两部分,集线控制器(Controller)和集线放大器(Repeater)。集线放大器是一种在上游端口和下游端口之间的协议控制开关,其硬件上支持复位、挂起和唤醒的信号;集线控制器是提供与主机之间的通信。集线器允许主机对其特定状态和控制命令进行设置,并监视和控制其端口。

8.3　USB 通信

8.3.1　USB 通信的层次结构

USB 通信的层次结构如图 3-8-5 所示。其中黑色箭头为实际数据流,白色箭头为按照对等原则进行的逻辑数据流。

主机端主要有如下部件:

➢ 客户软件(Client Software)是在主机上运行的,使用某一个 USB 物理设备的用户程序。

➢ USB 系统软件(USB System Software),使用主机控制器(Host Controller)对主机与

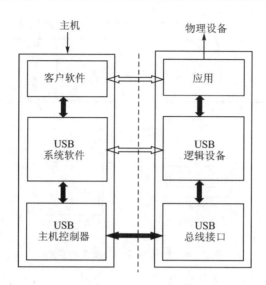

图 3 - 8 - 5　USB 层次结构

USB 设备之间的数据传输进行管理。此软件用于在特定的操作系统中支持 USB，一般由操作系统提供。

➤ USB 主机控制器负责控制主机和 USB 设备的通信，可以被看作一个硬件、固件和软件的综合体。主机控制器实现主机与 USB 设备之间的电气和协议层的匹配，主要包括：串并转换、帧透明传输、数据处理、协议使用、传输错误处理、远程唤醒、根 Hub 和主机系统接口等功能。

USB 标准中，允许多种不同的数据流相互独立地进入某一个 USB 设备，每种数据流都采用总线访问方法独立完成主机上的软件与 USB 设备之间的通信，而每个通信都在 USB 设备上的某个端点处结束，不同的端点用于区分不同的通信流。

USB 设备端主要有如下部件：

➤ USB 物理设备（USB Physical Device）是基于 USB 通信完成某项功能的一种软硬件集合，可运行一些设备程序，如基于 USB 的打印机。

➤ 一个 USB 逻辑设备，对 USB 系统来说就是一个端点的集合，每个逻辑设备有一个唯一的地址。

➤ USB 总线接口，提供了在主机和设备之间的连接，负责实际传送和接收数据包。

从互连的角度看，USB 设备和主机都提供类似的 USB 总线接口，但由于主机在 USB 系统中的特殊性，USB 主机上的总线接口还必须具备主机控制器的功能。USB 主机控制器是总线在主机方面的接口，是软件和硬件的总和，用于支持 USB 设备通过 USB 连到主机上。

8.3.2　USB 传输方式

USB 的数据传送是在主机软件和一个 USB 设备的指定端口之间完成的。这种主机软件和 USB 设备端口间的联系称作通道（或管道）。数据和控制信号在主机和 USB 设备间的交换存在两种通道：单向的和双向的。

各通道之间的数据流动是相互独立的，一个指定的 USB 设备可以拥有许多通道，例如，可以使用两个端点来支持形成两个通道,一个通道用来传输主机到 USB 设备的数据,另一个通道用来传输 USB 设备到主机的数据。

USB 中有一个特殊的通道——缺省控制通道,它属于消息通道,当设备一启动即存在了,从而为设备的设置、查询状况和输入控制信息提供一个入口。

USB 是一种基于轮询(Polling)的总线系统,由主机启动所有的数据传输,USB 设备不能主动与 PC 机通信。USB 上所挂接的外设通过由主机调度的(Host - Scheduled)、基于令牌(Token - Based)的协议来共享 USB 带宽。

每一总线执行动作最多传送 3 个数据包(也可以理解为阶段):

> 在每次传送开始时,主机控制器发送一个描述传输过程的种类、方向、USB 设备地址等信息的 USB 数据包,这个数据包通常称为令牌包(Token Packet),也有资料称之为标记包。

> 在传输开始时,由标志包来标志数据的传输方向,然后发送端开始发送包含信息的数据包,或表明没有数据传送。

> 接收端也要相应发送一个握手的数据包表明是否传送成功。

USB2.0 传输方式分为以下 4 种传输类型,每种类型对上面的阶段进行不同的取舍。

1. 控制传输方式

控制传输是 USB 传输中最重要的传输,只有在正确执行完控制传输后,才能进一步正确执行其他传输模式。

控制传输为外设与主机之间提供一个控制通道,负责向 USB 设置一些控制信息,是一种可靠的双向传输。在每个 USB 设备中都会有控制通道,且必须支持控制传输类型,这样主机与外设之间就可以传送配置和命令/状态信息了。每个 USB 设备必须实现一个缺省的控制端点(0 号端点)。

例如,USB 设备千差万别,因此其内部必须记录该设备的一些信息(设备描述符),当主机检测到 USB 设备联机后,主机必须首先读取设备描述符,以确定该设备的类型和操作特性,并对该设备进行一定的设置。这些工作都是通过控制传输完成的。

控制传输包括两个以上的阶段:

> 第一阶段为从主机到 USB 设备的 SETUP(令牌之一)事务传输,这个阶段由 USB 控制器向 USB 设备发出命令,指定了此次控制传输的请求类型。

> 第二阶段为数据(主要是控制信息)阶段,USB 控制器和 USB 设备之间传递读/写请求。当然,也有些请求是没有数据阶段的。

> 第三阶段,接收端发送握手包,结束传输过程。

2. 数据块(Bulk)传输类型

数据块传输类型又称为批量/大量传输类型,是一种可靠的单向传输,但延迟没有保证,它尽量利用可以利用的带宽来完成数据的传输。这种类型适合于数据量比较大的传输。它可以利用任何可获得的带宽。如果数据出现错误、传送失败,则需要进行重发。

批量传输在访问 USB 总线时,相对其他传输类型具有最低的优先级,即 USB 主机总是优先安排其他类型的传输,当 USB 总线带宽有富余的时候,才安排批量传输。也就是说,该类型不保证传送的带宽和延迟。

批处理事务包括 3 个阶段,即上面所介绍的令牌包、数据包、握手包。

3. 同步(Synchronous)传输方式

支持周期性、有限时延,且数据传输速率不变的外设与主机间的数据传输。该方式用来连接那些对时间较为敏感的外部设备,如麦克风、摄像机以及电话等,这些设备需要连续传输数据,且对数据的正确性要求不高。

同步传输方式以固定的传输速率,连续不断地在主机与 USB 设备之间传输数据。并且,在传送的数据发生错误时,USB 系统并不处理这些错误(即不支持错误重发机制),而是继续传送新的数据。设想一下,在视频传输的过程中,如果丢掉一帧问题并不大(1 s 有 20 多帧图片),实时性才是最重要的。

同步传输方式下,要求发送方和接收方必须保证传输速率的匹配,不然会造成数据的丢失。

同步传输事务只有两个阶段,因为不关心数据的正确性,故同步传输事务没有最后一步的握手阶段。

4. 中断传输

中断传输方式是一种单向的传输,该方式用来传送数据量较小,无周期性,但需要及时处理,要求马上响应,以达到实时效果的设备,如键盘、鼠标、游戏手柄等。

8.3.3 USB 传输技术

USB 信号采用差分传输模式。其中 USB1.0~2.0 是半双工,两线差分信号传输(见 7.3 节)机制,通过协议协商的方式来决定数据传输方向。

在 USB 传输过程中,采用了 NRZI(Non - Return - to - Zero Inverted Code,不归零翻转编码)编码。在 NRZI 编码中,编码后电平只有正负电平之分,没有零电平,是不归零编码。NRZI编码用电平的一次翻转代表逻辑 0,与前一个电平保持相同的信号代表逻辑 1。如图 3-8-6所示。

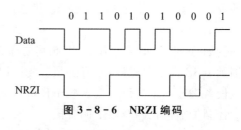

图 3 - 8 - 6　NRZI 编码

NRZI 编码有一个特点:即信号经过反向后,还原的内容不变。

根据这一编码原则,设发送端传送 8 位数据流00000001,前面的 7 个 0 位经过 NRZI 编码后,将得到 7 次翻转信号。在接收端很容易根据这样的脉冲得到同步接收时钟。此后根据这个频率的倍频对后面的数据进行采样。并且,在传输过程中,每一次编码的跳变还可以用来同步。这种同步机制在 USB 低/中速传输中得到了应用。即发送数据前,首先发送同步头SYNC,内容为01H(00000001)。

但是当传输的数据包含连续的逻辑 1 时,NRZI 编码后,由于太长时间内没有产生翻转,会使得接收端无法从中得到同步信号,进而造成接收时钟的漂移,无法正确接收后续的数据。

USB 解决这个问题的办法是:位填充法(Bit - Stuffing)强制插 0。协议规定:

> 如果要发送的数据中一旦出现了连续的 6 个 1,则在进行 NRZI 编码前,在这 6 个连续的 1 后面插入 1 个 0,然后再进行 NRZI 编码。

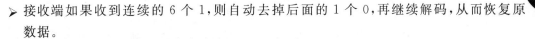

> 接收端如果收到连续的 6 个 1,则自动去掉后面的 1 个 0,再继续解码,从而恢复原数据。

这样就使得 USB 通信的接收同步更加可靠。

USB 采用 CRC 循环冗余校验方式来进行差错的排查。这是一种在数据链路层传送帧中常用的校验方法。

USB 采用 Little Endian 字节顺序,即在总线上先传输一个字节的最低有效位,最后传输最高有效位。

数据在 USB 总线上的传输以包为单位,数据包分为以下 4 大类。

> 标记包/令牌包(Token):OUT、IN、SETUP、SOF。
> 数据包(Data):DATA0、DATA1、DATA2、MDATA。
> 握手包(Handshake):ACK、NAK、STALL、NYET。
> 特殊包(Special):PRE、ERR、SPLIT、PING、Reserved(保留以后使用)。

标记包中 OUT、IN、SETUP 用来在根集线器和设备端点之间建立起数据的传输。对于慢速设备,可以支持端点 0 和端点 1 作为中断传输模式;对于全速设备,可以拥有 16 个输入端点和 16 个输出端点。

标记包没有数据域,只有主机才能发出。标记包以 5 位的 CRC 校验和结束。产生的多项式如下:$G(X) = X^5 + X^2 + 1$。

数据部分只存在于数据包类型中,大小从 0~1 023 字节,数据域后以 16 位的 CRC 校验和结束。产生的多项式如下:$G(X) = X^{16} + X^{15} + X^2 + 1$。

握手包包括 ACK、NAK、STALL、NYET 四种。其中 ACK 表示肯定的应答,成功的数据传输;NAK 表示否定的应答,失败的数据传输,要求重新传输;STALL 表示功能错误或端点被设置了 STALL 属性;NYET 表示尚未准备好,要求等待。

8.4　USB 的发展

1. 无线 USB 技术

无线 USB 技术将帮助用户在使用个人计算机连接外置设备时,从纷繁复杂的电缆连线中解放出来。无线 USB 要求在个人计算机和外设中装备无线收发装置以代替电缆连线,数据传输速率可达 480 Mbps。

为了使无线 USB 标准得以实用,USB 标准小组宣布的无线联盟规范中规定,只有经过认证通过后,才能让外设和主机通过无线 USB 连接起来。

无线联盟规范规定了两种建立连接的方法:

> 计算机和外设先用电缆连接起来,然后再建立无线连接。
> 外设提供一串数字,用户在建立连接的时候输入到计算机里面。

无线 USB 采用超宽带技术进行通信(后面章节将会讲到)。这一技术实现上相对简单,功耗只有 802.11 的一半,对于使用电池的设备来说,具有很好的应用前景。

无线 USB 传输的速率和距离有关,在距离计算机 10 ft(英尺)范围内,无线 USB 设备的传输速率将保持 480 Mbps。如果在 30 ft 范围内,传输速率将下降到 110 Mbps。

2. USB3.0

2008 年 11 月发布的 USB3.0,又被称为 Super Speed USB,最大传输带宽可高达5.0 Gbps(考虑到 USB3.0 采用的是 8b/10b 编码方式,因此实际的速度只能达到 4 Gbps 左右,结合协议开销以及具体实现的影响,最终速度还会更低)。

USB3.0 在原有 4 线结构的基础上,又增加了 5 条线路(对应的接口结构如图 3-8-7 所示),其中 2 根用来发送数据,2 根用来接收数据,还有 1 根是地线。正是额外增加的 2 对线路实现了对 USB3.0 所需带宽的支持,得以实现超速。

USB3.0 可以实现四线差分信号,全双工(支持两个方向的数据流同时传输)方式。

USB3.0 可以兼容 USB1.1 和 USB2.0 标准,具有传统 USB 技术的易用性和即插即用功能,USB3.0 可以将 USB2.0 的数据包封装在超高速数据包中进行传输。

除此之外,USB3.0 还引入了新的电源管理机制,支持待机、休眠和暂停等状态,以实现更低的能耗。

3. USB3.0 主动式光纤缆线

虽然 USB3.0 在很多性能上得到了很大的提高,但是 USB3.0 也存在着一些问题。例如,为了保证 5 Gbps 的信号质量,同时还须考虑电磁干扰(EMI)等问题,USB3.0 缆线(铜线)必须使用 9 根线,采用特殊的绕线方式,这都使得 USB3.0 的线缆较为粗重,携带及布线都十分不便。另外,如果线缆长度超过了 USB3.0 规范所规定的最长长度(3 m),还须使用特殊的技术来加强信号。

USB3.0 主动式光纤缆线(Active Optical Cable,主动式/有源光纤缆线,简称 AOC)可以解决这些问题。首先,AOC 的直径不会随着传输距离的增加而增加;其次,每条光纤的纤径只有 62.5 μm,整条光纤的直径较小,容易携带和布线。图 3-8-8 所示为一卷 50 m 的 AOC 缆线产品。

图 3-8-7　USB3.0 接口示意图

图 3-8-8　50 m 的 AOC 缆线

AOC 最主要的改变在接头处,其结构如图 3-8-9 所示,主要包括三个组件:
- 激光器(TX),用于将本地电信号转换成光信号发射出去。
- 光电接收器(RX),用于将远程光信号转换成本地电信号。
- 光电收发器(Optical Transceiver Module,OTM),用于驱动激光器发射光信号,及放大光电接收器输出的信号。

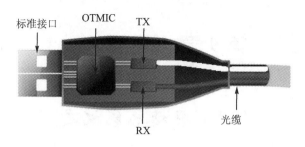

标准接口　　OTMIC　　TX

光缆

RX

图 3 - 8 - 9　USB 3.0 主动式光纤缆线结构图

光电收发器是 AOC 的核心,是光缆和传统 USB3.0 的中介,负责把外设传来的光信号转换成与 USB3.0 接口完全兼容的点信号(或者反之)。这使得光缆仅存在于两个接头之间,用户在使用 USB3.0 主动式光纤缆线时,会感觉和使用普通铜线电缆没有什么区别。

4. USB OTG

USB 为设备连接主机提供了极大的便利,但是如果希望设备之间互联,一般需要通过主机中转。因为标准的 USB 规范规定:所有的数据传输都是由主机启动的,USB 设备不能主动与 PC 机通信。

为了解决 USB 设备互相通信的问题,有关厂商开发了 USB OTG(USB On - The - Go)标准,允许嵌入式系统之间,在没有主机中介的情况下,实现设备间的数据传送,互相通信。例如,通过 OTG 技术,数码相机可以连接到打印机上,将拍出的相片进行打印。也可以将数码相机中的数据,通过 OTG 发送到相机伴侣上,免除随身携带笔记本电脑。

USB OTG 标准完全兼容 USB2.0 标准,允许设备既可以作为主机,也可以作为外设,并可提供一定的主机检测能力。OTG 中,初始设备称为 A 设备(主机角色),外设称为 B 设备,可用一种特殊电缆的连接方式来决定初始角色。

5. 通过 USB 进行充电

目前多数手机和小型电子设备都可以通过一根直接插在计算机或适配器上的 USB 线来充电,很快,用 USB 线为体积更大的电子设备供电将实现。新的标准 USBPD 可以将充电能力扩大为目前的 10 倍:最高可达 100 W。这可能会使直流电成为越来越多低压设备的充电首选。

6. 通过 USB 实现双机互连

还可以通过 USB 来实现双机互连。

利用 USB 口和特殊的 USB 联网线进行双机互联,不需要网卡,还可以提供高达 15 Mbps 的传输速率,而且能够对远程的 PC 进行检测。利用这种方式,还具有热插拔功能和远程唤醒功能,传输的长度可以为 5 m 左右。

不过,USB 联网线方案需要专门的 USB 联网线,并安装联网线的驱动来实现一个虚拟网卡。这种 USB 虚拟网卡联机线还可以通过 USB Hub 来连接多台计算机,但是可靠性不高。

第9章 现场总线

9.1 现场总线概述

现场总线(Field Bus,也称现场网络)是20世纪90年代初逐步发展并推广起来的一种网络,作为工厂数字通信网络的基础之一,可以用于过程自动化、制造自动化、楼宇自动化等诸多领域中现场智能设备(如智能化仪器/仪表、控制器、执行设备等)之间的,或者现场智能设备和控制室内监控机之间的互连,使它们可以进行双向、串行、多点的数字化通信。

传统的工业连线方式如图3-9-1(a)所示,每台设备单独地连接到控制室,这样的安装线路复杂,可维护性、可扩展性差。如果控制室距离厂房较远,那么控制线的费用将不可忽视。

采用了现场总线(见图3-9-1(b))技术后,控制室与厂房之间这段较长的距离,只需要布设一根线缆即可,而厂房内部基于总线,各种设备只需要通过短距离连线进行接入即可。

可以看出,现场总线技术的出现,可以说是革命性的改进,可以大大地简化通信的布线,可维护性、可扩展性也得到了很大的改善。将原有的末端网由单线连接方式升级为真正的网络方式。

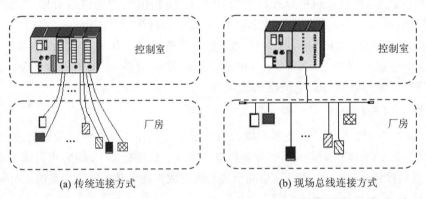

(a) 传统连接方式　　　　　　　(b) 现场总线连接方式

图3-9-1　工业连线的变迁

现场总线概念最初的形成,源自于1984年Intel公司提出的一种计算机分布式控制系统——位总线(BITBUS),其主要目的是将低速的输入/输出通道与高速的计算机总线分离。20世纪80年代中期,美国Rosemount公司开发了一种可寻址的远程传感器(HART)通信协议,用双绞线实现数字信号的传输,是现场总线的雏形。现场总线的产生对工业的发展起着非常重要的作用。

现场总线主要应用于石油、化工、电力、医药、冶金、加工制造、交通运输、国防、航天、农业和楼宇等领域。

一个现场总线的使用体系样例如图3-9-2所示。

作为工厂设备级基础通信网络,现场总线应具有如下特点:

➢ 协议简单,控制成本。

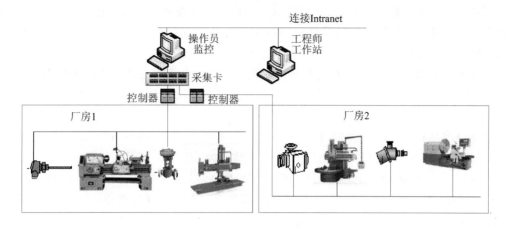

图 3 - 9 - 2 现场总线体系

➢ 布线简单,是布线方式的革命,实现了系统结构的高度分散性,节省安装费用,节省维护开销,提高了系统的可靠性。

➢ 全数字化通信。

➢ 开放型的互联网络,包括通信规约的开放性,开发的开放性,并可与不同的控制系统相连,实现可互操作性与互用性。要求上网的现场设备实现智能化。

➢ 具备较强的抗干扰性、稳定性、容错能力,以及便于查找和更换故障节点的诊断能力,同时具有较高的实时性。

➢ 多数为短帧传送,具有信息交换频繁等特点。

基于现场总线开发的控制系统可以由控制系统、测量系统和设备管理系统等部分组成。

1. 控制系统

控制系统的软件是系统的重要组成部分,有维护软件、设备软件和监控软件等。在网络运行过程中,对整个系统实现实时数据采集、数据处理、计算、调控等。进一步可以优化控制、进行逻辑报警、监视、显示等。

2. 测量系统

测量系统的特点为多变量、高性能的测量,使测量仪表具有智能计算能力等更多功能。由于采用数字信号,测量系统具有分辨率和准确性高,抗干扰和抗畸变能力强,同时还具有仪表设备的状态信息,可以对处理过程进行调整。

3. 设备管理系统

设备管理系统可以对设备自身及运行过程的诊断信息、设备运行状态信息、厂商提供的设备制造信息等进行统一的管理和维护,产生生产相关报表,进一步形成专家系统,对各种异常情况的排查进行建议。例如 Fisher - Rosemoune 公司推出的 AMS 管理系统,它可以构成一个现场设备的综合管理系统信息库,在此基础上实现设备的可靠性分析以及预测性维护,将被动的管理模式改变为可预测性的管理维护模式。

目前,世界上存在着四十余种现场总线,主流的现场总线包括:基金会现场总线(Foundation Field bus,FF)、控制器局域网(Controller Area Network,CAN)、LonWorks、DeviceNet、Profibus、HART(Highway Addressable Remote Transducer)、CC - Link 等。

随着以太网的快速发展,有人希望将以太网用于现场控制。过去一直认为,Ethernet 与工业网络的实时性、环境适应性、总线馈电等许多方面的要求存在着不小的差距,在工业自动化领域只能得到有限应用。事实上,这些问题正在不断得到解决。

目前的工业以太网技术主要应用于控制网络与互联网络的集成,具有价格低廉、稳定可靠、通信速率高、软硬件产品丰富、应用广泛以及支持技术成熟等优点,已成为最受欢迎的通信网络之一。

基金会现场总线 FF 于 2000 年发布 Ethernet 规范,称为 HSE(High Speed Ethernet),是以太网协议 IEEE 802.3、TCP/IP 与 FF 的结合体。Modbus 协议由施耐德公司推出,以一种非常简单的方式将 Modbus 帧嵌入到 TCP 帧中,使 Modbus 与以太网和 TCP/IP 结合,成为 Modbus TCP/IP。西门子公司于 2001 年将原有的 Profibus 与互联网技术结合,形成了 Profi-Net 网络等。

9.2　CAN 总线

9.2.1　概　述

CAN(Control Area Network)总线属于工业现场总线的范畴,最早由德国 BOSCH 公司推出,用于汽车内部测量与执行部件之间的数据通信。

近年来,CAN 所具有的高可靠性、实时性和良好的错误检测能力受到了越来越多的重视,已有多家公司开发了符合 CAN 协议的通信芯片,被广泛应用于工业自动化生产线、汽车、传感器、医疗设备、智能化大厦、电梯控制、环境控制等分布式实时系统,主要用以实现物体内部控制系统与各外部测量、执行机构间的数据通信。

1991 年 9 月 BOSCH 公司制定并发布了 CAN 技术规范(Ver2.0)。该技术规范包括 A 和 B 两部分:

➢ A 给出了曾在 CAN 技术规范版本 1.2 中定义的 CAN 帧格式。
➢ B 给出了标准的和可扩展的两种 CAN 帧格式。

CAN 总线规范的物理层和数据链路层已被 ISO 制定为国际标准,并不断增加,新增加了部分内容,形成了新的版本:

➢ ISO 11898 标准主要是采纳了高速 CAN 规范,通信速度为 125 kbps~1 Mbps。
➢ ISO 11519 标准主要是采纳了低速 CAN 规范,通信速度为 125 kbps 以下。

鉴于 CAN 所具有的诸多优点,美国海洋电子协会(NMEA)制定了基于 CAN 总线的船舶应用协议——NMEA2000,用以统一船载电子设备(如传感器、执行器、控制模块等)间的数据通信标准。基于 NMEA2000 的网络是一个开放的、即插即用的分布式系统,在低成本、安装便捷、易于配置等方面具有很大的优越性。

CAN 的开发可以借助一些辅助仪器,如总线分析仪。CANScope 分析仪是一款综合性的 CAN 总线开发与测试专业工具,可对 CAN 网络通信的正确性、可靠性进行多角度、全方位的评估,帮助用户快速定位故障节点,解决 CAN 总线应用的各种问题。

【案例 9 - 1】　基于 CANOpen 的电梯监控系统

图 3 - 9 - 3 是一个基于 CANOpen - CiA DSP 417 的电梯监控系统示意图。CANOpen 是

基于 CAN 总线的一个高层应用层协议,而 CiA DSP 417 是 CANOpen 在电梯领域的应用体现,可以很好地满足电梯通信的需求(传输实时性高,现场抗干扰能力强,系统可靠性要好)。

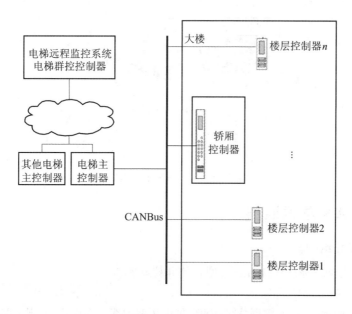

图 3 - 9 - 3　基于 CANOpen 的电梯监控系统

许多厂商已经开发出基于 CiA DSP 417 的电梯控制产品。如德国奔克的 BP306 电梯控制系统,德国威特的 WLC - 4000 电梯控制器,迅达公司基于 CANOpen 的系列电梯部件等。

基于 CiA DSP 417,可以实现电梯部件的即插即用,就像 PC 配件一样,这样可以大大降低产品垄断。

【**案例 9 - 2**】　基于 CAN 的车载网络

厦门蓝斯通信的车载终端通过与汽车 CAN 总线对接,可与 GPS 车载终端、自动报站器、客流统计仪、POS 机、车载视频,或其他车载电子设备进行联机工作,形成一个小型的车内局域网,实现车内设备互联,数据共享。

另外,还可以通过 3G 网络实时把车辆行驶记录(如发动机工况、车轮转速、油门踩踏位置、刹车位置、开关门、车内灯、水温、机油压力等)和报警记录等传输到智能调度系统。调度中心还可以通过它向车上其他车载电子设备发送数据及指令。这样就能够方便地掌握汽车在运行过程中的重要信息。

9.2.2　CAN 总线系统组成

基本的 CAN 总线系统由以下三个主要功能部件组成:

➢ CAN 收发器:安装在控制器内部,同时兼具接收和发送的功能,将控制器传来的数据转化为电信号并将其送入数据传输线,或者从总线收到的电信号转化为数据,转交给控制器。

➢ 数据传输终端:即电阻,防止电信号在总线线端被反射,影响数据的传输。

➢ 数据传输线:双向的数据总线,负责数据信号的传输。

由于不同 CAN 总线的速率和识别代号不同,因此一个信号要从一个总线网进入到另一个总线网,就必须把它的识别信号和速率进行改变,使得另一个总线网可以接受,这个任务可以由网关(Gateway)来完成。CAN 系统组成如图 3-9-4 所示。

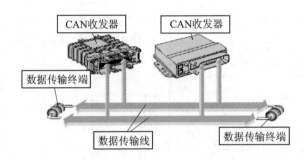

图 3-9-4　CAN 系统组成

9.2.3　CAN 总线通信

1. CAN 的拓扑结构

CAN 可以采用两种拓扑结构:总线型拓扑和树状拓扑。

(1) 总线型拓扑

如图 3-9-5 所示,双向的数据总线,由高、低电压两根线绞合而成,实现一路信号的差分发送。

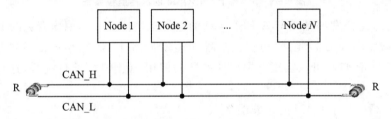

图 3-9-5　总线型拓扑

(2) 树状拓扑

CAN 总线可以使用分支网络,分支网络通过中继器(Repeater)连接到干线,形成树状拓扑,如图 3-9-6 所示。

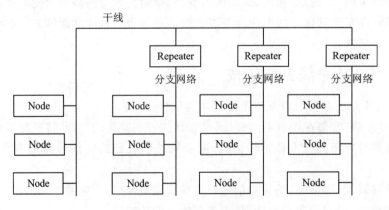

图 3-9-6　CAN 树状拓扑

2. CAN 协议

CAN 协议(ISO 11898/11519)是建立在 ISO/OSI 模型的基础上,定义了其中的 3 层:物理层、数据链路层和应用层。

(1)物理层

CAN 物理层定义了位定时、编码和同步等的描述。

物理层从结构上可分为 3 层:物理信号子层(Physical Layer Signaling,PLS)、物理介质连接层(Physical Media Attachment,PMA)和介质相关接口层(Media Dependent Interface,MDI)。ISO 11898 和 ISO 11519 在 PMA 层和 MDI 层有所不同。

CAN 的通信介质可以是双绞线、同轴电缆或光纤,但最常用的就是双绞线。

CAN 的通信距离最远可达 10 km(5 kbps),通信速率最高可达 1 Mbps(40 m),网络节点数实际可达 110 个。

CAN 的信号调制解调方式采用的是不归零(NRZ)编码/解码方式,其信号使用差分电压传送,两条信号线被称为 CAN_H 和 CAN_L,CAN 收发器根据两根总线的电位差来判断总线电平,即

$$总线电平＝CAN\_H－CAN\_L$$

CAN 使用下面方式表示逻辑 1 和逻辑 0:

➢ 隐性,当总线电平小于或等于 0 时,此时状态表示为逻辑 1。

➢ 显性,当总线电平大于 0 时,此时状态表示为逻辑 0。

在 CAN 中,显性具有优先的意味(后面的仲裁技术需要用到),如图 3-9-7 所示,只要有一个节点单元输出显性电平,总线上即表现为显性电平;而只有当所有的单元都输出隐性电平,总线上才表现为隐性电平。

图 3-9-7　ISO 11898、ISO 11519-2 的物理层特征

为了满足数据链路层上的仲裁协议,根据上面的分析,CAN 总线规定:

➢ 空闲时,总线处于隐性状态。

➢ 在没有发送显性位时(可以发送隐性位),总线处于隐性状态。

➢ 当有一个或多个节点发送数据时,显性位能够覆盖隐性位,使总线处于显性状态(即总线电平＞0)。

不归零码编码存在一个很重要的缺点,即如果一个帧中包含太多相同电平的位,很可能会导致双方失去同步。为此,CAN 总线类似于 USB,也采用了位填充技术:CAN 总线规定,在 5 个连续相等的位后,发送节点自动插入补码位。例如,发送节点,如果连续发送了 5 个 1(或 0),则不管后面跟着发送的是什么数据位,自动在 5 个 1(或 0)后添加 1 个 0(或 1),来强制实现跳变,使得接收方可以根据跳变来进行同步。而接收方在接收时,如果检测到 5 个连续的 1

（或 0），自动丢弃后面跟随的一位填充位。

由于采用了差分信号收发方式，CAN 总线适用于高干扰的环境，并可以具有较远的传输距离。

（2）数据链路层

CAN 总线技术规范 2.0B 定义了数据链路层中的 MAC 子层和 LLC 子层的某些功能：

> MAC 子层，是 CAN 协议的核心，涉及到控制帧的结构、执行仲裁、应答、错误检测、出错标定和故障界定①等。

> LLC 子层，为数据传送和远程数据请求提供服务，对发送方确认由 LLC 子层接收的帧已被接收，并实现超载通知和恢复管理等。

CAN 总线的信号传输采用短帧结构，因而传输时间短，受干扰的概率低。因为每帧信息都有 CRC 校验及其他检错措施，易于检错。

当某节点严重错误时，CAN 总线具有自动关闭的功能，以切断该节点与总线的联系，使总线上的其他节点以及通信不受影响，因而具有较强的抗干扰能力。

CAN 总线支持多主方式工作，即 CAN 总线上任何节点均可以在任意时刻主动向其他节点发送信息，不分主从角色。当有多个节点希望发送数据时，根据 CAN 规定的总线仲裁技术，按优先级进行仲裁，仲裁优胜者发送数据。

另外，CAN 总线只需通过报文滤波即可实现点对点、点对多点及全局广播等几种方式来传送数据，而无需专门的调度。

（3）应用层

CAN 发展初期，用户需要自己定义应用层的协议，因此在 CAN 总线的发展过程中出现了各种版本的 CAN 应用层协议。目前，定义了应用层协议的有：SAE J1939、ISO 11783、CANOpen、CANaerospace、DeviceNet、NMEA2000 等。

9.2.4 CAN 的数据链路层

1. CAN 的帧

CAN 总线不使用地址信息进行数据发送，采用所谓的信息路由技术，这样的好处是不依赖应用层以及任何节点软件和硬件的改变，就可以在 CAN 网络中直接添加节点。

CAN 总线的帧内容由标识符命名。标识符并不指出帧的目的地，而是解释数据的含义（并充当了优先级的角色）。因此，网络上所有的节点可以通过帧过滤来确定是否接收数据，并对该数据做出反应。

CAN 协议支持两种帧格式，其唯一的不同是标识符（ID）的长度不同，标准格式为 11 位，扩展格式为 29 位（CAN2.0B 新增的）。CAN 总线被要求必须支持标准格式，但并不一定要求执行完全的扩展格式。

CAN 总线定义了以下 4 种不同类型的帧：

> 数据帧，将数据从发送单元传输到接收单元。

> 遥控/远程帧，用于接收单元向发送单元请求数据的请求帧，随后应答的数据帧和相应

---

① CAN 节点能够把永久故障和短暂扰动区别开来。

的远程帧具有相同的标识符。

➤ 错误帧,当检测出错误时,用于向其他单元通知错误的帧。

➤ 过载帧,接收单元通知其他单元发出此帧,表示其尚未做好接收准备。

对于数据帧和遥控帧,CAN 在帧中定义了 RTR 位,用以表明该帧是数据帧还是遥控帧,若是遥控帧,则 RTR 将为隐性位,RTR 将使用下面所讲到的仲裁。

2. CAN 的媒体控制

CAN 的媒体控制非常简单,在总线空闲态,最先开始发送消息的单元获得发送权,其他处于接收状态。具体来讲:

➤ 在发送前,节点的收发器需要对总线进行监测,如果发现总线空闲时,就可以启动数据的传送。

➤ 在数据传送过程中,收发器还需要继续监测总线的信息,当发现与传送的信息不相符时,表示产生了数据的冲突,中断本次发送。

从这个工作过程看,CAN 总线有些类似于以太网的 CSMA/CD 协议,但是不同的是,当出现冲突的时候,CAN 总线可以根据优先级进行非破坏性仲裁,而不是 CSMA/CD 协议的破坏性丢弃数据并进行强化碰撞。

当出现几个节点同时在网络上传输信息时,CAN 基于前面的隐性/显性定义,采用了非破坏性总线仲裁技术,按优先级进行仲裁。

首先,CAN 总线帧的优先级是结合在 11 位标识符中的,具有最低标识符的节点具有最高的优先级,这种优先级一旦确定就不能更改。如果多个节点同时开始发送数据,各发送节点从仲裁段(标识符+RTR 位)的第一位开始对比,进行仲裁。连续输出显性电平最多的单元可继续发送。

下面举例讲述 CAN 总线的仲裁技术:

设节点 1 的标识符为 011111(优先级最低),节点 2 的标识符为 0100110(优先级最高),节点 3 的标识符为 0100111。

当某一时刻,3 个节点同时发送帧时,因为所有标识符都拥有相同的前两位(01),所以即使同时发送,也互不干扰(因为总线电平不变),此时,3 个节点都不会认为产生了冲突,都继续发送。

直到第 3 位进行比较时,节点 1 的标识符是 1,是"隐性"的,被节点 2 和节点 3 的"显性位"所覆盖(即总线电平无法保持隐性了)。节点 1 因为不断检测总线,所以可以发现:总线上的信号是显性的了,与自己的标识符不同,节点 1 停止发送帧,而前面的部分帧信息相当于自动丢掉。

节点 2 和节点 3 的帧的标识符在 4、5、6 位都相同,所以它们可以继续发送自己的标识符,并不认为产生了冲突。

直到比较第 7 位时,节点 3 才发现自己发送在总线上的标识符被"显性"化了,自己的优先级比不过节点 2,停止发送,前面的部分帧信息相当于自动丢掉。

在仲裁过程中被取消发送的节点,等待总线的下一个空闲期尝试重新发送。

数据帧或远程帧到达目的节点后,目的节点对帧的 CRC 域进行检测,验证数据的一致性,当检测到错误时,中断接收,并产生一个错误帧,发送到总线上。

另外,CAN 总线规定:具有相同标识符的数据帧和遥控帧在总线上竞争时,仲裁段的最后一位(RTR)为显性位的数据帧具有优先权,可继续在总线上发送,而遥控帧停止发送,即要保证数据帧被优先发送。

这种非破坏性位仲裁方法的优点在于,在网络最终确定哪一个节点的帧被传送以前,帧的起始部分已经在网络上传送了,并且不会被破坏,大大节省了总线冲突仲裁的时间,尤其是在负载很重的情况下,也不会出现瘫痪的情况。

3. CAN 的错误处理

CAN 协议使用 5 种检查错误的方法:

> 帧正确性,CAN 采用循环冗余校验(CRC)来检查帧的正确性。
> 帧检查,检查帧的格式和大小来确定帧的正确性,主要是检查格式上的错误。
> 应答错误,接收节点通过明确的应答机制来确认帧的正确接收。如果发送节点未收到应答,那么表明接收节点发现帧中有错误。
> 总线检测,发送帧的节点需要持续观测总线电平,并探测发送位和总线上正在传输的位的差异。
> 位填充,CAN 通过这种编码规则检查错误,如果在一帧中有 6 个相同位电平,CAN 可以判断出现了填充错误。

如果任一个节点通过以上方法探测到一个或多个错误,该节点将在下一位开始立即发送出错标志,终止当前的发送。这可以阻止其他节点接收错误的帧,并保证总线上帧的一致性。

当帧被终止后,发送节点会自动寻找机会重新发送数据。CAN 总线规定,发送节点探测到错误后,在 23 个位周期内重新开始发送帧。

但这种方法存在着一个问题,即一个发生错误的节点将导致所有数据被终止,其中也包括正确的数据。为此,CAN 协议提供了一种将偶然错误从永久错误和局部节点失败中区别出来的办法。这种方法通过对出错节点进行统计评估,来最终确定一个节点本身出现了问题,并关闭自己,来避免其他正常数据被误判。

在 CAN 总线中,为了界定故障,在每个总线单元中都设有两个计数器:发送出错计数器(TEC)和接收出错计数器(REC)。系统上电/复位后,节点的两个错误计数器的数值都为 0。

任何一个节点可能处于下列 3 种状态之一:

> 错误活跃/主动状态(Error Active),节点可以参与总线通信,并且当检测到错误时,送出一个活跃错误标志。
> 错误认可/被动状态(Error Passitive),节点可以参与总线通信,但是不允许送出活跃错误标志,当其检测到错误时,只能送出认可错误标志,并且发送后仍为错误认可状态,直到下一次发送初始化。
> 总线关闭状态(Bus Off),在该状态下,节点不能向总线发送数据,也不能从总线接收数据,即不允许单元对总线有任何影响。

三个状态及其之间的转换关系如图 3-9-8 所示。系统上电/复位后,节点处于初始的错误活跃状态。

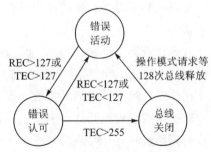

图 3-9-8　错误状态之间的转换

9.3　其他现场总线技术

1. 基金会现场总线

基金会现场总线（Foudation Fieldbus，FF），在过程自动化领域得到了广泛的支持，具有良好的发展前景。

基金会现场总线以 ISO/OSI 开放系统互连模型为基础，取其物理层、数据链路层、应用层为 FF 通信模型的相应层次，并在应用层上增加了用户层。

基金会现场总线分两种，低速 H1 和高速 H2：

> H1 的传输速率为 31.25 kbps，通信距离可达 1 900 m（可加中继器延长），可支持总线供电，支持本质安全防爆环境[①]。

> H2 的传输速率为 1 Mbps 和 2.5 Mbps 两种，其通信距离分别为 750 m 和 500 m。

基金会现场总线的物理传输介质可以支持双绞线、光缆和无线发射，协议符合 IEC 1158 - 2 标准。

物理媒介的传输信号采用曼彻斯特编码，其中正跳变代表数据 0，负跳变代表数据 1。接收方既可以根据跳变的极性来判断数据，还可以根据数据的中心位置同步接收时钟。

为满足用户的需要，Honeywell、Ronan 等公司已开发出可完成 FF 规范的物理层和部分数据链路层协议的专用芯片，许多仪表公司已开发出符合 FF 协议的产品。

2. LonWorks

LonWorks 是具有较强竞争力的现场总线技术，由美国 Echelon 公司推出，并与摩托罗拉、东芝等共同倡导，于 1990 年正式公布。它采用了 ISO/OSI 模型的全部 7 层通信协议，采用了面向对象的设计方法，通过网络变量把网络通信设计简化为参数设置。

LonWorks 可以使用双绞线、同轴电缆、光纤、射频、红外线、电源线等多种通信介质。通信速率从 300 bps～15 Mbps 不等，直接通信距离可以达到 2 700 m（78 kbps，双绞线）。LonWorks技术所采用的 LonTalk 协议被封装在称之为 Neuron（神经元）的芯片中。

LonWorks 还可以通过各种网关，实现与以太网、FF、Modbus、DeviceNet、Profibus、Serplex等的互联。

LonWorks 被广泛应用于楼宇自动化、保安系统、运输设备、工业过程控制等行业。Lon-Works 还开发了相应的本安型防爆产品，被誉为通用控制网络。

3. HART

HART（Highway Addressable Remote Transduer）由 Rosemout 公司开发，得到了 80 多家著名仪表公司的支持，并于 1993 年成立了 HART 通信基金会。

HART 总线上可以挂载的设备数多达 15 个。HART 利用总线供电，最大传输距离可达 3 000 m（点对点模式）。

HART 也可满足本安型防爆要求。但由于采用了模拟数字信号，导致难以开发出一种能满足各公司要求的通信接口芯片。

[①]　本质安全（简称本安型）防爆技术是一种最安全、最可靠、适用范围最广的防爆技术。

HART 通信模型符合 ISO/OSI 开放系统互连模型的物理层、数据链路层和应用层。

HART 的物理层采用频移键控(Frequency Shift Keying,FSK)实现信息的调制。数据传输速率为 1 200 bps,其中:

> 逻辑 0 的信号频率为 2 200 Hz。

> 逻辑 1 的信号传输频率为 1 200 Hz。

数据链路层用于按 HART 协议规则建立 HART 信息帧。其信息构成包括开头码、地址、字节数、现场设备状态与通信状态、数据、奇偶校验等。

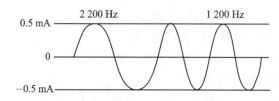

图 3 - 9 - 9　HART 的调制方式

应用层把通信状态转换成相应的信息,规定了一系列命令。HART 定义了 3 类命令:

> 通用命令,所有设备都必须能够理解、执行的命令。

> 一般行为命令,其功能可以在许多现场设备中实现(但不要求全部),这类命令包括最常用的现场设备的功能库。

> 特殊设备命令,以便在某些设备中实现特殊功能,这类命令既可以在基金会中开放使用,又可以为公司所独有。

HART 可以支持两个通信主设备(第一主设备和第二主设备),支持两种通信方式:点对点主从应答方式和多点广播方式。在主从应答方式下,只有当主设备发出信号时,从设备才会发送信号。

HART 采用统一的设备描述语言(DDL)来描述设备特性,现场设备开发商需要使用 DDL 来描述自己设备的特性,并由 HART 基金会负责登记管理这些设备描述,把它们编为设备描述字典。主设备运用 DDL 技术,来理解这些设备的特性参数而不必为这些设备开发专用接口。

第10章　其他有线末端网通信技术

10.1　RFID 阅读器网络

随着 RFID 技术应用的快速发展,RFID 应用范围越来越广,整个系统规模日益扩大,传统的单个阅读器读取多个标签的系统模型已经越来越不能满足用户的需求。

一些大型的 RFID 系统往往需要配置成百上千个阅读器来覆盖大面积的识别区域,而这些阅读器需要得到有效的控制和管理,阅读器网络相关协议应运而生。

【案例 10 - 1】　食堂 RFID 网络

某高校后勤集团下辖多个食堂,分属于不同的管理组,另外还有诸多窗口对外招租,丰富学校教职员工、学生的口味选择。为了统一管理,集团规定全部业务必须通过校园卡(RFID)进行结算。

该案例中,基于经济性和方便性等出发点,所有校园卡阅读器与嵌入式设备直接相连。通过网络协议,嵌入式设备可以直接读取阅读器的相关数据,传送给学校的校园卡管理中心,而校园卡管理中心也可以很方便地控制阅读器。

另外,因为不同的阅读器代表了不同的餐饮供应者,所以必须对阅读器进行严格区分,以避免账号的混淆,后台需要根据阅读器进行记账。

阅读器网络协议定义了阅读器和应用程序之间的通信,通过阅读器网络协议,使用者能够便捷地控制整个网络中的所有阅读器。同时,可以对阅读器读取到的数据进行一定的处理(如去除冗余数据),从而使整个 RFID 系统更有效地工作。

目前,阅读器通信协议包括由 Auto - ID 中心制定的 Reader Protocol 和由 IETF 制定的 SLRRP 等。

下面将先介绍一种读取阅读器数据的通信协议;然后,介绍 RFID 中间件,RFID 中间件的产生,可以极大地方便基于阅读器的系统开发;最后,介绍基于 RFID 的两类典型的分布式应用系统,分别是 EPC 和 RFID 定位技术。

10.1.1　Wiegand

Wiegand(韦根)协议是由摩托罗拉公司制定的,一种非常简单的通信协议,它适用于涉及门禁控制系统的读卡器和卡片。

韦根有很多格式,标准的 26 - bit 较常使用,此外,还有 34 - bit 和 37 - bit 等格式。标准的 26 - bit 格式是一个开放式的格式,是一个广泛使用的工业标准,且对所有用户开放。很多门禁控制系统都采用了标准的 26 - bit 格式。

韦根系统适用于恶劣的环境和长期无人监控的场所,可广泛应用于水、气、电表等的远程抄表系统。

1. 韦根的物理层规定

韦根接口通常由 3 根导线组成,它们分别是:数据 0(Data0)、数据 1(Data1)和 Data return,韦根信号采用 Data0 和 Data1 两根数据线协作来传输二进制数据。

在线路空闲时,Data0(蓝色/绿色)和 Data1(白色)都保持 5 V 的电平状态。当有数据需要传输时,两根线发送低电平脉冲来发送信息(如图 3-10-1 所示)。

➢ 当 Data0 线发送低电平脉冲时,发送的数据是 0。

➢ 当 Data1 线发送低电平脉冲时,发送的数据是 1。

韦根规定不能两根线同时发送低电平脉冲。

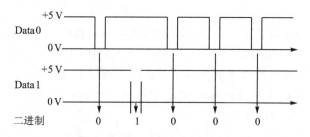

图 3-10-1 韦根协议的信号

韦根协议的接收对时间的实时性要求比较高,如用查询的方法(主机发送读取指令来获得阅读器的数据)接收可能会出现丢帧的现象,比较好的方法是采用中断的方式来进行读取,可以有效地避免丢帧现象。但是,就笔者的使用情况看,一般情况下,采用第一种方式(查询方式)问题不大。

【案例 10-2】

案例 2-4 是该系统的第一期,采用了串口通信协议作为接口的阅读器。根据用户要求(用户门禁全部更新),二期则统一改为使用韦根通信协议作为接口的阅读器。

2. 韦根的数据帧格式

韦根的数据帧一般是由三部分组成:校验位、出厂码和数据位。不同的韦根格式有不同的组成,如 26-bit 格式,其每一位的含义如下:

➢ 第 1 位为 2~13 位的偶校验位。

➢ 第 2~9 位是厂家/地区码,可用来设置 255 个厂家/地区。

➢ 第 10~25 位是卡号位,可设置 65 535 个卡号。

➢ 第 26 位为 14~25 位的奇校验位。

以上数据从左至右顺序发送。高位在前。

下面介绍奇(偶)校验法。

奇(偶)校验法是最简单的错误检验法,通过添加简单的校验位来使得接收方可以对收到的数据进行错误甄别。

基本的奇(偶)校验法分为以下两种:

➢ 偶校验:如果给定数据位中 1 的个数是奇数,那么校验位就设为 1,否则为 0,从而使得 1 的总个数是偶数。

➢ 奇校验:如果给定数据位中 1 的个数是偶数,那么校验位就设为 1,否则为 0,从而使得 1 的总个数是奇数。

采用奇(偶)校验的典型例子是面向 ASCII 码的数据帧的传输,由于 ASCII 码是 7 位,因此用第 8 位作为奇偶校验位。

以上是所谓的单向校验。稍微复杂一些的是双向奇(偶)校验(Row and Column Parity),又称"方块校验"或"垂直水平"校验。

举一个简单的例子,如图 3 - 10 - 2 所示,把数据分组(比如 7 bit 为一组),一组为一行,对 6 组数据进行统一的双向奇(偶)校验。

其中 D_{xy} 为数据,表示为二维矩阵的一个元素(此二维矩阵可以称为一个数据块),P_{rx} 表示横向的奇(偶)校验,P_{cy} 表示纵向的奇(偶)校验。这样,每个数的校验程度比单向的校验要高,因此也就比单项校验的校验能力要强。

$$
\begin{matrix}
D_{11} & D_{12} & D_{13} & D_{14} & D_{15} & D_{16} & D_{17} & P_{r1} \\
D_{21} & D_{22} & D_{23} & D_{24} & D_{25} & D_{26} & D_{27} & P_{r2} \\
D_{31} & D_{32} & D_{33} & D_{34} & D_{35} & D_{36} & D_{37} & P_{r3} \\
D_{41} & D_{42} & D_{43} & D_{44} & D_{45} & D_{46} & D_{47} & P_{r4} \\
D_{51} & D_{52} & D_{53} & D_{54} & D_{55} & D_{56} & D_{57} & P_{r5} \\
D_{61} & D_{62} & D_{63} & D_{64} & D_{65} & D_{66} & D_{67} & P_{r6} \\
P_{c1} & P_{c2} & P_{c3} & P_{c4} & P_{c5} & P_{c6} & P_{c7} &
\end{matrix}
$$

图 3 - 10 - 2　双向奇(偶)校验

10.1.2　RFID 中间件

目前,市面上存在着很多的 RFID 读/写器产品,其对外通信协议、软件接口都可能不同,提供的服务也不尽完善。如果在开发基于 RFID 读/写器的软件系统时,针对不同的读/写器分别写一份操作程序,效率必然低下。而 RFID 中间件可以为开发基于 RFID 读/写器的程序提供动力,提高效率。

RFID 中间件的主要工作是:

➢ 屏蔽底层各种物理读/写器的不同,实现 RFID 读/写器(及配套设备)与开发程序之间的信息交互与管理,成为一个软/硬件集成的桥梁。

➢ 为开发程序提供各种具有共同需求的、增值的服务,避免程序关注于业务之外的工作。这些服务如数据预处理、安全、事务等。

从体系上分析,RFID 中间件可以属于网关的一种,把从读/写器读出的数据,转换成适合于应用系统(或在互联网上传输)的信息,完成将末端网与互联网连接的作用。

大多数中间件由读/写器适配器、事件管理器和应用程序接口 3 个主要组件组成。

1. 读/写器适配器

针对不同的 RFID 读/写器,提供一种抽象的应用接口,对上层软件实现统一的数据读取函数,从而消除不同品牌读/写器和 API 之间的差异。RFID 中间件体系模型如图 3 - 10 - 3所示。

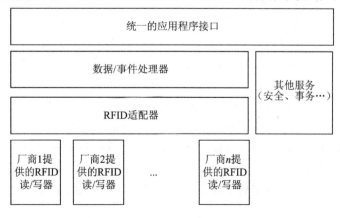

图 3 - 10 - 3　RFID 中间件体系模型

适配器的存在,使得用户基于 RFID 中间件开发程序,只需要调用统一的函数即可完成数据的读/写,即便系统需要使用不同型号的读/写器(比如开发一种软件产品,希望推广到不同用户,但是不同用户指定了不同品牌的 RFID 读/写器),也不必更改程序,可能只需要通过中间件配置工具配置一下即可。

例如,案例 2-4 和案例 10-2,由于缺乏 RFID 中间件的支持,对二期和一期中不同品牌的 RFID 读/写器进行了相关接口的重写,重新部署了程序并进行了试运行。

2. 数据/事件处理器

数据/事件处理器的首要任务是完成数据的采集和数据存储,实现可持久化。

另外,数据/事件处理器还有一个重要的作用是过滤事件。读/写器不断从 RFID 标签读取大量的、未经处理的原始数据(事件),可能会导致应用系统内部存在大量的重复数据,会对后续工作造成一定的危害,因此数据有必要进行去重和过滤。

例如,在案例 2-4 中,由于缺乏 RFID 中间件的支持,系统软件不得不自行开发一个简单的数据过滤功能,避免用户在短时间内产生多次记录。

再有,部分 RFID 中间件还能够对读取的数据进行计算、聚合、汇总、分类,甚至识别等分析操作,从而进一步提高了数据的价值。

RFID 产生数据的最终目的是共享,利用事件的存储、订阅和分发模型,可以大大提高数据的共享程度。

3. 应用程序接口

提供一个统一的应用程序接口 API,使得用户在开发时可以方便地调用,实现对 RFID 读/写器进行统一的操作。

4. 安　全

RFID 读/写器采集的数据可能是非常敏感的,比如个人隐私(如身份证),因此安全也是应该考虑的一个重要内容。RFID 中间件应该实现网络通信安全机制,根据授权提供给应用系统相应的数据。

10.1.3　EPC 技术

电子产品码(Electronic Product Code,EPC)具有两层含义,一个是具有标准规定的代码(如同产品的条形码),另一个是作为一个分布式系统的统称,是 RFID 技术的重要应用领域之一。

EPC 技术是由美国麻省理工学院的自动识别研究中心开发的,旨在通过互联网,利用射频识别、无线数据通信等技术,构造一个实现全球物品信息实时共享的物联网。

2003 年,国际物品编码协会接管了 EPC 的全球推广。

EPC 本质:RFID 技术+EPC 编码标准+Internet+分布式系统=EPC 系统。

EPC 编码标准可以实现对实体对象的全球唯一性标识,即给每一个(而不是批)商品提供全球唯一的一个号码——EPC 码。目前,EPC 编码长度应用较多的有 64、96 及 256 位等。但出于对成本的考虑,多采用 64、96 位两种。

EPC 码的长度必须足以分配到全球任一件商品。按照规定,编码分为 4 部分:

➢ 使用协议的版本号。

➢ 物品生产厂商的编号。

> 产品的类型编号。
> 单个物品的 SN 号。

商品的 EPC 码是存储在商品 RFID 标签的微型芯片中。一般认为,只有那些特定的、低成本的 RFID 标签才适合于 EPC 系统,因为 EPC 的发展目标是用来代替条形码的(条形码容量不够),所以必须具有低成本的特点。

为了实现物品信息的全球共享,就需要借助于互联网。

上面提及的都是实现产品信息共享的基础,要实现最终的共享,就应该开发出一套分布在互联网上的分布式系统,形成所谓的 EPC 系统,才能为厂商、用户所使用和访问。

EPC 系统的组成如图 3 - 10 - 4 所示。

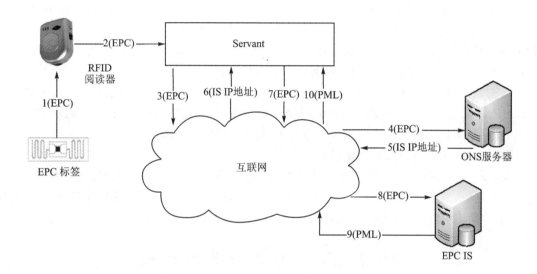

图 3 - 10 - 4　EPC 系统的组成

其中,服务器(Savant)是 EPC 系统的中枢神经,它首先需要对阅读器读取的标签数据进行过滤、汇集、整合等操作,同时还提供与其他部件的交流。

ONS(对象名解析服务)类似于域名服务器 DNS,它提供将 EPC 码解析为 URL 的服务(主要包括 EPC IS 的地址),通过 URL 可获得与 EPC 相关产品的进一步信息。

EPC 信息服务器(EPC IS,旧称 PML 服务器)以 PML 格式存储产品相关信息,可供其他的应用进行检索,并以 PML 的格式返回。EPC IS 存储的信息可分为两大类:

> 与时间相关的历史事件,如原始的 RFID 阅读事件(记录标签在什么时间,被哪个阅读器阅读),高层次的活动记录,如交易事件(记录交易涉及的标签)等。
> 产品固有属性信息,如产品生产时间、过期时间、体积、颜色等。

EPC 工作过程如图 3 - 10 - 4 所示。

① Servant 通过阅读器读出产品上所贴标签的 EPC 码。

② Servant 将 EPC 码通过互联网传送给 ONS,请求进一步信息。

③ ONS 给出某一个 EPC IS 的地址信息,该 EPC IS 上保存了指定 EPC 码所对应的产品信息。

④ Servant 根据给定的 EPC IS 地址信息,通过互联网发送 EPC 码到该 EPC IS。

⑤ EPC IS 根据 EPC 码去查找对应产品的 PML 文件,返还给 Servant。

⑥ Servant 解析 PML，获得产品信息。

10.1.4　RFID 实时定位系统

利用分散在监控区域内的多台 RFID 读/写器，开发出分布式定位系统，可以用来解决短距离，尤其是室内物体的定位问题，从而弥补了卫星导航定位系统在室内定位盲区的不足，这是当前研究的一个热点。将卫星导航定位、RFID 短距离定位，以及无线通信技术等综合起来协调工作，实现的一个特殊的分布式系统，可以实现物品位置的全程跟踪与监视。

基于 RFID 的定位系统，往往由一个控制中心、分布在定位空间的多台 RFID 读/写器（控制中心已知读/写器所在位置），以及附着在需要定位的物品上的 RFID 标签所组成。

RFID 读/写器读取标签信息，通过感知可以得到标签与自身的距离。如果有多个读/写器同时感知到了标签的距离信息，并将这些信息发送给控制中心，控制中心可以很容易地通过相关的定位算法（如三边测量法、质心法、到达角度法等）来解算出标签所在位置。即便只有两个或一个读/写器，也可以推算出物品所在的大致位置。

目前制定的 ISO/IEC 24730 - 1 标准，为应用程序的开发提供了相关的 API，用以规范RTLS(Real Time Location Systems)的服务功能以及访问方法。该标准独立于底层空中接口协议，即底层可以运用任何一种无线定位技术，包括 RFID 定位技术。

【**案例 10 - 3**】　基于 RFID 定位的滑雪场

美国科罗拉多州的一个滑雪场，是世界上第一个为游玩的客人配备定位装置的滑雪场。在这个滑雪场里，游客带上内置 RFID 标签的表带之后，就会被遍布在滑雪场特定位置的读/写器所识别，从而实现定位。利用该系统，游客也可以很容易地定位到伙伴在滑雪场的位置。

10.2　X - 10 电力载波协议

X - 10 是国际通用的电力载波协议，是针对智能家居网络化控制平台而开发的通信协议，由于其性价比高、技术成熟稳定的特点，在智能家居的应用中有着广泛的应用。

X - 10 协议是英国 Pico Electronics（皮可）公司于 1976 年研发的，并获得了相关专利。X - 10引入美国后，在技术上得到了进一步完善。

X - 10 电力载波通过常用的电力线，可以将控制信号传输给各个电气设备，将各个房间的所有电气产品连接起来，以开放式网络结构对每个控制节点进行集中控制，使控制端和家电设施形成了智能家居网络，避免了家庭内部过多的布线。

X - 10 载波通信利用 220 V 的电源线作为信号的传输介质，在频率为 50 Hz(或 60 Hz)的电力输电线路上进行控制信号的传输。X - 10 自己的信号频率为 120 kHz，比交流电信号频率要高得多，因此接收器很容易识别到。

X - 10 的信号是叠加在交流电力线的过零点上的(如图 3 - 10 - 5 所示)，这是因为脉冲信号越接近零点，所受干扰就越小。

发射器和接收器同时检测电力线的过零点：

➤ 在正弦波的零相位处有 120 kHz 的脉冲群，而紧随这一脉冲群之后的 π 相位处没有脉冲群，则表示为信号"1"。

➤ 在正弦波的零相位处无脉冲群，而紧随其后的 π 相位处有脉冲群，则表示为信号"0"。

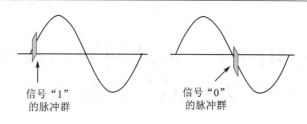

图 3 - 10 - 5　X - 10 的信号调制

为了使接收器知道何时开始接收数据/指令,需要设定一个启动点。这样,当接收器检测到启动信号后,就可以开始接收数据了。X - 10 规定,在连续的三个过零点处都有脉冲群,而接下来的一个过零点没有脉冲群,则表示一个启动点。如图 3 - 10 - 6 所示。

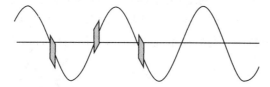

图 3 - 10 - 6　X - 10 的启动点

这样,X - 10 的传输率为 60 bps(针对 60 Hz 的电力线)。

每个 X - 10 设备都被分配一个地址,地址由“房间号”和“设备号”(单元码)两部分组成。

➤ 房间号的选择范围为字母 A~P。

➤ 设备号的选择范围为数字 1~16。

因此,一个基于 X - 10 协议构建的智能家居系统中,最多可同时控制 $16 \times 16 = 256$ 个 X - 10设备,也即这套系统最多可包含 256 个不同的地址。

每个 X - 10 数据包包含有标识符、房间号和设备号,共 22 位。

X - 10 可以执行的指令包括:开(on)、关(off)、调暗(dim)、调亮(bright)、打开所有(all lights on)及全部关闭(all units off)。

指令以广播的形式在电力线上传送,家庭环境下可达 500 m。

智能家居是通过统一的总线和控制平台来控制家庭内部的电器设备系统。通信部分主要有两部分组成:发送模块和多个接收模块。

① 发送模块将 X - 10 的指令发送到电力线上,其中包括目标设备地址信息。

② 接收模块实时检测电力线上的 X - 10 信号,当检测到电力线上有信号时,获得信号内所包含的地址信息,并与自身地址进行比较,如下:

➤ 如果相等,则通过相应的指令做出对应的动作,达到对设备的实时控制。

➤ 如果不相等,则将该指令直接抛弃。

X - 10 价格低廉,无需布线,不同品牌的 X - 10 产品具有良好的兼容性。目前,已经有超过 5 000 种兼容产品采用了 X - 10 标准,已广泛应用于家庭安全监控、家用电器控制和住宅电表数字读取等方面,给生活带来了诸多便利。

但是,X - 10 也存在一些缺点。首先,标准太过简单,主要以开/关这些简单功能指令为主。其次,X - 10 的数据传输速率太低,当需要下达多个指令时,会造成明显的延迟。目前虽然有了扩展的协议,但是并不通用。最后,X - 10 还要求电力线本身较为“干净”,否则很容易造成通信的干扰。

第四部分　末端网通信技术
——无线通信底层技术

  本部分开始介绍末端网的无线通信底层部分。之所以称之为底层，是因为本部分讲解的通信技术，主要包含在 ISO/OSI 的物理层和数据链路层内。这一部分技术涉及的是实际的通信技术，是第五部分内容（Ad Hoc 网络）的基础，其中的部分内容也适用于接入网络。

  本部分会涉及物理层和数据链路层，这是因为在传输过程中会涉及结构化的数据以及其所带来的链路管理。因为是底层通信技术，所以不考虑网络层的相关算法和协议。

第 11 章 无线通信底层技术概述

11.1 物理层

物理层通过无线通信的传输介质为上层数据传输提供物理连接,完成对无线信号的处理,并执行信号的发送和接收工作。物理层主要功能包括信道的区分和选择,无线信号的监测、编码/解码、调制/解调等。

由于存在多径衰落、码间串扰,以及节点间的相互干扰等,使传输链路的带宽容量降低。因此,物理层的设计目标之一是以相对低的功能损耗,获得较大的链路容量。为了达到上述物理层的设计目标,经常采用的关键技术包括多天线、自适应功率控制、自适应速率控制等。

无线通信的可能传输介质有:激光、声波和无线电等。

电磁波是目前使用最为广泛的无线介质,在末端网也可以被有效利用。但是电磁波的频带往往需要申请。

利用激光作为传输媒体其优点是:功耗比电磁波低,且更安全;缺点是:只能直线传输,易受大气状况影响。

红外线的传输也具有方向性、距离短,是一种点对点的传输方式(通信双方不能离得太远,要对准对方),且中间不能有障碍物。红外线传输适合家居使用(比如遥控器),且不会干扰到其他设备或者更远范围内的设备。

在水下通信,最有效的通信方式是声波通信,目前也在研究中。

11.2 数据链路层

11.2.1 概 述

数据链路层在通信双方之间建立、维持、拆除一条或多条无差错的数据链路以进行数据的通信。

数据链路层的工作主要集中在 MAC 子层,MAC 子层负责为通信的双方建立有效的通信链路。无线 MAC 子层主要包括两部分工作:

> 信道划分,即如何把频谱划分成不同的信道。
> 信道分配,即如何把信道分配给不同的用户。

MAC 协议应该实现公平优先的通信资源共享,并必须处理报文之间的碰撞。

数据链路层的 LLC 子层主要功能有:提供寻址、排序、差错控制、流量控制等。

MAC 子层还必须克服暴露站和隐藏站的问题,这是任何多对一和多对多无线通信方式都经常遇到的问题。

图 4-11-1(a)展示了无线通信中常见的隐蔽站问题(Hidden Station Problem)。当站 A 和 C 都希望发送数据给站 B,但是由于彼此不在对方的通信范围内,它们也就无法检测到对方

的无线信号,都以为 B 是空闲的,因而都向 B 发送了数据,结果在 B 处发生了碰撞。这种未能检测出媒体上已存在的信号的问题,叫做隐蔽站问题。

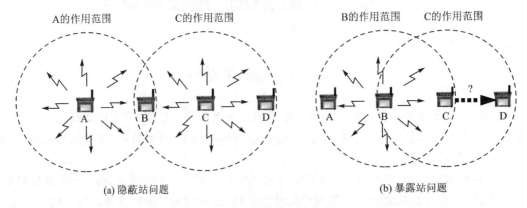

(a) 隐蔽站问题　　　　　　　(b) 暴露站问题

图 4 - 11 - 1　隐蔽站和暴露站问题

图 4 - 11 - 1(b)展示了无线通信中常见的暴露站问题(Exposed Station Problem)。B 正向 A 发送数据,而 C 又想和 D 通信。但是由于 C 检测到媒体上有信号(B 的信号)存在,于是就不敢向 D 发送数据。

针对这两种情况,不少无线协议采用了 RTS(Request To Send)/CTS(Clear To Send)的访问模式。即利用 RTS 和 CTS 两个控制帧进行信道的请求和预留。也就是在发送数据过程之前,增加了 RTS 和 CTS 两个步骤。而且在整个过程中,帧之间的间隔都被设定为最小,使得其他站点无法抢占信道,保证了整个会话的完整性。

如图 4 - 11 - 2 所示,A 希望和 B 通信,事先广播一个 RTS 帧,如图 4 - 11 - 2(a)所示。如果 B 正空闲,则响应一个 CTS 帧,如图 4 - 11 - 2(b)所示。此后双方进行正常的通信。

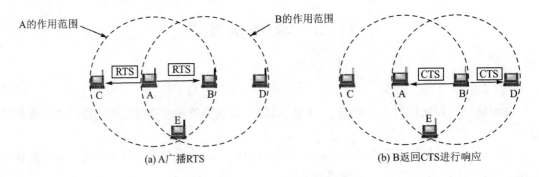

(a) A广播RTS　　　　　　　(b) B返回CTS进行响应

图 4 - 11 - 2　RTS/CTS 访问模式

因为 A 向 B 发送了 RTS,B 返回了 CTS,而 D 也可以收到 CTS,则 D 知道 B 的信道忙,于是处于等待状态,不会在 A 发送数据给 B 的时候发送自己的数据给 B,从而在一定程度上避免了隐蔽站的问题。

如果 A 希望和 C 通信,向 C 发送了 RTS,而 C 返回的 CTS 无法到达 B,B 虽然收到了 A 的 RTS,却知道 A 的此次通信不会影响到自己,所以可以向 D 发送自己的数据,从而在一定程度上避免了暴露站的问题。

需要注意的是,预约帧也是可能发生碰撞的。

11.2.2　MAC 子层相关算法

MAC 按工作机制分为以下 3 类:基于随机竞争的 MAC 协议、基于调度的 MAC 协议和混合方式。

1. 基于随机竞争的 MAC 协议

这类协议主要通过随机的竞争模式来访问信道、发送数据,即节点在需要发送数据前,需要通过竞争手段来抢占共享的无线信道。若产生冲突则按照某种策略重发或延后重发,直到发送成功或放弃。

CSMA 协议是典型的基于随机竞争的 MAC 协议,而 802.11 协议 DCF 工作模式可以作为基于随机竞争协议的代表。

这一类协议包括 ALOHA、CSMA/CA、MACA、FAMA、S-MAC、T-MAC 和 SIFT 等。

2. 基于调度的 MAC 协议

基于调度的 MAC 协议也可以称为无冲突 MAC 协议或无竞争 MAC 协议,通过强制信道分配模式来避免冲突,主要有 TDMA(时分多址)、FDMA(频分多址)、CDMA(码分多址)等。调度的实现可分为静态分配和动态分配两种。

对于常用的 TDMA 技术,所有节点轮流使用无线信道,前提是要求所有节点必须严格时间同步。TDMA 给每个节点分配使用信道的时段(时间片/时隙/时隙),各个节点只有在属于自己的时段开始时,才能发送数据。节点在属于自己的时段内,占用整个无线信道,等时间段结束后,必须转让信道给其他节点。

通过这样的错时使用,就可以避免节点之间的相互干扰。

如图 4-11-3 所示,时间被分为周期,一个周期内发送的数据形成一个 TDM 帧,A、B、C、D 四个节点在 TDM 帧中分别占用了一个时段,且占据的位置不变。这样,接收方可以根据时段在帧中的时间来判断是谁发的数据。

当某些节点只是突发性地传送数据时,TDMA 技术会造成信道的浪费,于是提出了统计时分多址。其原理是 TDM 帧不再是固定的长度,每一帧的组成是动态的,由那些需要发送的数据所组成。发送时,仍然按照发送者进行轮流,但是如果某一个发送者没有数据发送,则直接跨过,发送后续发送者的数据。为了区别这些数据是谁发送的,需要在数据前附加标记,接收端按照数据中的标记来区分发送者,如图 4-11-4 所示。

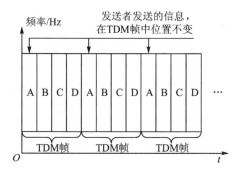

图 4-11-3　时分多址技术

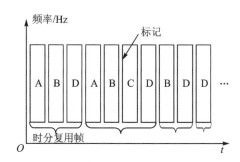

图 4-11-4　统计时分多址

对于如何进行统一的调度(包括时间的同步),可以有如下两种方案。

方案一:由一个特殊角色的节点负责为所处范围内的所有节点分配时隙,所有节点严格按照所分配的时段发送数据。

方案二:基本原理与统计时分多址类似,需要把一个数据传输周期分为两阶段:

> 随机访问阶段:节点间通过信令交换时隙组成,用于处理下一轮发送节点的添加、删除,以及时间同步。这个过程也可以由特殊角色的节点来完成,或者通过特殊的分布式算法来完成。

> 调度访问阶段:根据上面搜集的结果,将多个连续的数据传输时隙组成帧,每个时隙分给一个特定的节点(前面搜集的、要发送数据的那些节点),用来发送数据。

这类协议如 DEANA、TRAMA、DMAC 和 IP - MAC 等。

3. 混合方式

采用多种机制相结合的 MAC 协议,如 TDMA 和 CSMA 的混合(如 Z - MAC 协议),TDMA和FDMA 的混合(如 SMACS/EAR),CDMA 和 CSMA/CA 相结合的 MAC 协议等。

以典型的 Z - MAC 为例,Z - MAC 在低流量时使用 CSMA 信道访问模式,可提高信道利用率,在高流量时使用 TDMA 信道访问模式,可减少冲突和串扰,Z - MAC 协议已经在 Tiny-OS 上得以实现。

基于竞争的 MAC 协议扩展性好,易于实现,但能耗大,如果负载较重,会导致频繁的冲突而导致传输效率大幅下降;而基于调度的 MAC 协议节省能耗,但扩展性差且对时钟同步要求较高,混合协议同时具有上述两种协议的某些优点,但实现困难且比较复杂。

第 12 章 超宽带 UWB

12.1 超宽带 UWB 概述

超宽带(Ultra WideBand,UWB)技术最初起源于 20 世纪 50 年代末,主要作为军事技术在雷达探测和定位等应用领域中使用。随着无线通信技术的飞速发展,人们对高速无线通信提出了更高的要求,UWB 技术又被重新提了出来。有人称它为无线电领域的一次革命性进展,认为它将成为未来短距离无线通信的主流技术。

但是由于 UWB 发射功率受限,限制了其传输的距离。UWB 能在 10 m 左右的范围内实现数百 Mbps 至数 Gbps 的通信,因此被定位为无线个人网(WPAN)技术。

从频域来看,窄带是指相对带宽(信号带宽与中心频率之比)小于 1% 的通信技术;宽带是指相对带宽在 1%~25% 之间的通信技术;相对带宽大于 25%,且中心频率大于 500 MHz 的通信技术被称为超宽带。

UWB 技术采用了从 3.1~10.6 GHz 之间的 7.5 GHz 的频带进行通信,在实际应用时,UWB 可以在 10 m 的范围内以至少 100 Mbps 的速率传输数据。

由于 UWB 的频带极宽,因此可以说,它不是一项进行频带分配的技术,而是一项共享其他无线通信技术频带的技术。这也被认为是 UWB 的一个很大的不足,被认为有可能干扰现有其他无线通信系统。

起初的 UWB 技术只是相当于 ISO/OSI 体系中最底层的物理层规格,其上层可以架构其他 MAC 协议。

按照实现的方式,UWB 可以分为两种:脉冲无线电(Impulse Radio,IR)和多频带 OFDM(Multi - Band OFDM,MB - OFDM)。由于两种技术方案截然不同,而且都有强大的阵营支持,制定 UWB 标准的 IEEE 802.15.3a 工作组将其交由市场解决。

MB - OFDM 方案联盟后来和 WiMedia 联盟(由英特尔、诺基亚等国际大公司组成的民间组织)合并,并在基于 MB - OFDM 的物理层的基础上,制定了媒体访问控制层(MAC)的标准。WiMedia 联盟绕开了 IEEE,由欧洲国际计算机制造商协会(European Computer Manu-facturers Association,ECMA)推出相关标准。

UWB 技术特点如下:

➤ 频带宽:与 GSM 手机和 IEEE 802.11b 等通信技术相比,UWB 占据的宽带要宽很多。

➤ 传输速率高:其传输速率可 500 Mbps,是实现个人通信和无线局域网的一种理想通信技术。

➤ 定位精确:采用超带宽无线电通信,很容易将定位与通信合一。

➤ 隐蔽性好、安全性高:UWB 信号在时间轴上是稀疏分布的,其能量弥散在极宽的频带范围内,对一般通信系统而言,UWB 信号相当于白噪声,而从电子噪声中将脉冲信号检测出来是一件非常困难的事。这样,信号被隐蔽在环境噪声和其他信息中,难以被敌方检测到。

目前具有代表性的技术是 WUSB(Wireless USB)。WUSB 是由惠普、英特尔、微软、NEC、飞利浦和三星等厂商主导的一种 UWB 技术,3 m 范围内最高传送速度为 480 Mbps,最大传输距离 10 m 左右。其基本特性与 USB 相同,一台 WUSB 主机可以成为两个 WUSB 网络的主控中心,两个网络的 WUSB 设备可通过这台主控主机进行通信,从而让用户摆脱 USB 线缆的束缚,实现数字 TV、PC、打印机、音响和其他外设间的高速无线应用。

UWB 与 IEEE 802.11 相比,传输距离近,但是速率高,后者功耗高;与蓝牙(3.0 之前)相比,两者有效距离差不多,功耗也差不多,但 UWB 速率高,而蓝牙则技术较为成熟;与 HomeRF 相比,HomeRF 的传输距离远,但是速率较低。

因此,在短距离范围内提供高速无线数据传输将是 UWB 的重要应用领域。在军用方面,如预警机、舰船等内部无线通信系统;在民用方面,汽车防冲撞传感器、无线接入、家电设备及便携设备等之间的无线数据通信。另外,UWB 在家庭数字娱乐中心具有重要的应用前景,将住宅中的 PC、娱乐设备、智能家电和 Internet 连接在一起,主人可以在任何地方使用它们,这些设备之间也可以进行各种数据的交流。

对于物联网,也可以基于超宽带实现无线传感器网络,为传感器和网关节点传输大量数据和提供实时信息提供很大的便利。

【案例 12-1】 LINK UWB 高精度定位系统(如图 4-12-1 所示)

LINK UWB 无线联网高精度定位系统采用全无线技术解决了定位及数据传输,标签定位时序安排等技术难题,实现了快速、高效搭建定位系统,满足多种复杂环境和应急状态下的定位需求。

该系统通过无线组网的方式将无线同步控制器、若干个定位基站、定位标签以及定位服务器连接在一起,支持快速灵活组网。定位基站可以通过接收标签中发出的 UWB 信号,采用信号到达时间差(TDOA)测量技术,来确定标签

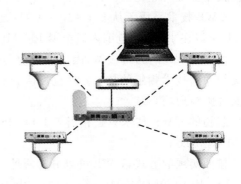

图 4-12-1　LINK UWB 高精度定位系统

的位置,并将数据通过无线信道传输至无线同步控制器及定位服务器,定位精度高。

12.2　脉冲无线电

脉冲无线电是 UWB 的一个典型实现技术,应用在超宽频带范围内则称为超宽带脉冲无线电。

与传统的、采用载波来承载信息的通信技术不同,脉冲无线电是一种无载波的通信技术。一般的通信系统是通过对发送的射频载波进行信号调制,来实现数据的携带,而脉冲无线电是利用纳秒级的脉冲直接实现调制,并把调制后的信息放在一个非常宽的频带上进行传输,而且脉冲无线电可以动态决定带宽所占据的频率范围。

脉冲无线电最基本的工作原理是发送和接收脉冲间隔严格受控的超短时脉冲,一般利用单周期的脉冲来携带一位信息,工作脉宽多在 0.1～1.5 ns 范围内。图 4-12-2(a)显示了实

用的单周期高斯脉冲波形。

实际通信过程中，将使用一长串的脉冲序列，重复周期在 25～1 000 ns，图 4 - 12 - 2(b) 显示了周期性重复的单脉冲序列。

脉冲无线电的调制方式可以是对脉冲的幅度进行调制，也可以用脉冲在时间轴上的位置进行调制。

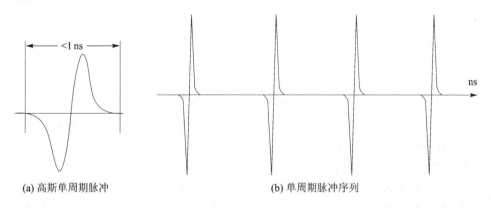

(a) 高斯单周期脉冲　　　　　　　　　　(b) 单周期脉冲序列

图 4 - 12 - 2　脉冲无线电示意图

当利用脉冲的幅度进行调制时，可以让高幅度的脉冲信号表示信息"0"，低幅度的脉冲信号表示"1"。

脉冲位置调制(PPM)是利用脉冲在时间轴上的位置进行调制的，即用每个脉冲出现位置超前或落后于标准时刻的一个特定时间来表示一个特定的信息。如图 4 - 12 - 3 所示，其中设 t 为规定的标准时刻，用比标准时刻 t 提前 δ ns 的脉冲来代表信息"0"，用比标准时刻 t 滞后 δ ns的脉冲来代表"1"。

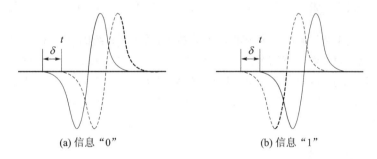

(a) 信息 "0"　　　　　　　　　　　(b) 信息 "1"

图 4 - 12 - 3　PPM 调制方式

很明显，PPM 调制要求收、发双方必须通过某些技术来实现在时间上的严格同步。

为了让多对收、发站点在共享的无线信道中获得自己专用的信道，即实现通信系统的多址，可以让位置偏移量 δ 大小不一，实现在一个相对长的时间帧内的脉冲串按位置偏移量进行处理，即跳时多址(THMA)。

上面针对一个发送方，其位置偏移量 δ 是固定不变的。为了进一步提高安全性，还可以采用码分多址(CDMA)技术，利用伪随机码和变化的时间偏移量 δ 来区分不同的发送方，接收方只有用同样的编码序列才能正确地接收。图 4 - 12 - 4 显示了伪随机时间调制编码后的脉冲序列。处理后的空间信号接近与白噪声频谱。

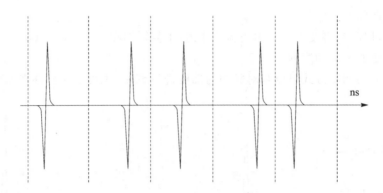

图 4-12-4　伪随机时间调制

UWB 系统接收端的部件称为相关器（Correlator），接收过程只发生在脉冲持续时间内，间歇期则没有，一般在不到 1 ns 的时间内完成。

脉冲无线电的特点还包括：

➤ 低耗能：脉冲无线电通信过程中所发出的是瞬间尖波电波，发送 0 或 1 脉冲信号后直接送至天线发射，耗能少。而常规的无线通信技术在通信时需要连续发出载波，耗能较大。

➤ 低成本：脉冲无线电只需要一种数字方式来产生脉冲，不再需要复杂的射频转换电路和调制电路，其收发电路成本低。

12.3　多频带 OFDM

12.3.1　概　述

WiMedia 联盟的 UWB 采用了多频带 OFDM 技术，后面所介绍的蓝牙 3.0 就集成了这项技术。基于这种方案的标准为 ECMA-368 和 ECMA-369。ECMA-368 标准定义了基于 MB-OFDM 的 PHY 层和全分布式的 MAC 层，采用 3.1～10.6 GHz 的 UWB 频谱，规定支持至少 53.3 Mbps、106.7 Mbps 和 200 Mbps 的数据速率；ECMA-369 则规定了 PHY 与 MAC 之间的接口规范。

12.3.2　物理层

不同于前面讲述的脉冲无线电实现机制，多频带 OFDM 需要载波的支持。多频带 OFDM 实际上是一种多载波调制（MCM）技术。

多频带 OFDM 将可用的频带划分为 N 个子带，每个子带的宽度不小于 500 MHz，每个子带都有自己的载波。

发送数据前，多频带 OFDM 把串行的数据流变换为 N 路速率较低的并行子数据流，用它们分别去调制 N 路子载波后并行传输，即在空间内同时发送多个不同频带的信号。因为子数据流的速率是原来的 $1/N$，所以可以把脉冲干扰的影响分散到多个并行传输的信号上，使其相对强度减弱，因而对脉冲噪声具有很强的抵抗力，特别适合于高速无线数据传输。

多频带 OFDM 选择时域相互正交的子载波，它们虽然在频域相互混叠，却仍能在接收端被分离出来,因此具有更高的频谱利用率。

另外,由于多频带 OFDM 是一种多载波调制技术,所以,虽然多频带 OFDM 采用了多个载波,但是仍然把它考虑为基带传输技术。

在 ECMA－368 标准的物理层,将 3.1～10.6 GHz 的宽度分割成 14 个宽度为 528 MHz 的频带,528 MHz 的频带被分成 128 个子载波,传输的信息被分配到这 128 个子载波上,信道的最高速率为 480 Mbps。

由于子载波分布在 528 MHz 的较大带宽范围,因此支持非常低的发射功率——37 μW (WLAN 允许的发射功耗超过了 300 mW)。尽管发射功率只有 37 μW,但其传输距离可以达到 10 m,并可以穿过一堵 25 cm 厚的砖墙。

12.3.3 MAC 层

ECMA－368 标准中定义的 MAC 服务主要包括基于竞争的区分优先级信道访问机制、调度帧传输和接收的设备功率管理、基于预留的分布式信道访问机制、测量两个设备间距离的机制等。

ECMA－368 是按照超帧的形式发送数据的。超帧是周期性的时间间隔,用来协调设备之间的帧传输,它由信标期和数据期组成。

超帧长度为 65 536 μs,由 256 个媒体访问时隙(Medium Access Slots,MAS)组成,每个 MAS 的长度为 256 μs,如图 4－12－5 所示。

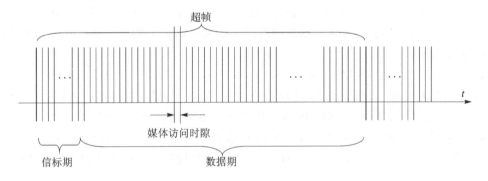

图 4－12－5 超帧示意图

每个超帧都是由信标期(Beacon Period,BP)开始的,超帧开始的时刻被称为 BPST。信标期占用一个或者多个 MAS(最多 96 个),它是定时同步的基础。其中前 2 个信标时隙作为信令时隙,用于扩展邻居的 BP 长度。处于活跃状态的设备能够在 BP 发送信标,并且在每个超帧的所有信标时隙中侦听邻居的信标。

导致 BP 长度变化的情况大致有如下两种:

➢ 信标群合并。不同 BPST 的信标群可能进入彼此的范围,无论 BP 是否重叠,只要收到外来信标,均需进行合并操作。所有群内的设备通过合并构成一个大群,基于相同的 BPST,在同一个 BP 内发送自己的信标。

➢ BP 内部调整。若某设备的信标在一定时间内未被收到,便被认为退出了邻居群,其信标时隙也被视为空闲,标号靠后的设备时隙可以按照规则向前调整,实现整个 BP 的收缩。设备频繁地进出信标群都可能引发 BP 内信标时隙的调整。

设备通过信标可实现以下主要功能：

- 设备周期性地广播发送信标，向信标群中的其他设备宣布自己的存在，并告知其当前状态。
- 实现网络定时，信标群中的BPST是相同的，被作为信标合并和调整的定时基础及设备的同步，只有同步的设备间，才能传输业务。
- 与信标群中的其他设备交换管理和控制信息，获取邻居设备的通信需求，并且利用信标回应。
- 承载DP期内接入信道的预留资源信息，协商数据帧的收发规则。设备群通过信标共同遵守媒介的占用秩序，实现信道共享，避免冲突。

紧跟信标期后的是数据期（Data Period，DP），用于发送信标帧之外的其他帧，如数据帧、命令帧和控制帧。DP内的帧传输有两种方式，DRP方式和PCA方式。

DRP方式指设备间以完全分布的方式进行协商，并实现预留带宽的机制。过程如下：

① 源设备发送预留请求。源设备根据自身业务情况和MAS的使用情况，在BP属于自己的MAS中，填写并发送预留请求，主要是说明希望预留DP的MAS。

② 目的设备回复请求。目的设备收到预留请求后，分析超帧并判断MAS忙闲情况，判断接受还是拒绝，并发送预留响应。

③ 预留宣布。协商成功后，将宣布所预留的信道资源。其他设备获悉后，就不再尝试占用，保证源设备和目的设备独占所预留的MAS资源。

PCA方式是一种区分业务优先级的载波侦听/冲突避免（CSMA/CA）机制，其基本思想是：针对待发送帧的优先级，设备根据不同的竞争参数决定相应的发送概率和退避算法，通过公平竞争访问媒体。

如图4-12-6所示，规定了AC-VO（Voice）、AC-VI（Video）、AC-BE（Best Effort）从高到低的三类优先级，不同优先级的设备在竞争媒体时，侦听到信道空闲后的等待时间（AIFS）不同。高优先级（AC-VO）的帧在侦听到信道空闲后，等待时间最短，得以提前进入竞争窗口；而低优先级（AC-BE）的帧在侦听到信道空闲后，等待时间最长，错后进入竞争窗口。进入竞争窗口后，大家都是随机选择一个等待时间（设置退避时间计数器），谁的退避时间计数器最先到，谁先发送数据。

很明显，优先级高的帧能够优先参与竞争，并获取发送机会。

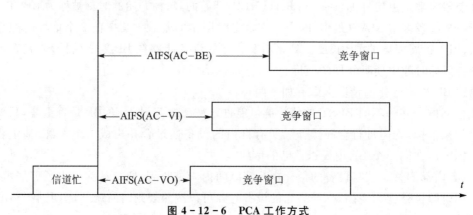

图4-12-6 PCA工作方式

第 13 章　IrDA 红外连接技术

13.1　概　述

在光谱中,波长在 0.76~400 μm 范围内的光线称为红外线,属于不可见光线,所有物体都可以产生红外线。利用红外线也可以进行通信。

在红外通信技术发展的早期,存在着若干红外通信标准,不同标准之间的红外设备不能进行相互通信。为了使各种红外设备能够互联互通,由 HP、Compaq、Intel 等 20 多家公司于 1993 年成立了 IrDA(Infra red Data Association,红外数据组织),致力于建立无线红外通信的世界标准。

红外技术是一种利用近红外线进行点对点通信的技术,主要目的是取代线缆连接进行无线数据传输。

1994 年 IrDA 1.0 发布,又称为 SIR(Serial InfraRed),是一种异步、半双工的红外通信方式,在 1 m 范围内最高数据速率只有 115.2 kbps。1996 年,发布了 IrDA 1.1 协议,最高数据传输率可达 4 Mbps。之后推出的 VFIR(Very Fast InfraRed)技术最高数据传输率可达 16 Mbps,接收角扩大为 120°,被补充纳入到 IrDA1.1 标准之中。Gbps 的红外传输技术也已经实现。采用 IrDA 技术的产品正在快速增长。

因为 IrDA 通信技术在通信距离上有限,所以 IrDA 被认为是无线个人网(WPAN)的实现技术之一。

图 4-13-1 展示了一个典型的红外通信系统构成。

发送端将基带二进制信号调制为一系列的脉冲串信号,通过红外发射管向无线信道发射红外信号。接收端将接收到的光脉冲转换成电信号,再经过放大、滤波等处理后送给解调电路进行解调,还原为二进制数字信号。

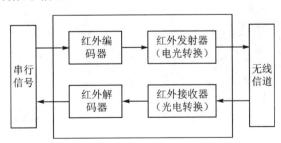

图 4-13-1　红外通信系统

其中,红外编/解码器进行串行信号和 IrDA 编码之间的转换,发送器(Transmitter)将调制后携带信息的红外信号发送出去,接收器利用光学装置和红外探测器对红外信号进行感知接收。

IrDA 的通信一般需要 4 个过程:

① 设备搜索,搜寻在红外线通信距离和空间内可能存在的设备。

② 建立连接,选择合适的数据传送对象,协商双方都可以支持的最佳通信参数,并且建立连接。

③ 数据交换,用协商好的参数进行稳定可靠的数据交换。

④ 断开连接,数据传送完成之后关闭连接,并且返回到正常断开模式状态,等待新的连接。

当前,IrDA 技术的软、硬件技术都已经比较成熟,广泛用于家电的遥控器,很多 PDA 及手机、笔记本电脑、打印机等产品也都开始支持 IrDA。

IrDA 的主要优点是采用红外信道,无需申请频率的使用权,因而红外通信成本低廉。并且 IrDA 还具有移动通信所需的体积小、功耗低、连接方便、简单易用的特点。此外,红外线不受无线电干扰,发射角度较小,传输上安全性高。红外线被证明是对人体有益的光线,所以 IrDA 没有有害辐射。

IrDA 的不足在于,它是一种视距传输技术,而且要求相互通信的两个设备之间必须对准,这就限制了通信过程中的移动性。另外,通信双方之间不能被其他物体所阻隔,无法灵活地组成网络。最后,IrDA 的核心设备,红外 LED 不是十分耐用,对通信的可靠性有一定的影响。

【案例 13 - 1】 基于 IrDA 标准的矿用本安型压力数据监测系统

图 4 - 13 - 2 展示了杭州电子科技大学开发的基于 IrDA 标准的矿用本安型压力数据监测系统。其中本安型压力探测器安放在矿井中,进行压力等矿井环境要素的检测;工作人员手持矿用本安型压力数据采集通信设备,在矿井下对数据进行采集;工作人员返回到地面后,采集通信设备靠近综合监测设备传输接口,并和后者通过 IrDA 进行数据通信,由后者完成数据的收集,通过串口发给后台计算机。后台计算机可以根据收集到的数据进行各种分析。

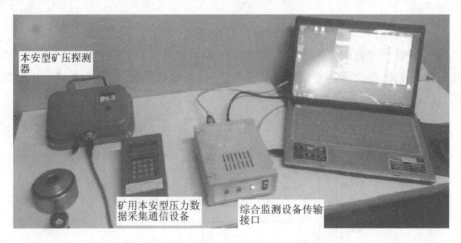

图 4 - 13 - 2 矿用本安型压力数据监测系统

13.2 IrDA 协议栈

IrDA 的通信协议栈由物理层、红外链路接入层和红外链路管理层三个基本层协议所组成,其上架构了一些高层协议,如图 4 - 13 - 3 所示。其中,红外链路接入层和红外链路管理层可以划归为 ISO/OSI 的数据链路层。

1. 物理层协议

IrDA 规定，所用红外波长在 $0.85\sim0.90$ pm（1 pm＝10^{-12} m）之间。

IrDA 物理层（不包括 VFIR）定义了 4 Mbps 以下速率的半双工连接标准。在 IrDA 物理层中，将数据通信按发送速率分为三类：

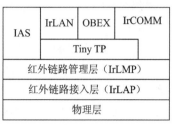

图 4 - 13 - 3　IrDA 通信协议栈

> SIR（Serial InfraRed，串行红外），速率覆盖了 RS - 232 端口通常所支持的速率（9 600 bps～1 152 kbps），传输角度为 30°。

> MIR（Mid - InfraRed，中速红外），可支持 0.576 Mbps 和 1.152 Mbps 的速率。

> FIR（Fast InfraRed，高速红外），通常用于 4 Mbps 的速率。

其中，4 Mbps 连接使用的是 4PPM（Pulse Position Modulation，脉冲位置调制）编码。该调制技术具有编码简单、能量传输效率高的优点。

表 13 - 1　4PPM 编码

输入码元	输出码元
0 0	1 0 0 0
0 1	0 1 0 0
1 0	0 0 1 0
1 1	0 0 0 1

4PPM 的原理是将需要被编码的二进制数据流按每两位进行分组，形成一个数据码元组，并根据表 13 - 1 的对应关系，将码元组转换为 4 个时隙（chip）序列，其中 1 代表该时隙有红外光脉冲，0 代表该时隙没有红外光脉冲。

接收方需要和发送方进行时隙的同步，以 4 个时隙作为一个接收单元，依据光脉冲在时间上的位置来接收并解析数据。

2. 红外链路接入协议（IrLAP）

IrLAP 是 lrDA 协议栈的核心协议之一，是从高级数据链路控制（HDLC）协议演化而来的，是半双工、面向连接的协议。

IrLAP 使用了 HDLC 中定义的标准帧类型，定义了链路初始化、设备地址发现、建立连接、数据交换、切断连接、链路关闭以及地址冲突解决等操作过程。

IrLAP 在通信过程中使用两类地址：

> 设备地址：32 位地址，用于唯一地标识 IrLAP 实体。

> 连接地址：7 位地址，用于唯一地标识一个从设备。

其中，IrLAP 初始化的时候，由设备随机地选择一个作为设备地址，如果发现冲突则进行更改（地址冲突解决）。连接地址是用在 NRM（Normal Response Mode，即正常工作情况）模式下的，是由主设备分配的，当建立一个新连接的时候，主设备将随机产生该地址（与已有连接地址不能冲突）并分配给从设备。

根据这两个地址，IrLAP 将分别产生对应的句柄（Handle）给自己的高层使用。

3. 红外链路管理协议（IrLMP）

IrLMP 主要用于管理 IrLAP 所提供的连接，评估设备上的服务，并管理相关参数（如数据速率、连接转向时间等）的协调、数据的纠错等。从而实现在一个 IrLAP 链路上的多路复用。

4. 高层协议

高层协议是 IrDA 可选项,为基于 IrDA 开发各种应用提供更好的支持。

流传输协议(Tiny Transport Protocol,Tiny TP)在传输数据时进行流控制,负责数据的拆分、重组、重传等机制。虽然作为可选协议,但该协议在许多情况下都是应该实现的,具有重要的作用。

IAS 属于应用层协议,相当于设备的黄页,所有操作和应用都包含在 IAS 中。

红外对象交换协议(IrOBEX)制定了文件和其他数据对象传输时的数据格式。

红外模拟串口层协议(IrCOMM)将红外通信封装为串口通信接口,允许那些已经存在的、使用串口通信的应用程序,依然像使用串口一样使用红外通信。

红外局域网访问协议(IrLAN),当设备之间以红外方式进行组网时,IrLAN 能够为网内这些设备之间的通信提供支持。

13.3 IrLAP 工作原理

1. IrLAP 工作过程

IrLAP 采用半双工的传输模式,通信过程中分为主设备和从设备两个角色,进行一问一答的工作模式。

➤ 主设备负责组织数据的传输,通信过程中只有一个主设备。

➤ 从设备接受主设备的调度,配合完成数据的传输。

IrLAP 的工作过程如下:

① 在通信前,IrLAP 需要采用协商机制来确定一个设备为主设备(Primary),其他设备为从设备(Secondary)。

② 主设备首先探测它的可视范围,搜寻所有从设备,然后从那些对它进行响应的设备中选择一个作为从设备。

③ 主从设备建立起连接,在建立连接的过程中,两个设备彼此协调,按照它们共同的最高通信能力确定最后的通信速率(寻找和协调的过程中,双方都是在 9.6 kbps 的速率下进行的)。

④ 组织发送数据,并进行数据流控制。

在整个过程中,数据连接(Link Channel)可以处于以下两个状态之一:

➤ 连接(Connection)状态:两个或多个节点共享一个连接,并在其上根据调度传输控制/信息帧。

➤ 非连接/竞争(Contention)状态:非连接状态,包括地址发现、地址冲突处理和连接建立等阶段的状态。

IrLAP 的工作过程如图 4-13-4 所示。

2. 地址发现过程

IrLAP 设备初始化时,设备需要随机地选择一个 32 位的设备地址。地址发现过程是 IrDA 设备用来搜索在其可视范围是否存在其他设备的过程,可以用来确定其他设备的地址以及其他关键属性。

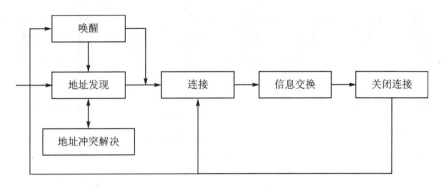

图 4 - 13 - 4　IrLAP 的工作过程

在地址发现过程中,主导设备发现过程的设备称为初始者(Initiator),而回应这个过程的称为响应者(Responders)。

地址发现过程包括以下几个步骤:

① 初始者广播一个发现命令帧(XID),发现命令帧设定这个过程使用 n 个时隙,并意味着时隙 0 的开始。

② 收到发现命令帧的所有节点自动成为响应者。每个响应者产生一个随机数 $k(0 \leqslant k \leqslant n-1)$。

➤ 如果 $k=0$,则响应者立即发送一个应答帧(包括自己随机选择的设备地址)。

➤ 否则,响应者等待。

③ 初始者为每一个时隙 $i(0 \leqslant i \leqslant n-1)$ 安排一次发现过程,发送包含 i 的发现命令帧 XID[i]。如果 $i=n-1$,则初始者将在随后一个时隙发送一个 XID[FF],表示整个发现过程的结束。

④ 响应者接到 XID[i]后,对比 i 和自己所选择的随机数 k,如果相等,则发送自己的相应(包括自己随机选择的设备地址),否则继续等待。转向③。

⑤ 发现过程结束后,初始者在发现日志中登记它所收到的、所有的发现帧的响应。然后,初始者检查,是否存在不同响应者具有相同的地址,如果存在重复的地址,将采用地址冲突处理过程来解决。

图 4 - 13 - 5 展示了地址发现过程的一个例子,其中"⊢"表示发送帧的过程。

① A 作为初始者,设置时隙 $n=8$,广播 XID 帧,启动发现过程。

② B、C、D 作为响应者,在发现过程开始时,分别选择了 2、6、4 为自己的时隙。

③ 前两个时隙轮空。

④ B 在 A 发出 XID[2]后,在时隙 2 内向 A 发出响应。

⑤ D 在 A 发出 XID[4]后,在时隙 4 内向 A 发出响应。

⑥ C 在 A 发出 XID[6]后,在时隙 6 内向 A 发出响应。

这样,通过随机数,在发现过程中,将不同响应者的响应过程进行了分散,减少了冲突的可能性。

3. 地址冲突解决过程

初始时,IrLAP 设备需要随机选择一个 32 位的设备地址,但是有可能存在两个或多个设备选择了相同地址的情况,这时,使用地址冲突解决过程来排除这个问题,从而使这些设备选

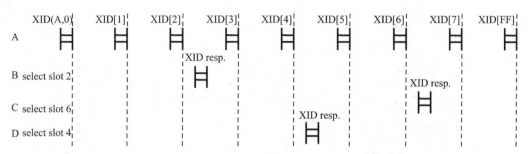

图 4 - 13 - 5   发现过程举例

择新的地址,避免冲突。

地址冲突解决过程同前面的地址发现过程十分相似,但是参与的对象仅涉及到那些有地址冲突的设备。

① 初始者发现有地址冲突时,在第一步,多播 XID(设置时隙数为 S)给地址冲突设备(地址发现过程是广播给所有设备)。

② 存在地址冲突的设备,分别选择一个新的地址,以及一个新的响应时隙 k ($0 \leqslant k \leqslant S-1$)。

③ 和地址发现过程类似,地址存在冲突的设备在时隙数=k 的时隙内进行响应。

④ 如果仍有冲突,反复进行此过程。

地址冲突解决过程的例子如图 4 - 13 - 6 所示。

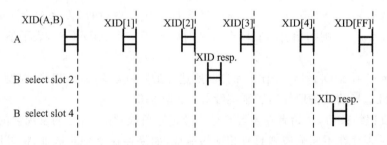

图 4 - 13 - 6   地址冲突解决过程举例

有两个节点在地址发现过程中选择了地址 B,产生了冲突。在地址冲突解决过程中,两个节点重新选择新的地址和时隙,其中一个节点选择在时隙 2 进行应答,另一个选择在时隙 4 进行应答。

4. 建立连接

一旦地址发现过程和地址冲突解决过程完成后,设备将不再具有冲突的地址。这时,应用层就可以获知有那些被发现的设备,以及根据需要连接到哪一个设备。

IrLAP 层通过发送设置正常响应模式(Set Normal Response Mode,SNRM)帧来连接远程设备。如果远程设备能接受连接请求,启动协商的过程,来确定双方都能够接受的通信参数。如果远程设备不接受,则返回 DM 帧进行拒绝。

5. 信息交换

信息交换过程中,设备利用建立起的 IrLAP 连接进行数据帧的交换。其操作过程是在主从模式下进行的。

主设备负责整个数据传输过程中数据流的控制。主设备发送的帧称为命令帧(Command Frames),主设备发送命令帧给从设备,组织和安排从设备进行数据传输。主设备在数据帧中需要包含从设备的地址,从而使从设备可以根据这个地址判断是否是自己被允许传输数据。

不论主设备是否有数据需要发送,主设备都应该不停地轮询(Poll)从设备,使从设备可以发送数据。

从设备只有在主站和它对话时,才发送数据。从设备传输的数据帧称为应答帧(Response frames),其中需要包含自己的地址,告知主设备是哪一个从设备发送的数据。应答数据帧可以有一个或多个,但是从设备必须明确指出哪一个是最后一帧。

6. 连接断开

一旦数据传输完毕,主设备发送 DISC(Disconnect)命令,或从设备发送 RD(Request Disconnect)命令断开连接。

断开连接的设备,下次可以重新建立连接并发送数据,也可能关闭设备,如果需要再次发送数据,则重新执行地址发现过程。

7. 唤醒过程

唤醒过程(Sniff – Open Procedure)允许一个 IrDA 设备以一种节约能量的方式,发布建立连接的请求。

唤醒过程如下:

① 一个唤醒(Sniffing)设备监听信道,如果监听到其他设备在通信,则继续睡眠。

② 如果没有其他设备在通信,唤醒设备广播一个 XID 响应帧(其目的地址为 FFFFFFFF,不同于其他响应帧)。该帧声明自己希望作为一个从设备,以建立起连接。

③ 设备等待一个短的时间,等待发现命令(XID)或者连接命令(SNRM),如果是发现命令,设备可以进入发现过程并加以响应。

④ 如果没有发给该设备的帧,设备继续睡眠(通常 2～3 s)并重新开始以上过程。

13.4　其他应用协议

1. 红外手机协议 IrMC

定义了可移动通信终端的交换功能,基于 OBEX,可以提供多种数据的交换(如地址簿、日历、电子邮件等),实现手机数据的备份和恢复,完成手机和 PC 间的数据同步等,还可以实现手机和车载设备间的通信。

2. 红外电子结算协议 IrFM(Infrared Financial Messaging)

IrFM 是获得 IrDA 认可的红外付费服务的全球标准,规定了现有信用卡和其他付费系统的兼容标准。

3. IrSimple(InfraRed Simple Connect)

用红外技术实现高速通信,并通过简单和标准化的模块降低开发成本的国际标准。IrSimple可以实现静态图像和视频影像从手机到打印机或电视的瞬时传达。

第14章 水下通信

14.1 概 述

当前,水下通信网的研究飞速发展,采用网络技术对单个、孤立的水下传感器进行网络互连,形成水下传感器网络,可以极大地提高工作的效率和信息获取的范围,从而大大提高对海洋信息的获取和处理能力。水下传感器网络的概念一经提出,就被广泛接受,并在海洋开发、海军建设等方面引起了研究热潮。

在水下,电磁波这种在陆地上常用的无线传输媒介,由于在水中存在着很强的衰减,无法进行远距离传输。例如,长波可穿透水的深度是几米,甚长波穿透水深是 10~20 m,超长波穿透水深是 100~200 m。可以看出,在水下只有超长波的传输距离可以实用,但超长波传输所要求的天线尺寸较大,不太适合于一般的水下通信场合。因此,目前电磁波只适合于低频率、浅深度以及近距离的水下通信。

针对光通信,目前发现蓝绿光在海水中具有较强的穿透深度,可穿透的最大深度可达到600 m。蓝绿光凭借以上优点成为了水下光通信的主要使用波段。采用蓝绿光进行水下通信具有众多优点,如传输容量大,进行传输时数据率较高等。但是由于水下环境对光信号的干扰作用,如折射、全反射、水中浮游生物和杂质粒子对光的散射作用,使得基于光波的水下通信在一定程度上受到了制约。

声波这种物理现象,虽然在其他环境下较少采用它来进行通信,但是在水下却具有独特的优势。在海水里面,要把讲话的信息(声波)传送到远处,和在陆地对话是一样的,仅仅是把空气换成是海水而已。水声通信就是利用声波在水里的传播来实现的。

由于声波在海水中衰减较小,利用声波在海水中进行通信可获得数十公里的通信距离,因此是目前一种有效的水下通信手段。特别是超声波,具有很多优点:有良好的方向性,有较强的穿透能力,容易得到较为集中的能量,再加上在海水中传播时,它的衰减较小,可以进行远距离传播。

水声通信系统的组成如图 4-14-1 所示。

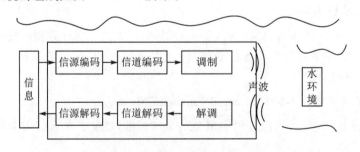

图 4-14-1 水声通信系统

水声通信系统首先将文字、语音、图像等信息转换成串行信号,并由信源编码器和信道编码器将信息编码后,换能器将其转换为声波信号。

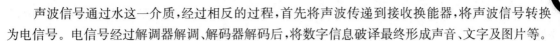

声波信号通过水这一介质,经过相反的过程,首先将声波传递到接收换能器,将声波信号转换为电信号。电信号经过解调器解调、解码器解码后,将数字信息破译最终形成声音、文字及图片等。

最初的水声网络,以点对点的方式进行收、发双方的通信,目前趋势则是将水下设备形成网络(如水下传感器网络),实现更加复杂的功能。

水声通信技术经过几十年的发展,已经达到了实用的水平。但是,水声通信技术,以及由水声通信技术所组成的水声网还面临着一些困难:

> 由于声波的频率范围有限,导致声波通信的可用带宽严重受限。

> 水下声信道的长延时是最主要的问题,水中的声速约为 1 500 m/s,比空气中的光速低了五个数量级,必然导致延迟的大幅增加,这就要求常用的网络算法不得不针对这一特点进行进一步的改进。

> 水下各种噪声较强,严重地影响了水声通信的性能。

水声通信的历史可以追溯到 1914 年,在这一年,水声电报系统的研制成功,可以看作水下通信系统的雏形。美国海军水声实验室于 1945 年研制的水下电话系统,主要用于水下潜艇之间的通信,工作距离可达几公里。

美国从 20 世纪 50 年代建设了大尺寸水声监视系统 SOSUS,在冷战期间的战略反潜中起到了重要的作用。20 世纪 80 年代至 90 年代,美国开始对浅海局域网进行进一步的研究,陆续开发了众多的水下系统。

欧洲也在水声网络方面开展了相关研究。

国外的许多公司积极开展了水下声通信 Modem 的研究,如美国 BENTHOS 公司研制的 AfM800 系列调制解调器,LinkQuset 公司 UWM 系列产品,Newcastle 大学开发的 AM20D 水声调制解调器可直接与计算机串口相连,DSPCOMM 公司开发的水声无线 Modem,美国 WoodSHole 海洋研究所开发的微型 Modem 等。

【案例 14-1】 我国"蛟龙号"深水载人潜水器的水声通信

2012 年 6 月 24 日,我国"蛟龙号"深水载人潜水器第一次潜入 7 000 多米深的海底,并向遨游太空的"神舟九号"航天员送去祝福,与远在北京的国家海洋局相关领导进行了通信。这一切都归功于"蛟龙号"的水声通信系统。

水声通信系统是深水潜水器操作人员与母船沟通的命脉。"蛟龙号"的水声通信机既具有数字通信能力,又具有模拟的语音通信能力。在下潜试验中,海底的潜航员就是通过水声通信机,将水下拍摄到的各种图片实时地传输到母船,与水面上的人们分享漫步海底的一点一滴。

14.2　水声网络

目前,水声网络协议可以分为五层结构,如图 4-14-2 所示。

物理层的功能包括:信道的区分和选择、水声信号的监测、编码/解码、调制/解调等。

数据链路层的主要功能包括:成帧、差错控制和流量控制等。特别是在水下,由于环境影响太大,所以差错控制和流量控制有着非常重要的作用,它使得接收方可以正确接收到信息。

图 4-14-2　水声网络协议栈

水声通信的发展趋势是组网形成网络(包括水下传感器网络),此时路由层是必须涉及到的,路由层的主要任务是路由选择、搜索及维护路由信息等。关于路由技术,可以参考后续的 Ad Hoc 网络及水声传感器网络。

由于水声信号的不可靠性,数据的丢失和差错也在所难免,为了进行可靠的数据传输,传输层也是很有必要的。例如应用于水下环境的传输层协议 SDRT,其基本思想是使用前向纠错码,逐段和逐跳传输经过编码的信息包。

应用层运行指定的应用,完成特定的功能。

14.3　物理层技术

14.3.1　多址技术分析

对于信道资源极端受限的水声通信网,采用适当的多址技术来提高水声网络共享性能显得尤为重要。下面从水声通信网的角度进行一些简单的分析。

频分多址(FDMA)通过对水声信道的可用频带进行划分,给不同的用户分配不同的频带,从而实现多用户对信道的共享。但是由于会导致严重的频率选择性衰落,频分多址在可用频带极其有限的水声通信网中并不合适。

时分多址(TDMA)把发射时间周期划分为时隙,每个时隙分配给一个网络用户。TDMA的主要缺点是需要准确定时,而水声信道中存在着极长的传输时延和强烈的时延抖动,使得在水声通信网中实现准确定时十分困难。

码分多址(CDMA)对不同用户的信号通过伪随机码来进行分辨。对于水声信道,宽带的CDMA 信号使系统具有较强的抗频率选择性衰落,且具有较强的保密性。因此码分多址技术对于水声通信网来说,是一项很有发展前景的多址技术。

14.3.2　水声通信的调制

水声系统可以采用三种基本的数字调制方式:幅移键控(ASK)、频移键控(FSK)和相移键控(PSK)。

1. 幅移键控(ASK)

ASK 又称为振幅键控,就是把载波的频率、相位作为常量,而把振幅作为变量,信息比特是通过载波的幅度来表达的。

最基本的幅移键控是二进制振幅调制(2ASK),2ASK 就是用二电平的数字基带信号去控制正弦载波幅度的变化。例如,当需要调制的数字基带信号为"1"时,传输载波,当调制的数字基带信号为"0"时,不传输载波。如图 4-14-3 所示。

可以把 2ASK 扩展为 MASK(多进制 ASK,一般来讲,$M=2^n$),此时称为 M 进制振幅键控。可以简单地这样理解,载波被调制为 M 种幅度,即通信系统具有 M 种码元,这时可以用一个载波来携带 n 位基带信号。例如,4ASK 如图 4-14-4 所示。

如果令 0 振幅的载波波形(码元)为基带数字"00",1 振幅的载波波形为基带数字"01",2 振幅的载波波形为数字"10",3 振幅的载波波形为数字"11",则一个载波波形可以携带(代表)2 位信息。

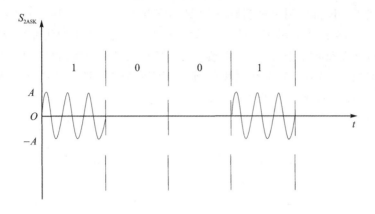

图 4 - 14 - 3　2ASK 调制机制

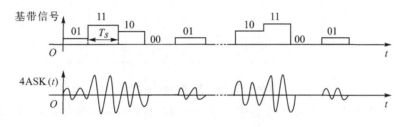

图 4 - 14 - 4　4ASK 调制机制

与二进制调制系统相比,多进制调制系统具有以下两个特点:

➤ 每个码元可以携带 $n = \log_2 M$ 比特信息,因此当信道频带受限时可以使信息传输率增加。当然,这将增加信号功率和实现上的复杂性,以及误码率的增大。

➤ 在相同的数据速率下,多进制方式的信号(码元)传输速率比二进制方式要低,因而多进制信号码元的持续时间比二进制的要宽,可以减小码间干扰。

2. 频移键控(FSK)

频移键控又称为频率调制,FSK 通信系统是用不同的单频信号来表示数字信息,即把载波的振幅和相位作为常量,通过载波频率的改变来表示不同的基带信号。

图 4 - 14 - 5 是二进制频率调制(2FSK)的示例图,其中令频率大的 f_1 波形代表数字"1",频率小的 f_2 波形代表"0"。

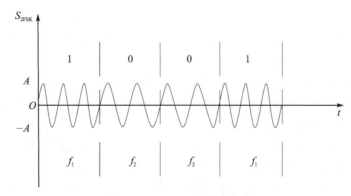

图 4 - 14 - 5　2FSK 调制机制

同样可以把 2FSK 推广到多进制频率调制（MFSK）。如图 4-14-6 展示了 4FSK 的情况，即用 4 种频率的载波来表示不同的 2 位数字。图中用频率为 1 的代表基带数字信号"00"，用频率为 2 的代表基带数字信号"01"，用频率为 3 的代表基带数字信号"10"，用频率为 4 的代表基带数字信号"11"。同样，每个载波波形（码元）可以携带 2（即 $\log_2 4$）个比特。多进制的采用，同样具有了前面 MASK 所指出的特点。

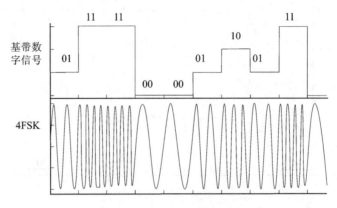

图 4-14-6　4FSK 调制机制

根据水下信道的特性，声波信号的频率成分可以较好地保留在原始信号中，而信号的幅度和相位由于混响的作用会变化很大，因此多进制频移键控调制具有很大的优势。

大多数的水声 FSK 系统还采用了一些技术来减小信号失真，如多频分集技术（同时使用多个单频表示同一信息）以及纠错编码技术。

FSK 非相干系统抗干扰性能好、信号易产生、易解调，目前在水声中、低速数据传输设备中得到广泛使用。一个典型的例子就是美国 Woods Hole 海洋研究中心和 Datasnocis 公司联合研制的水声数据遥测系统，该系统载频为 20～30 kHz，采用 MFSK 调制（共分为 16 个子带，每个子带内采用 4FSK，可以同时获得 64 个传输通道）技术，其最大传输速率为 5 kbps，传输距离 4 km。

3. 相移键控（PSK）

用基带数字信号来控制正弦载波的相位变化，而载波的振幅和频率保持不变，这种调制方式又称为相位调制。

相移键控又可以分为绝对相移键控（PSK）与相对相移键控（DPSK）。

先以二进制相移键控进行介绍。二进制绝对相移键控（2PSK）是用基带二进制数字信号控制载波的两个相位，这两个相位通常相隔 π 弧度，例如用相位 0 和 π 分别表示"1"和"0"。如图 4-14-7 所示。

相对相移键控（DPSK，又称为差分相移键控），是利用前后相邻码元的载波相位是否变化来代表不同的数字信息。在 2DPSK 中，假设前后相邻码元的载波相位差为 Δ，用 $\Delta=0$ 代表基带信号"0"，用 $\Delta=\pi$ 代表基带信号"1"。

如图 4-14-8 所示，假设第一个基带数字 $x(x=0、1)$ 的载波相位为 0；第二个数字是 1，根据上面的规定，数字 1 的载波相位必须不同于前一个波形，则其载波相位为 π；第三个数字仍然为 1，载波相位仍然要不同于第二个波形，于是相位为 0。而第四个数字 0，则保持与前一个波形的相位一致，于是相位为 0。以此类推。

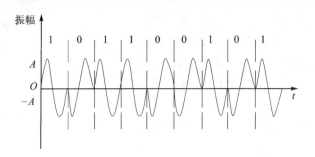

图 4 - 14 - 7　2PSK 调制机制

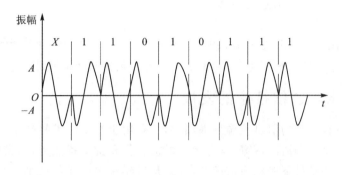

图 4 - 14 - 8　2DPSK 调制机制

可以将前面的 2PSK 推广到多进制相移键控（MPSK，通常 $M=2^n$），即用更多的相位来提升码元携带基带数据的位数。由于相位的增加，同样可以体现出更多形状的载波波形（码元），这样，也具有了前面 MASK 所指出的特点。例如 4PSK 是利用载波 4 个不同的相位来表征数字信息的调制方式。相位可以采用 $0,2/\pi,\pi,3\pi/2$（或者 $\pi/4,3\pi/4,5\pi/4,7\pi/4$），并分别代表数字 00,01,10,11，星座图如图 4 - 14 - 9 所示。

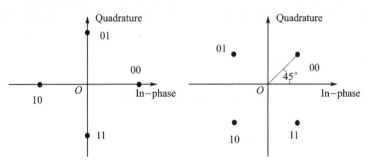

图 4 - 14 - 9　4PSK 调制机制星座图

4PSK 又称为正交相移键控（Quadrature Phase Shift Keying，QPSK）。

相同地，也可以把 2DPSK 推广到 MDPSK，即相位差不止 2 个，而是 M 个。

已投入使用的系统如法国研制的应用于垂直水声信道的水下图像传输系统，该系统实现了 2 km、19.2 kbps 的数据传输，其调制方式为 DPSK，载波频率为 53 kHz。

在其他传输条件良好的通信系统中，还可以把幅移键控、频移键控、相移键控等结合起来，形成混合的、更加复杂的调制方式，组成更多种类的码元，这样，一个码元就可以携带更多的数据位了。

例如图 4 - 14 - 10 中展示了一种结合了幅移键控和相移键控的调制方式，这种调制方式提供了 12 种相位，每一种相位有 1 或 2 种振幅，组合起来一共有 16 种码元状态，即每个码元可以携带 4 位信息。

由奈氏准则可知，信道上的最高码元传输速率（每秒钟传输多少个码元，即波特率 Baud）是受信道的可用频带所限制的。但是，在波特率受限的情况下，一个码元携带的信息位越多，自然数据率也就越高。

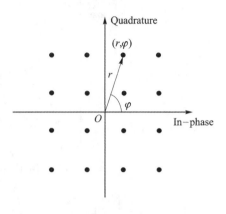

图 4 - 14 - 10　混合调制技术的星座图

但是，不是说码元状态越多越好，若码元状态过多，则在接收端进行信号解调时，正确识别每一种码元状态就越困难。

14.3.3　水声通信技术的发展

扩频技术是一种独特的信息传输技术，起初主要用于军事。扩频技术信号所占用的频带宽度远大于所传信息所必需的带宽，具有优良的抗多径和抗干扰能力，保密性好，加之扩频系统可以在低信噪比的条件下完成通信任务，因此是近年来水声通信技术研究的热点。特别是将扩频技术和 OFDM 技术相结合，是水声通信的重要发展方向。

随着水声通信技术的发展，水下通信采用了一些移动通信中的复杂技术，如多天线（MIMO）技术等。MIMO 是第 4 代移动通信（4G）的核心技术，由于其具有提高信道容量、抗衰落、降低误码率等特点，使其在水下通信具有很好的发展潜力。

水下通信环境异常复杂，为了提高水声通信的纠错性能，水声系统往往采用了各种复杂的信道编码技术。其中 RS 码在早期的水声通信中得到了广泛的应用，但由于纠错性能有限，一度被级联码所代替。随着低密度奇偶校验码（LDPC）码技术的成熟，LDPC 在水声通信中不断得到应用，而随着软迭代译码算法的出现，高密度奇偶校验码（HDPC）和中密度奇偶校验码（MDPC）有望在水声通信中得到应用。

14.4　MAC 层技术

本节主要介绍两个 MAC 层的算法。

14.4.1　MACA

MACA 协议利用 RTS(Request To Send)/CTS(Clear To Send) 交互完成对共享无线介质的检测。

MACA 的工作过程如下（如图 4 - 14 - 11 所示）：

① 发送节点向接收节点发送 RTS 请求，请求发送数据（即告知相关节点，发送方需要占用信道）。RTS 帧中包含了将要发送的报文的长度（即占用信道的时间）。

② 接收节点收到 RTS 之后，回复一个 CTS 确认传输分组。CTS 帧也包括了通信所需要的持续时间。

③ 收到 RTS/CTS 信号（收发此 RTS/CTS 信号的站点为 A 和 B）的其他站点（设为 C）应根据 RTS/CTS 信号调整自己的行为。

> 如果 C 想要和 A 或 B 通信，则延迟发送，避免干扰 A 和 B 的通信，延迟时间来自于 RTS/CTS 信号。

> 如果 C 不与 A 和 B 通信，则可以继续自己的通信过程。

④ 发送节点只有在收到 CTS 帧之后，才能开始发送数据帧信息。如果发送节点收不到 CTS 帧，说明发生了碰撞，发送节点执行二进制指数退避算法，延迟重发 RTS 帧。

二进制指数退避算法的一个重要思想是，发生碰撞的站点在停止发送数据后，不是立即重新发送数据，而是推迟一个随机时间后再发送，并且使重发的数据的优先级按重发次数的增加而降低。

二进制指数退避算法如下：

① 确定一个基本退避时间，称为争用期 r，通常取端到端的往返时延。

② 定义参数 n 表示重传次数。一个站成功发送帧后，n 重置为 0。此后，每次监测到碰撞时，n 加 1，一般不超过 10。

③ 从整数集 $\{0,1,\cdots,\text{random}(2^n-1)\}$ 中随机选择一个数 m。下次重传所需推迟的时间就是 $m \times r$。

④ 当 n 大于规定的次数（比如 10），如果仍不能发送成功，则放弃传输该帧。

传统的 MACA 协议中，如果一次不成功，发送站将不断尝试发送 RTS 帧，在经历 K 次重传后如果仍然失败，则将数据丢弃，如图 4-14-12(a)所示，这样浪费较大。

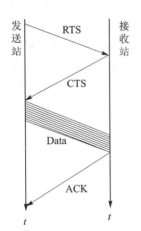

图 4-14-11　MACA 正常工作过程

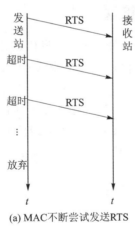

(a) MAC 不断尝试发送 RTS

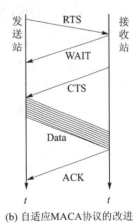

(b) 自适应 MACA 协议的改进

图 4-14-12　自适应的 MACA 协议工作原理

自适应的 MACA 协议进行了改进，增加了一个 WAIT 帧，当接收站状态繁忙而无法接收新的数据帧时，为了避免发送站反复发送 RTS 请求，接收站给发送站发送一个 WAIT 帧，示意它进行等待，如图 4-14-12(b)所示。

但是这种自适应的 MACA 协议可能会造成死锁现象。如图 4-14-13 所示，由于节点 A 和节点 B 都要求发送数据，并发出 RTS 请求，由于自己"忙"，对于对方的 RTS，发出了 WAIT 响应，于是双方都不能发送数据了。这种死锁的情况，对于水声网络这种延迟很大的情况来说，发生的概率更大了。

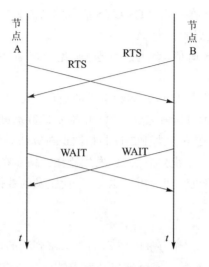

图 4 - 14 - 13　死锁现象

MACA 协议可以作为水下网络接入协议的基础。由于采用了 RTS/CTS 机制,它能在一定程度上减少碰撞的发生,还可以在一定程度上解决隐藏站和暴露站的问题。但由于采用了 RTS/CTS 机制预约信道,在降低了数据冲突的同时也降低了网络信息的吞吐量,增加了端到端时延。

MACAW、PCTMACAW、UMACA 等协议都是在 MACA 协议的基础上改进而来的。

14.4.2　DBTMA 算法

DBTMA 是一种基于双信道的协议,它将信道分为两个子信道:数据信道(图 4 - 14 - 14 中的实线)和控制信道(图 4 - 14 - 14 中的虚线)。数据信道用于传输数据报文,控制信道用于传输控制报文(RTS/CTS)。

另外,DBTMA 算法在控制信道上还增加了具有一定频带相隔的忙音信号:

➤ BTr(接收忙):用来指示某节点正在无线信道上接收数据。

➤ BTt(发送忙):用来指示某节点正在无线信道上发送数据。

DBTMA 的工作过程如下:

① 当发送节点需要发送数据时,检测 BTr 是否为忙。

➤ 若不忙,说明发送节点附近没有其他节点在接收数据,本次发送过程是安全的,则发送节点在控制信道发送 RTS。发送节点在发送 RTS 之后,启动定时器并等待 CTS。在这里,发送节点(设为 A)不需要检测 BTt,因为 A 的发送不会影响到其他节点(设为 B)的发送过程(A 没有收到 B 的接收方 C 所发出的 BTr,说明 A 不会影响到 C),A 和 B 各发各的。

➤ 若忙,发送节点进行退避。

② 接收节点在收到 RTS 之后,检测 BTt 是否为忙。

若不忙,说明接收节点附近没有其他节点在发送数据,本次接收是安全的,则接收节点在发送 CTS 分组的同时,发送 BTr,告知附近的节点,自己开始接收数据。接收节点启动定时器并等待发送节点发送数据。

在这里,接收节点(设为 D)不必检测 BTr,因为其他节点(如 C)的接收不会影响 D 的接收过程(D 没有收到 B 的 BTt,说明 B 不会影响到 D),D 和 C 各收各自的。

③ 发送节点收到 CTS 之后,发送 BTt 忙音,告知附近的节点,自己要开始发送数据了,并且开始发送数据。

④ 发送节点数据发送完毕后,关闭发送忙音。

⑥ 接收节点接收完成之后,关闭接收忙音。

在两个节点通信期间,所有收到 BTr 信号的其他节点必须延迟数据的发送,所有收到 BTt 的其他节点不能接收数据。

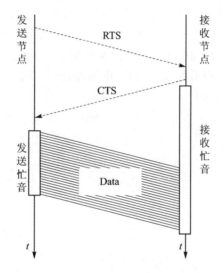

图 4 - 14 - 14　DBTMA 的控制过程

第五部分 末端网通信技术
——Ad Hoc 网络通信技术

本部分开始介绍末端网的 Ad Hoc 网络通信部分。

Ad Hoc 网络是近些年来迅速发展起来的一类通信技术,因为它所适用的场景非常适合于物联网环境,给物联网的实施带来了极大的便利,因此是物联网通信的重要技术。

这一部分工作内容主要包含在 ISO/OSI 的网络层内。而底层的物理层和数据链路层,可以有不同的选择,如前一部分所讲的激光通信、电磁波通信、声波通信等,甚至可以是后面章节介绍的 802.11 无线局域网。

第 15 章　Ad Hoc 的概念

前面介绍了末端网的有线通信技术和无线底层通信技术,这些技术在某些特殊环境下,可能无法直接接入互联网,为此,可以引入 Ad Hoc 网络来完成。

本章主要介绍 Ad Hoc 网络的概念和相关技术。在随后的章节中,逐一对典型的若干 Ad Hoc 网络进行介绍。

15.1　Ad Hoc 的概述

随着物联网的不断发展,必将在更多高危、偏远场合得到应用,例如,在广袤的大草原对野生动物进行监测,对地震灾区(各种通信设施已被毁坏)、地下坑道、在敌占区进行侦察等。因为此时传统的通信技术可能无法做到经济有效、安全地进行连接,这时,可临时、快速自动组网的移动通信技术——移动自组织网络(Mobile Ad Hoc Network,MANET、Ad Hoc 网、自组网)必将得到更广泛的应用。

Ad Hoc 网络是一种多跳的临时性自治系统,它的原型是美国早在 1968 年建立的 ALOHA网络和 1973 年提出的 PR(Packet Radio)网络。ALOHA 是一种单跳网络,直到 PR 网络出现,才真正地出现了自组织的思想。如很多技术一样,PR 网络最初被广泛应用于军事领域。IEEE 开发 802.11 标准时,将 PR 网络改名为 Ad Hoc 网络。

所谓的自组织网络,从字面上讲,是指网络中的节点可以自行组织成为一个网络。传统意义上的自组织网络没有接入点,没有固定的路由器。网络中的节点最初都是一些处于平等地位的移动站,可以随意地移动,**这些节点既要进行一定的数据处理,又要充当路由器,转发其他节点的数据。**节点间以单跳或者多跳的方式相互通信。

一般需要多跳通信主要是因为以下一些原因:

> 为了完成数据的通信:节点无法通过单跳完成与目的节点的通信,需要借助其他节点的帮助,才能完成通信的目的。

> 为了节省能量:节点的能量消耗是与通信半径的 3 次方成正比的,所以,为了延长网络的寿命,网络被设计为宁可多经过一些节点,也要人为地将通信半径缩小,从而在各个节点间均衡能量的使用。

有些节点在通信过程中,被要求是随时满足移动性的,例如在地震灾区,通信设施可能是由人来携带的。由于节点是可以移动的,必然导致网络拓扑经常会产生变化,路由信息也会不太稳定,所以这种网络必然是一种不断临时组建的网络。

自组织网络中的节点应该做到以下几点:

> 自发现(Self-Discovering):网络节点能够适应网络的动态变化、快速检测其他节点的存在。

> 自配置(Self-Configuring):网络节点通过一定的分布式算法来协调彼此的行为,确定各自的角色、作用等,无需人工干预。

> 自组织(Self-Organizing):可以在任何时刻、任何地点快速地展开、发现、配置,并形

成一个可以通信的网络系统。

> 自愈(Self - Healing)：由于网络的分布式特征、节点间路径的冗余性、路由的动态性，使得一条路径上的节点坏掉之后，可以安排其他路径继续传输，因此，Ad Hoc 网一般不存在单点故障，即一个节点的故障通常不会影响整个网络的运行，具有较强的抗毁性和健壮性。

传统的 Ad Hoc 网络最初的应用环境是战场上士兵之间的相互通信，图 5 - 15 - 1 展示了其工作情况，士兵 A 向士兵 E 通告敌情等信息。

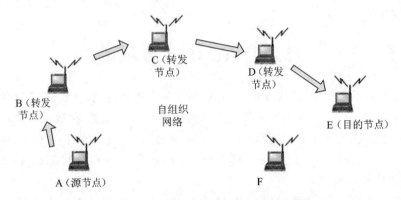

图 5 - 15 - 1　Ad Hoc 网络的示意图

15.2　自组织网的演化

目前，根据应用场合的不同，自组织网络不断演化，衍生了如下几个特殊类型的自组织网络：无线传感器网络(Wireless Sensor Network，WSN)、无线 Mesh 网络(Wireless Mesh Network，WMN)、机会网络(Opportunistic Network)等。它们与图 5 - 15 - 1 所演示的自组织网络有着一定的区别，但是都拥有本质的特点——自组织性。

1. 无线传感器网络(WSN)

针对 WSN，假设其中的节点是那种简单、低廉的处理单元，能量供应以小型电池为主，所以，相较于传统的 Ad Hoc 网络，WSN 对能量的消耗要求需要严格控制。

另外，WSN 的节点，一般采用随机布置和人工布置方式，不必强调像传统 Ad Hoc 网络节点那样频繁地移动。

特别的，为了将感知的数据传入互联网，一般 WSN 都会要求有一个汇聚节点(Sink、接入节点、基站)，将数据进行转换后，发入互联网。

2. 无线 Mesh 网络(WMN)

WMN 的主要作用是用来延伸用户的接入距离，在 WMN 中，只有少量的节点(称为网关 Gateway)可以有线连接到互联网，其他节点只是负责将数据中转给这些网关。对 WMN 形象的描述是，用多个节点来多跳、接力地完成用户数据的接入。这点明显不同于 Wi-Fi 网和传统蜂窝网，它们都是所谓的单跳网络，用户数据传给基站后，基站通过有线网络直接转发给互联网。在 4G 中，也采纳了 WMN 技术。

WMN 中，能量不是考虑的重点，而且节点一旦布置完毕，基本不动。

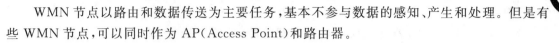

WMN 节点以路由和数据传送为主要任务,基本不参与数据的感知、产生和处理。但是有些 WMN 节点,可以同时作为 AP(Access Point)和路由器。

正是由于 WMN 网络的特殊出发点,本书将 WMN 网络归纳为接入网的环节,而不是末端网的环节。

3. 机会网络

机会网络假定在一些实际应用环境中(如观测野生动物迁徙习惯的应用),因为节点移动、网络稀疏或信号衰减等各种原因,可能会导致网络节点之间在大部分时间内无法互通。而传统的自组织网络传输模式要求通信源和目的节点之间至少应存在一条完整的路径,因而无法在这一类场景中运行。

机会网络利用节点(如野生动物携带的设备)移动形成的通信机会(随机的,而不是必然的),将信息在节点之间(如观测设备)逐跳传输,寻找机会发给目的节点。

机会网络的工作模式:存储—携带移动—转发。

自组织网络是物联网的重要技术之一,后面将更详细地讲述以上自组织网络。特别是 WSN 技术,被认为是物联网的前身,具有更加重要的地位。

这些网络的研究核心为网络层,有着与互联网截然不同的路由算法。也有学者开始对传输层进行研究。

需要指出的是,同一类型的自组织网络,底层可以通过不同的数据链路层、物理层协议来实现,例如可以在 IEEE 802.15 系列、IEEE 802.11 系列(Wi-Fi)等数据链路层协议中选取一种。当然,这需要根据具体情况来进行选型,例如无线传感器网络,对低能量消耗有着较高的要求,一般认为采用 802.15.4(ZigBee)技术较为合适。特别的,在水下传感器网络中,则只能采用声波通信。而对于另外一些应用,能量则不是考虑的因素,可以采用速率较高的链路层协议,如 IEEE 802.11 系列。当然,不同的网络也可以采用相同的数据链路层协议。

15.3　自组织网的体系结构

1. 物理层

物理层的相关介绍详见第 11 章。

2. 数据链路层

自组网的 MAC 协议和第 11 章中的介绍有不同,特别是针对 WSN 的 MAC 协议,考虑了节能的特殊要求。

S-MAC 协议是较早的、基于竞争的 MAC 协议,可以应用在 WSN 中。S-MAC 协议的基本思想是:节点周期性地睡眠以减少空闲侦听时间(节省能量),苏醒后继续侦听信道,并且节点会根据监听结果判断是否需要接收或发送数据;为了避免冲突和串音,协议采用了与 802.11 类似的载波侦听机制以及 RTS/CTS 通告机制,并在报文中加上了数据传输剩余时间等信息。

在 S-MAC 协议之后,很多基于竞争的、追求减少能耗的自组织网 MAC 协议都采用了周期性睡眠这一思想并加以改进,希望通过各种方法减少节点的空闲侦听时间,从而降低能耗,比如 T-MAC、P-MAC、B-MAC、Wise-MAC、X-MAC、PCSMAC、TEEM 和 TEA-

MAC 等。

针对时分多址方式,若是全局计算并分配时隙,计算量较大,能耗较高,因此很多基于 TDMA 的协议利用分簇的结构(即将节点分组),将时隙计算和分配的任务交给簇头节点,比 如 Energy – Aware TDMA – Based MAC 协议和 BMA 协议等。

自组网的 MAC 协议也可以按照使用信道数量划分:

> 单信道 MAC 协议:大部分协议都采用了这种机制。
> 多信道单收发器 MAC 协议:每个节点只有一个收发器,并且每个节点任一时刻只能 工作在一个信道上,但不同节点可同时工作在不同的信道上。
> 多信道多收发器 MAC 协议:一个节点有多个收发器,可同时支持多个信道,但需要一 个 MAC 层模块协调多个信道的活动。

多信道协议虽然有效地避免了冲突,但增加了复杂性、成本和能耗。

3. 网络层

网络层是 Ad Hoc 网络的核心,主要功能包括邻居发现、分组路由、拥塞控制等。而路由 协议是网络层的研究核心,具有很大的挑战性。

针对自组织网络,其路由技术与传统网络路由协议存在着较大的区别,这是自组织网络特 有的性质所造成的。

> 自组织网络的节点通常具有可移动性,导致网络的拓扑经常处于变化之中,如果采用 传统的路由技术,这种变化有可能导致数据最终无法到达。
> 自组织网络通常采用多跳的通信模式,而同时节点的存储资源和计算资源有限,使得 节点不允许存储大量的路由信息,不能进行太复杂的路由计算。在节点只能获取局部 拓扑信息和资源有限的情况下,如何实现简单高效的路由机制是自组织网络的一个基 本问题。
> 在选择最优路径时,传统网络路由很少考虑节点的能量消耗问题,而自组织网络,特别 是 WSN 中节点的能量有限,延长整个网络的生存期成为网络路由协议设计的一个重 要指标。因此,自组织网络路由在设计时就应该考虑节点的能量消耗,以及网络能量 均衡使用等问题。
> 自组织网络的应用环境千差万别,数据通信模式各不相同,没有一个路由机制适合所 有的应用场景,这是自组织网络应用相关性的一个体现。设计者需要针对每一个具体 应用的需求,设计与之相适应的特定路由机制。

也就是说,自组织网络的路由协议不能采用传统网络路由协议。

自组织网络路由算法有很多种,最简单的是所谓的泛洪法,即对于所有接收到的数据,节 点都以广播的方式进行转发,直到数据抵达目的节点为止。泛洪不需要计算相关路由,也不需 要维护网络的拓扑结构。

泛洪的工作过程是:如果源节点 S 有报文要发往目的节点 D,S 首先把等待发送的报文复 制多份,然后发给周围所有邻居节点。S 的邻居节点收到报文后,再将报文复制多份并转发给 除 S 之外的邻居节点。如此循环下去,直到 D 收到报文或者报文中的 TTL 值降到 0 时丢弃 该报文。

泛洪路由方式效率很低,会给网络造成很大的负担,极易引起网络的拥塞。

可以从不同的角度对自组织网络的路由进行观察,自组织网络路由算法的分类有很多种

（如表 15-1 所列），部分概念会在后续章节进行介绍。

表 15-1　自组织网络路由技术分类

分类标准	路由协议分类
组网模式	平面路由协议
	层次路由协议
	混合路由协议
路由选择是否考虑 QoS	考虑 QoS 的路由协议
	不考虑 QoS 的路由协议
路由是否由源节点指定	基于源路由的路由协议
	不基于源路由的路由协议
路由建立时机与数据发送的先后关系	先应式路由
	按需路由协议
	混合路由协议
数据传输的路径条数	单路径路由协议
	多路径路由协议
是否利用地理位置	利用地理位置的路由
	不利用地理位置的路由
目的节点个数	单播路由
	多播路由

4. 传输层

传输层主要是向应用层提供端到端的服务，使下三层（网络层以下）对上层保持透明，并在网络层服务的基础上提供增值服务，实现高效利用的网络资源。

自组织网络的传输层不能直接采用传统网络中传输层相关技术，特别是 TCP 协议。首先，因为 TCP 过于复杂，而自组织网络的节点可能资源受限。其次，TCP 的工作机制无法适应自组织网络。例如，传统的 TCP 协议会将无线差错和节点移动性所带来的分组丢失都归因于网络拥塞，并启动拥塞控制和避免算法，将可能导致端到端的吞吐量无谓降低。因此，需要对传统的 TCP 针对自组织网络环境进行修改（例如简化），以适应自组织网络环境，完成传输层的功能。

另外一种做法是直接采用 UDP 协议，并在应用层增加一些可靠性机制。

5. 跨层设计

Ad Hoc 网络中的节点往往资源受限，因此，一方面不能采取传统的 MAC 协议、路由协议等；另一方面，也需要从多个方面减少不必要的浪费，如简化协议、过程等。其中一个重要的方式就是实现跨层设计。

跨层设计是指，原来属于某个 ISO/OSI 层次的某项功能，现在可以不必局限于当前层次，可以使用其他层次的功能，跨越了层次的界限。

严格的分层方法是计算机网络发展的重要原则之一，它的好处是层与层之间相对独立，协议设计简单，极大地加快了网络各项技术的成长（提出、试验、在网络中的应用）速度。分层方法这一原则的目标是通过增加"水平方向"的通信量,降低"垂直方向"的交互开销。

但是对于 Ad Hoc 网络环境,最大限度地降低各项开销是一个首要问题。而通过跨层设计,可以有效地降低不同层次协议栈的信息冗余度,同时,层与层之间的协作可以更加紧密,缩短了响应的时间。这样就能节约节点有限的资源,达到优化系统的目的。

Ad Hoc 网络跨层优化的目标是使网络的整体性能得到优化,因此需要进行详细认真的协议设计,熟悉整个通信协议栈的结构和功能,减少不必要的封装和信息流动,把传统的分层优化转化为整体优化。

第16章　Ad Hoc 网络

目前,常见的移动通信技术通常是在基于预先架设好的网络基础设施上才能运行,例如在蜂窝网络和 Wi-Fi 中,移动终端都需要依赖于基站或无线接入点(Wireless Access Point,AP)等网络基础设施。但是在一些特殊的应用中,例如,战场上部队的快速展开和推进,发生地震或水灾等大型灾害后的营救,野外科考,偏远矿山作业以及临时性组织的大型会议等,传统的移动通信技术无法胜任,需要一种能够临时快速自动组网的移动通信技术。Ad Hoc 网络技术可以满足这样的需要。

16.1　Ad Hoc 网络概述

在 1972 年,美国的 DARAP 启动了分组无线网(Packet Radio NETwork,PRNET),目标是让报文交换技术在不受固定基础设施限制的环境下运行,因为在战场环境下,通信设备不可能依赖已经铺设的通信基础设施,一方面这些设施可能根本不存在,另一方面,这些设施会随时遭到破坏。因此,能快速装备、自组织移动基础设施是这种网络区别于其他商业蜂窝系统的基本特点。

在结构上,这种网络是由一系列移动节点组成的,是一种自组织的网络,它不依赖于任何已有的网络基础设施。网络中的节点动态且任意分布,节点之间通过无线方式互连,它将分组交换网络的相关概念引伸到广播网络的范畴。这项工作开辟了移动自组织网络(Mobile Ad Hoc Network,MANET)研发的先河。

IEEE 802.11 标准委员会采用了 Ad Hoc 网络一词来描述这种特殊的自组织、对等式、多跳无线移动通信网络。Internet 工程任务组(Internet Engineering Task Force,IETF)将 Ad Hoc 网络称为移动 Ad Hoc 网络。

20 世纪 90 年代中期,随着一些技术的公开,Ad Hoc 网络开始成为移动通信领域的一个研究热点。目前,Ad Hoc 网络尚未达到大规模普及实用阶段,大部分工作仍处在仿真和实验阶段。

Ad Hoc 网络是由一组带有无线收发装置的移动终端所组成的一个多跳、临时性自治系统(如图 5 - 15 - 1 所示)。这些节点可以通过无线连接构成任意的网络拓扑,这种结构可以独立工作,也可以作为末端网,通过接入点接入到其他固定或移动通信网络,实现与 Ad Hoc 网络以外的主机进行通信。

在 Ad Hoc 网络中,每个移动节点兼具路由器和主机两种功能:

➢ 作为主机,移动节点需要运行面向用户的应用程序,进行数据的采集和处理等。

➢ 作为路由器,移动节点需要运行相应的路由协议,根据路由策略和路由表参与分组转发和路由维护工作。

由于节点的无线通信范围有限,两个无法直接通信的节点往往会通过多个中间节点的转发来实现数据的交流,即节点间的通信通道通常由多跳组成,所以 Ad Hoc 网络也可以被称为多跳无线网络。

Ad Hoc 网络的特点应该包括：

➤ 独立组网,网络的布设不需要依赖预先架设的网络基础设施。

➤ 无中心,所有的节点地位平等,组成一个对等式网络,节点可以随时加入和离开网络,任意节点的故障和离开不应影响整个网络的运行,使得网络具有很强的抗毁性。

➤ 自组织,所有节点通过分布式算法自组成网。

➤ 多跳路由,由于节点发射功率的限制,节点往往通过中间节点的转发与距离较远的节点进行通信,这样也可以达到均衡能量消耗的目的。

➤ 动态拓扑,在 Ad Hoc 网络中,节点能够以任意的速度和模式移动,节点间通过无线信道所形成的网络通路随时可能发生变化。

➤ 安全性差,一旦一个节点被捕获,整个网络比较容易被破解。

16.2 Ad Hoc 系统结构

16.2.1 移动节点结构

就完成的功能而言,节点可以分为以下几个部分:主机、路由器和通信电台,其中通信电台负责为信息传输提供无线信道支持。

16.2.2 网络结构

Ad Hoc 网络的拓扑结构经常发生变化,其组织方式可以分为两类:集中式控制和分布式控制。在集中式控制中,普通节点的设备较为简单,而中心控制节点设备较复杂,有较强的信息处理能力。网络运行过程中,普通节点只有在中心控制节点的控制下,才能够正常工作。

传统的 Ad Hoc 网络一般采用分布式控制方式。虽然在网络的运行过程中,也可能会根据相关算法产生类似于中心控制节点角色的节点,但是不同于前者的是,分布式控制方式下的任何一个节点都可以作为中心控制节点。

分布式控制结构可以分为两种:平面控制结构和分层控制结构。

1. 平面控制结构

平面结构的 Ad Hoc 网络如图 5-16-1 所示,所有节点在网络控制、路由选择上都是平等的,这种结构原理上不存在瓶颈,网络比较健壮,源节点和目的节点之间一般存在多条路径,可以较好地实现负载平衡和选择最优化的路由。

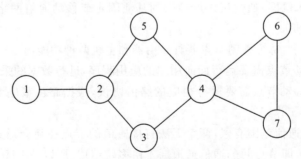

图 5-16-1 平面结构网络示意图

但是,这种结构通常要求每一个节点都需要知道到达其他所有节点的路由,所以当网络节点数目很多,特别是在节点大量移动时,网络控制信息的交流将明显增多,导致平面控制结构的路由维护和网络管理开销急剧增大。研究表明,当平面控制结构的网络规模增加到某个程度时,所有的带宽将被路由协议所消耗掉。

　　因此平面结构网络的可扩展性差,只适用于中小规模的 Ad Hoc 网络。

2. 分层控制结构

　　分层控制结构又可以称为分级结构、分簇结构等,如图 5 - 16 - 2 所示。

　　分层结构中,Ad Hoc 网络中的节点通常被划分为多个簇(Cluster),每个簇由一个簇头(Cluster Header)和多个簇成员(Cluster Member)组成。

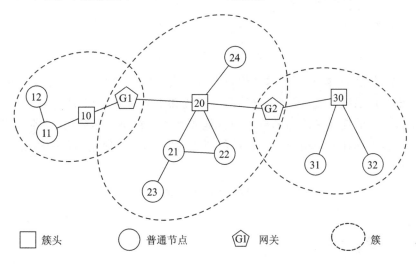

图 5 - 16 - 2　分层结构网络示意图

> 簇成员:进行用户数据的处理,在簇内进行数据的交流。
> 簇头:除了一般的数据处理外,还要负责形成簇、对簇成员进行管理、收集簇内数据并完成簇间数据的转发等。簇头可以预先指定,也可以根据相关算法选举产生。由于簇头消耗一般较大,目前普遍的做法是所有簇成员轮流充当。
> 网关:特殊的簇成员或簇头,负责在簇间进行数据的交换。

　　在这种分层结构的网络中,簇成员要执行的功能比较简单,不需要维护复杂的路由信息,而簇头也可以只掌握其他簇头的信息即可,大大减少了网络中路由控制信息的数量和范围,因此这种结构具有很好的可扩展性,可以通过增加簇的个数来扩大网络的规模。甚至可以形成更高一级的超簇来进一步扩大网络规模。分层结构的网络从理论上讲,其网络规模是不受限制的。

　　但是分层结构的网络需要增加一些特殊的网络组织算法,如簇头选择算法和簇维护机制等。另外,簇头节点的任务相对繁重,可能成为网络的瓶颈,且簇间的路由不一定是最佳的路由。

【案例 16 - 1】　美国的近期数字无线电系统

　　美国的近期数字无线电系统 (NTDRS)是陆军数据通信的支柱,它是一个具有开放式结构的军用网络数据电台,采用了商用模件和一个标准总线,可作为部队从排到旅的骨干电台。

NTDRS 如图 5-16-3 所示。

(a) NTDRS无线电台　　　　　　　(b) NTDRS系统架构

图 5-16-3　NTDRS

该系统是按照美国军队 C⁴I 技术结构设计的,系统结构采用一个两层的分级 Ad Hoc 网络进行设计,以增加系统容量,减少多路访问的干扰和中继延迟。NTDRS 的所有电台被划分为簇,簇内拓扑结构的变化和路由的更新与其他簇无关。在每一个簇中,某个 NTDR 电台被指定为一个簇头,工作在主干信道和本地簇的两个信道上,作为簇间通信的路由器。

16.3　Ad Hoc 路由协议

16.3.1　概　述

目前,在互联网中常用的内部网关路由协议主要有两种:基于距离矢量的路由协议(如 RIP 协议)和基于链路状态的路由协议(如 OSPF 协议)。这两类协议都是针对有线网络而设计的,路由器需要周期性地交换彼此的信息来维护网络正确的路由表或网络拓扑结构图。而 Ad Hoc 网络无中心、自组织、多跳路由的特点,使得它面临着很多传统网络、其他无线通信网络所没有的特殊问题。上面所提到这些传统路由协议,以及其他无线网络的通信机制,并不适用于 Ad Hoc 网络,主要体现在以下几个方面:

➢ 多跳信道。Ad Hoc 网络的无线信道不同于那些由基站控制的无线信道,它是多跳的无线信道,即当一个节点发送信息时,只有最近的相邻节点可以收到,而一跳之外的其他节点无法感知到。

➢ 动态变化的网络拓扑会导致路由信息/网络拓扑过时,使得传统的路由协议不适用于 Ad Hoc 网络,因为传统的路由协议花费较高代价和时间而获得的路由信息很快就已经陈旧,甚至可能是路由算法还未收敛时,网络的拓扑结构就又发生了变化,路由信息将是错误的了。

➢ 周期性地广播拓扑信息会占用大量的无线信道资源,耗费电池能源,严重降低系统性能。

➢ 可能存在的单向无线传输信道。在传统的网络路由协议中,认为节点间的链路是对称的双向链路(即 A 可以到达 B 的话,B 一定可以到达 A),而在 Ad Hoc 网络中,由于无线收发设备不同、剩余能量不同、周围环境对无线信道的影响不同等,可能会造成单向无线信道问题,如图 5-16-4 所示。

➤ 能量问题。移动节点一般使用电池供电,能源有限,路由算法应该考虑能耗因素,以延长网络生存时间。

正是由于以上的问题,无法直接将传统互联网路由协议和其他无线通信协议应用于 Ad Hoc 网络。

为了解决无线 Ad Hoc 网络中的路由问题,IETF 特别成立了 MANET 工作组来研究无线 Ad Hoc 中的路由协议。现在,已经提出了多种 Ad Hoc 网络路由协议的草案。

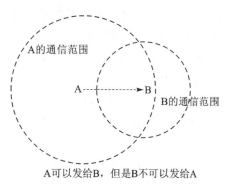

图 5-16-4　单向无线信道问题

16.3.2　环路问题回顾

首先回顾一下 RIP 的环路问题,因为下面一些算法会涉及此类问题。

如图 5-16-5(a)所示,3 个网络通过两个路由器连接起来。正常的情况下,R1 给 R2 的路由更新报文是"最有价值"的,R2 给 R1 的路由更新报文,因为跳数较大而被 R1 所忽略。这样,路由信息不会出问题。

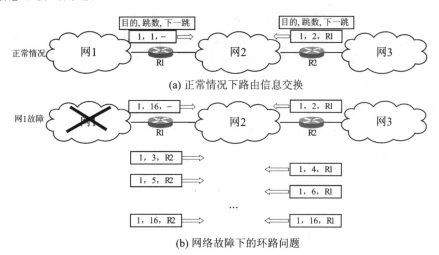

图 5-16-5　环路问题回顾

但是,现在假如网 1 出现了故障,如图 5-16-5(b)所示,在下一次交换路由信息的时候,R1 通知 R2:"1,16,一",即"我到网 1 的距离是 16,无法到达,是直接交付"。

但是可惜的是,R2 在收到 R1 的更新报文之前(这时 R2 并不知道网 1 已经出现了故障),还是发送了原来的更新报文"1,2,R1",即"我到网 1 的距离是 2,下一跳是 R1"。

R1 收到 R2 的更新报文后,根据 RIP 协议,会先修改为"1,3,R2",误认为可以经过 R2 到达网 1,距离是 3。于是 R1 更新自己的路由表项为"1,3,R2"。

然后 R1 将此路由信息发送给 R2。R2 收到之后,首先更改为"1,4,R1",而自己原来的路由项是"1,2,R1"。但是,根据 RIP 协议的原则"对于同一个目的网络,如果路由更新报文中路由项的下一跳和本路由表中路由项的下一跳相同,则直接更新",R2 更新自己的路由表项为"1,4,R1",表明"我到网 1 的距离是 4,下一跳要经过 R1"。

这样不断地循环更新下去,直到 R1 和 R2 到网 1 的距离都增大到 16 时,R1 和 R2 才知道网 1 是不可达的。这就是 RIP 协议"坏消息传播得慢"的缺点,即网络出现故障的传播时间往往需要较长的时间。

可能有读者会说,那么我们只要在路由更新报文里面添加一个"最初来源"信息就可以了,即 R2 告诉 R1,我是从你那里得到这条信息的,这样 R1 就不会"傻傻"地更新自己正确的路由项了。

但是读者可能忽略了一点,网络的环境很复杂,当网络较多的时候,这个信息就难以奏效了。首先,网 1 也可能连着其他路由器,来源可能不止一个,假如网 1 本来还连着 R0 路由器,R1 收到 R0 的路由更新消息(可能不是最新的),也会更新的。其次,对于非 R1 路由器来说,由于网络可能存在多条路径,而更新报文是广播的,且报文传输不是瞬时的,所以它们根本无从知道哪一个路由更新报文是最新的,该采用哪一个。

因此最好的一个办法就是给相关路由信息加上"版本",更新的时候,只采纳最新版本的路由信息。

16.3.3　Ad Hoc 路由协议的分类

正如前面所述,Ad Hoc 网络路由协议的分类有很多种,本章从路由建立时机与数据发送的先后关系进行分类这个角度进行介绍。根据此分类法,Ad Hoc 路由协议可分为三种类型:先应式路由协议、反应式路由协议、混合式路由协议。

1. 先应式路由协议

先应式路由协议又称为表驱动路由协议(Table‐Driven Protocols)、主动路由协议等,这类路由协议通常是通过修改常规的互联网路由协议,从而适应 Ad Hoc 网络的环境。先应式路由协议的特点如下:

> 网络中的节点通过周期性的广播来交换路由信息,每个节点都主动地维护到达网内所有节点的路由表。
> 当网络的拓扑结构发生变化的时候,相关节点需要向邻居节点发送更新消息,而收到此消息的各个节点及时地更新自身的路由信息,以保证路由信息的实时可靠性。
> 当源节点有数据要发送时,只需查找路由表便可得到相应路由。

先应式路由协议的优点是每个节点都有到达网内所有节点的路由信息,不需要临时的路由发现过程,时延很小。

先应式路由协议的缺点是路由维护的开销较大,尤其当网络拓扑经常变动时,路由协议收敛较慢,不如反应式的按需路由协议灵活。因此,先应式路由协议比较适合于相对静态的、规模比较小的 Ad Hoc 网络。

目前比较典型的先应式路由协议主要有 WRP、DSDV、GSR、OLSR、TBRPF 等。

2. 反应式路由协议

反应式路由协议(Reactive Protocols)又称为按需路由协议(On‐Demand Protocols)、被

动路由等。

反应式路由协议的特点是：只有在节点需要发送数据时才启动路由发现的过程。

① 节点不需要主动地维护到达网内所有节点的路由信息。

② 当源节点有数据要发送时，先查找自己的路由表(前提是算法设置了路由表)：

➢ 如果已经存在去往目的节点的路由(历史记录)，则立刻发送。

➢ 如果不存在去往目的节点的路由，则启动路由发现机制。

③ 节点不会维持、更新路由信息，即使网络拓扑改变了，也不会有节点来主动发送更改信息给其他节点。

④ 如果节点发现数据发送过程中路径改变了，再次启动路由发现过程。

⑤ 一段时间不使用，相应的路由表项将会过期作废。

反应式路由协议的优点是不需要主动维护大量的路由信息，节省了网络资源，比先应式路由协议更适用于规模较大或拓扑经常变动的网络。

反应式路由协议的缺点是只有数据要发送时才建立路由，因此在某次发送数据时，第一个报文会有一定时延。

目前，一些典型的反应式路由协议主要有 AODV、DSR、TORA、SSR、LMR 等。

3. 混合式路由协议

混合式路由协议结合了先应式路由协议和反应式路由协议的特点。

一种混合式路由协议的思路是将 Ad Hoc 网络划分为区域，节点在区域内部的通信采用先应式路由，对于区域外节点的通信则采用反应式路由，从而发挥两种路由协议的优点。这种思路的典型协议主要是区域路由协议(Zone Routing Protocol，ZRP)。

16.3.4　DSDV 路由算法

DSDV(Destination Sequenced Distance - Vector，目标序列距离路由矢量算法)是一个基于表驱动的路由协议，是在传统路由协议 RIP 的基础上改进而来的。

DSDV 通过引入序列号机制解决了 RIP 无穷环路问题，通过采用时间驱动和事件驱动机制来更新路由信息，尽量减少路由等控制信息对无线信道的占用，以提高系统效率。

在 DSDV 路由协议中，每个节点维护一张路由表，凡是可能与本节点有路径的节点都被记录在路由表中。路由表表项规定如图 5 - 16 - 6 所示。

目的节点	下一跳节点	跳数	目的节点序号

图 5 - 16 - 6　DSDV 路由表表项

其中，目的节点、跳数、下一跳节点同 RIP 协议。而相对于 RIP 协议，新增加的目的节点序号相当于本条路由信息的版本号，主要用于判别本条路由信息是否过时，以区分新旧路由。目的节点序号可以有效地防止路由环路的产生。

每个节点(设为 A)在自己的路由表中添加一条关于自己的路由表项(A，A，0，序号)。

DSDV 的序列号更新依据规则如下：

➢ 当节点的邻居列表发生变化时，将自己的序列号增加 2，即让自己的信息始终为最高的版本。

➤ 当节点检测出与邻居节点断开连接后,将其对应的路由项序列号增加 1。

每个节点必须周期性地与邻节点交换路由信息,也可以根据路由表的改变来触发路由更新。由此,路由表更新分为两种方式:

➤ 全部更新,每个节点周期性地将本地路由表(路由更新消息)传送给相邻节点,路由更新消息中包括整个路由表,主要适用于网络变化较快的情况。

➤ 部分(增量)更新,当任一节点感知到网络拓扑发生变化时,根据路由表的改变来触发路由更新,更新消息中仅包含变化的路由部分,通常适用于网络变化较慢的情况。

在 DSDV 算法中,采用以下原则进行路由信息的更新:

① 如果节点 A 因为位置改变而与相邻的节点 B 断开连接:

➤ A 使自己路由表中对应 B 的路由表项的序列号加 1,更改该表项的距离为无穷大,即目前 B 对于 A 不可达。

➤ B 将自己路由表中对应 A 的路由表项的序列号加 1,更改该表项的距离为无穷大,即目前 A 对于 B 不可达。

② 节点 A 和 B 向自己的邻居节点发送路由更新消息。

③ A 和 B 的相邻节点在收到路由更新消息后,更新自己的路由信息。

➤ 如果收到的路由更新信息中,某条路由信息的序列号比自己相对应的路由信息的序列号大,则进行路由信息的更新,因为序列号大就代表这条路由信息是最新的。

➤ 如果收到的路由更新消息中,某条路由信息和自己相对应的路由信息的序列号相同,那么就选择跳数小的。

➤ 否则,不进行更新。

下面用一个例子来解释 DSDV 路由协议的工作,节点 A、B、C 之间的邻居关系如图 5-16-7 所示,节点下面的表格代表了当时路由表的内容。

图 5-16-7 展示了某一阶段的网络拓扑,以及 A、B、C 三个节点的路由表项。

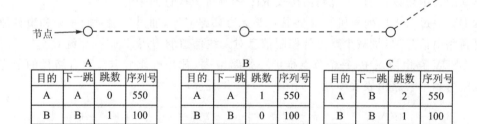

图 5-16-7 DSDV 算法示意图 1

在某个时间,假如节点 B 发现拓扑发生了变化(而 A 和 C 没有发现),则 B 增加自己的序列号,从 100 更改为 102,并在下次路由更新时,进行广播。A 和 C 根据接收到的序列号来进行更新,更改后的路由表如图 5-16-8 所示(注意斜体为更新后的数据)。

在某一时刻,节点 D 和 C 建立起了连接,C 收到 D(假设 D 最新的序列号为 100)的信息后,增加到自己的路由表中,并将自己的序列号加 2,然后立即向 B 和 A 进行传播,B 和 A 同样进行更新,更改后的路由表如图 5-16-9 所示(假设通过 D 可以到达 F)。

目的	下一跳	跳数	序列号
A	A	0	550
B	B	1	*102*
C	B	2	588

A

目的	下一跳	跳数	序列号
A	A	1	550
B	B	0	*102*
C	C	1	588

B

目的	下一跳	跳数	序列号
A	B	2	550
B	B	1	*102*
C	C	0	588

C

图 5 - 16 - 8　DSDV 算法示意图 2

A

目的	下一跳	跳数	序列号
A	A	0	550
B	B	1	102
C	B	2	590
D	*B*	*3*	*100*
F	*B*	*4*	*210*

B

目的	下一跳	跳数	序列号
A	A	1	550
B	B	0	102
C	C	1	590
D	*C*	*2*	*100*
F	*C*	*3*	*210*

C

目的	下一跳	跳数	序列号
A	B	2	550
B	B	1	102
C	C	0	590
D	*D*	*1*	*100*
F	*D*	*2*	*210*

图 5 - 16 - 9　DSDV 算法示意图 3

　　如果在相当长的一段时间内,节点不能收到相邻节点的广播消息,则认为链路已经断开。在 DSDV 中,断开的跳数等于∞。

　　假设节点 D 远离节点 C,节点 C 将自己的序列号加 2,并检测路由表,凡是下一跳等于节点 D 的路由表项,将其跳数均设为∞,并分配一个新的序列号(增加 1)。节点 C 启动增量更新,节点 A 和节点 C 进行更新,更改后的路由表如图 5 - 16 - 10 所示。

A

目的	下一跳	跳数	序列号
A	A	0	550
B	B	1	106
C	B	2	102
D	B	∞	*101*
F	B	∞	*211*

B

目的	下一跳	跳数	序列号
A	A	1	550
B	B	0	106
C	C	1	102
D	C	∞	*101*
F	C	∞	*211*

C

目的	下一跳	跳数	序列号
A	B	2	550
B	B	1	106
C	C	0	102
D	D	∞	*101*
F	D	∞	*211*

图 5 - 16 - 10　DSDV 算法示意图 4

　　在路由交换的过程中,如果按传统的 RIP 算法来计算的话,可能造成环路现象,即坏消息传播得慢的情况。而 DSDV 算法通过序列号可以有效地避免这种情况:节点 C 与 D 断开连接后,假如在 C 发送路由更新消息给 A 和 C 之前,A 或者 B 向 C 发送了关于 D 的路由信息,但是因为其所携带的、D 的序列号(100)低于 C 所持有的、D 的序列号(101),所以 C 不会进行更新。

　　对于同一个目的地,由于网络可能存在多条路径,所以节点可能收到来自其他节点的多条路由信息,在最坏的情况下,每次收到的跳数都小于当前跳数,如果每次都立即发送更新分组,会导致网络中更新分组的泛滥。

　　为了避免这种情况,DSDV 算法引入了沉淀/稳定时间(Settling_Time)这个概念,定义为

第一条路由和最佳路由之间的平均时间间隔。计算公式为

$$\text{Settling\_Time}_{\text{ave}} = \frac{2 \times \text{Settling\_Time}_{\text{new}} + \text{Settling\_Time}_{\text{last}}}{3} \qquad (16-1)$$

其中，$\text{Settling\_Time}_{\text{ave}}$ 为平均稳定时间，$\text{Settling\_Time}_{\text{new}}$ 为最新稳定时间，$\text{Settling\_Time}_{\text{last}}$ 为上次计算的平均稳定时间。之所以给 $\text{Settling\_Time}_{\text{new}}$ 加上系数，是为了增加最新情况的权重，使计算结果更加贴近于最新情况。

为了避免分组泛滥，协议规定：节点在收到第一条路由更新消息时，等待 2 倍的平均稳定时间后，才对外发送路由更新消息（跳数为∞的除外）。

同时，为了避免等待时间太长，还需要设置最大等待时间，如果等待时间超过最大等待时间，则认为路由是稳定的，可以向外发送路由更新消息了。

DSDV 协议还设置了路由表项的生存时间定时器。每个路由表项都有生存时间，如果在该时间内，某条路由表项没有被更新，它将被删除，并认为此路由表项所指的下一跳不可达。一旦路由表项被更新，则将生存时间定时器清零，重新计时。

由此可见，DSDV 协议运行时，需要选择以下参数：定时更新的周期、最大的沉淀时间和路由失效间隔时间。这些参数都是为了在路由的有效性和网络通信开销之间进行折中平衡，其选择很重要。

DSDV 路由协议中，节点维护着整个网络的路由信息，这样，在有数据报文需要发送时，可以立即进行传送，因而适用于一些对实时性要求较高的业务和网络环境。

但是在拓扑结构变化频繁的 Ad Hoc 网络环境中，DSDV 可能存在一定的问题，一是节点维护准确路由信息的代价高，要频繁地交换拓扑更新消息；二是有可能刚得到的路由信息随即又失效了。因此，DSDV 协议主要用于网络规模不是很大，网络拓扑结构变化相对不是很频繁的网络环境。

另外，DSDV 算法还存在一个缺陷，不支持单向信道，即 DSDV 要求两个节点要么可以互相通信，要么不能互相到达。

16.3.5　DSR 路由协议

DSR（Dynamic Source Routing，动态源路由协议）协议是一种基于源路由方式的按需路由协议，主要思想是：

➤ 只有在节点需要发送报文，并且没有历史路由信息时，才启动路由发现的过程，查找一条路径。

➤ 当源节点需要发送报文时，在报文的头部携带到达目的节点的完整路由信息，这些路由信息由网络中的若干节点地址组成，可以形成一条完整的路径。源节点的报文被"指明"沿着这条路径上的节点进行传递，最终到达目的节点。

➤ 中间节点按照该路径信息的"指示"进行转发。

与基于表驱动方式的路由协议不同的是，DSR 协议中的节点不需要频繁地维护网络的拓扑信息。因此，在节点要发送报文时，如何能够知道到达目的节点的路由，是 DSR 路由协议需要解决的核心问题。

DSR 路由协议主要由路由发现和路由维护两部分组成：

➤ 路由发现过程主要用于帮助源节点获得到达目的节点的路由。

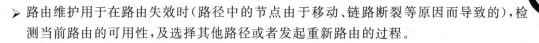

➢ 路由维护用于在路由失效时(路径中的节点由于移动、链路断裂等原因而导致的),检测当前路由的可用性,及选择其他路径或者发起重新路由的过程。

1．DSR 路由协议的工作过程

➢ 当源节点有报文要发送时,首先检查自身的路由缓存中是否存在到达目的节点的路由,如果没有则启动路由发现机制。

➢ 执行路由发现机制,找到一条路径。

➢ 采用路由开始发送报文。

➢ 如果路径出现问题,启动路由维护机制。

2．路由发现

路由发现的过程如下:源节点首先向邻居节点广播"路由请求"(RREQ:Route Request)报文,报文中包括<源节点地址、目的节点地址,路由记录,请求 ID>信息。其中:

➢ 路由记录字段(设为 R_Q)用于记录从源节点到目的节点路径中的、所有中间节点的地址,当 RREQ 到达目的节点时,该字段中的所有节点地址即构成了从源节点到目的节点的完整路由。RREQ 由源节点发出时,路由记录只有源节点本身的地址。

➢ 请求 ID 字段由源节点产生,是这次请求的关键字。

中间节点维护一张"历史 RREQ 序列表"(设为 LQ_{his}),对收到的所有 RREQ 报文进行记录。序列表的每个表项内容为<源节点地址,请求 ID>,可以用于唯一地标识一个 RREQ 报文(代表了一次请求动作),以防止中间节点在收到重复的路由请求后,进行重复的处理。

中间节点在收到源节点的路由请求报文后,按照以下步骤处理报文:

① 如果路由请求报文的<源节点地址、请求 ID>存在于本节点的 LQ_{his} 中,表明此请求报文已经收到并处理过,节点不用处理该请求,处理结束;否则转②。

② 如果中间节点的地址已经在 RREQ 的 R_Q 中存在(例如,LQ_{his} 可能已被清洗),节点不用处理该请求,处理结束;否则转③。

③ 如果请求报文的目的节点就是本节点(此时,RREQ 的 R_Q 中的节点地址序列就构成了从源节点到目的节点的一条完整路由),节点向源节点发送路由响应报文 RREP(Route Reply),并将 R_Q 所包含的地址序列复制到 RREP 中,处理结束;否则转④。

④ 搜寻本节点的路由缓冲区,查看是否存在到达目的节点的路由信息,如果存在,则向源节点发送 RREP,复制该路由信息,处理结束;否则转⑤。

⑤ 该节点作为中间节点,将本节点的地址附在 RREQ 的 R_Q 后,同时向邻居节点广播该RREQ。

通过这种方法,路由请求报文 RREQ 将最终到达目的节点(如果目的节点可达)。

在向源节点发送 RREP 的应答过程中,还需要一条路径来进行 RREP 的传送,目的节点(或中间节点)需要考虑以下情况:

① 目的节点如果存在一条从自己到达源节点的路由,则目的节点可以直接使用该路由回送响应报文。

② 如果目的节点没有到源节点的路由,则需要考虑节点的通信信道问题:

➢ 如果网络中所有节点间的通信信道都是对称的,此时目的节点到源节点的路由即为从源节点到目的节点的反向路由,可采用 RREQ 的 R_Q 中所包含的路由信息。

> 如果信道是非对称的,目的节点就需要发起一次到源节点的路由请求过程,同时将路由响应报文捎带在新的路由请求中。

图 5 - 16 - 11 展示了一个 DSR 工作过程的简单例子。其中(a)展示了 RREQ 的发送过程,(b)展示了 RREP 的发送过程(假设通信信道都是对称的)。

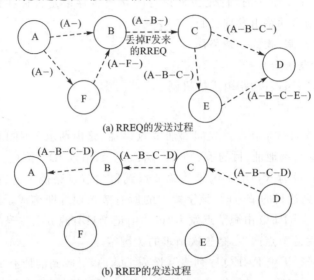

(a) RREQ的发送过程

(b) RREP的发送过程

图 5 - 16 - 11   DSR 路由发现过程

3. 路由维护

当路径发生了变化(可能因为路径中的某个节点移走了,或者是关闭了电源),导致数据无法到达目的节点时,当前的路由就不再有效了,DSR 协议需要通过路由维护过程来监测当前路由的可用情况。

传统的路由协议可以通过周期性的广播路由更新消息,同时完成路由发现和路由维护过程。但是在 DSR 协议中,由于没有周期性的广播,节点必须通过路由维护过程来检测路由的可用性。

DSR 有两种方法来监测连接的有效性:被动应答和主动应答。

被动应答方式工作如下:

> 节点在转发某一报文时,如果发现正在使用的链路已经断开(例如报文被重发了 n 次后,始终没有收到下一跳节点的确认消息),则该节点发送"路由出错分组"(RERR)给源节点,报告这一段链路出错。

> 沿途转发 RERR 的节点从自己的路由表中删除包含该链路的所有路由。

> 源节点收到 RERR 后,将失效路由从路由表中删除。

主动应答方式:节点采取一定的机制,主动探测监视网络的拓扑变化。

当路由维护检测到正在使用中的路由出现问题时,节点可以从其他路径发送数据,或者启动新一轮的路由发现过程来发现一条新路径。路由维护过程如图 5 - 16 - 12 所示。

4. 路由缓冲技术优化策略

在 DSR 路由协议中,为了提高系统效率,协议中采用了路由缓冲优化策略。

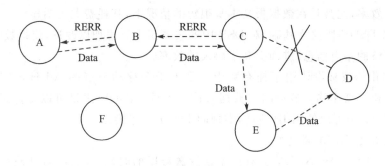

图 5 - 16 - 12　路由维护过程

由于无线广播信道的特点,节点可以听到相邻节点发出的所有报文,包括路由请求、路由响应等,这些报文中携带了网络的一些路由信息,节点通过缓存这些路由信息,可以尽量减少路由发现的过程,以提高系统的效率。

尽管路由缓冲技术能够在一定程度上提高系统的效率,但与此同时一些错误或过期的路由缓冲信息,可能会影响和感染其他节点,对网络带来负面影响。对此,可以采用一定的策略来减少其影响,例如为缓冲路由设定有效期,超过有效期的路由将被认为无效,将其从缓冲区中删除。

DSR 协议具有以下一些优点:

➤ DSR 不使用周期性的路由广播消息,仅在需要通信的节点间维护路由,因而可以有效地减少网络带宽的开销、节点的电源消耗,并可以有效地避免网络中大面积的路由更新。

➤ 路由缓冲技术可以进一步减少路由发现的代价。

➤ 支持非对称传输信道模式。

DSR 协议也存在着以下一些不足:

➤ 由于采用了源路由机制,因此每个报文的头部都携带了完整的路由信息,增加了报文长度。

➤ 由于采用路由缓冲技术,中间节点可以根据自己的缓冲路由,对路由请求直接应答,源节点会同时收到多个路由响应,造成路由响应信息之间的竞争。通常的解决办法是,当中间节点监听到邻居节点的路由响应报文,并发现该路由比自己的路由更短时,就不再发送本节点的路由响应报文。

➤ 如果中间节点的路由缓冲记录已经无效,当该节点根据缓冲路由回复路由请求时,其他监听到此"脏"路由的节点会更改自己的缓冲路由记录,造成"脏"路由的污染传播,因此必须采用相应的措施,尽量避免和减少"脏"路由的影响。

16.3.6　AODV 协议

AODV(Ad Hoc On - demand Distance Vector algorithm,Ad Hoc 网络按需距离矢量路由算法)是由 Nokia 研究中心的 Charles E. Perkins 和加利福尼亚大学 Santa Barbara 的 Elizabeth M. Belding - Roryer 等共同开发,已经被 IETF MANET 工作组正式公布为自组网路由协议的 RFC 标准。

在 DSR 中,由于采用了源路由方式,每个报文头部都携带了路由信息,增加了报文长度,降低了传输的效率,尤其是在数据报文本身很短的情况下,其耗费尤为明显。

AODV 以 DSDV 协议为基础,对 DSR 中的按需路由思想加以改进,使得数据报文头部不再需要携带完整的路由信息,进而提高了协议的效率。

AODV 路由协议被设计用于拥有数十个到上千个移动节点的 Ad Hoc 网络,能适应低速、中速,以及相对高速移动节点间的数据通信。另外,AODV 协议可以支持组播功能,支持 QoS,而且 AODV 中可以使用 IP 地址,实现同 Internet 连接。

AODV 的核心思想非常巧妙:

- ➢ 同 DSR 协议一样,AODV 只有在需要发送数据的时候,才会去寻找路由信息,启动路由发现过程,而 DSDV 是周期性地广播路由信息。
- ➢ 同 DSR 协议不一样的是,AODV 将路由算法得到的路由信息分散保存在中间节点上,这样,原来应该由报文携带的完整路由信息,改为由中间节点接力完成源路由的过程,这类似于 DSDV 的表驱动机制。
- ➢ 同 DSDV 协议不一样的是,那些不在活跃路径上的节点,不会维持任何相关路由信息,也不会参与任何周期性路由表的交换。而 DSDV 是通过周期性路由表的交换,使得每一个节点都应该知道如何到达任一个其他节点。

1. 序列号

与 DSDV 协议相似,在 AODV 协议中也引入了序列号机制,防止环路的产生,包括源序列号和目的序列号(参见 DSDV 协议)。而且,节点在收到某条路由项时,只有在发现其序列号大于本节点路由项的序列号时,才对该路由信息进行更新。

2. 路由发现过程

AODV 路由协议是一种典型的按需驱动路由协议。节点没有必要去主动发现和维持到另一节点的路由,除非这两个节点需要进行通信。

同时,AODV 协议采用与 DSR 协议类似的广播式路由发现机制,但与 DSR 协议相比,AODV 的路由依赖于中间节点建立和维护的动态路由表。

与 DSR 协议一样,AODV 使用 3 种报文作为控制信息:路由请求(RREQ),路由响应(RREP)和路由错误(RERR)。

AODV 协议的路由发现过程分为前、后两个阶段,分别是反向路由的建立和前向路由的建立。

- ➢ 反向路由是指从目的节点到源节点方向的路由,是源节点在广播路由请求报文 RREQ 的过程中,"摸着石头"一步一步建立起来的,是临时性的路由,仅维持一段时间,用于将后续的路由响应报文 RREP 回送至源节点。

    反向路由中所包含的那些节点,如果后续没有收到对应的 RREP,路由信息将会在一定时间后自动变为无效。

- ➢ 前向路由是指从源节点到目的节点方向的路由,是源节点真正需要的路由,用于以后数据报文的传送。前向路由是在目的节点回送路由响应报文的过程中建立起来的。

当 Ad Hoc 网络中的一个节点要发送一个报文给目的节点时,如果在路由表中已经存在了对应的路由信息时,直接按照路由信息进行发送。如果路由表中不存在对应的路由信息,或者路由信息已经过期,源节点将启动路由发现过程来获取路由信息。

AODV 的路由发现过程如下：

1)源节点首先发起路由请求过程，广播路由请求报文 RREQ。RREQ 报文中携带以下信息字段：＜源节点地址，源序列号，RREQ ID，目的节点地址，目的序列号，跳数计数器＞。其中：

> 源节点地址和 RREQ ID 用以唯一标识一个 RREQ 报文，防止重复处理。

> 源序列号是为了防止环路，通知其他节点知道源节点最新的序列号。一个节点发起 RREQ 前，必须先使自己的源序列号加 1。

> RREQ 中的目的序列号是源节点所知道的、最新的目的序列号。

2)当 RREQ 报文从源节点转发到目的地时，所经过的中间节点都要自动建立起到源节点的反向路由。节点在收到此 RREQ 报文时，比较本节点和 RREQ 报文中目的节点的地址：

① 如果自己是所请求的目的节点，则更新目的序列号（目的序列号在发给源节点的路由信息中使用，保证路由信息是最新的版本，从而避免环路的发生），发起路由响应报文 RREP（把 RREP 中的跳数计数器初始为 0），并沿反向路由发送回去，结束处理；否则转②。

② 如果自己可以到达指定的目的节点，则比较自己路由表项里的目的序列号和 RREQ 报文中的目的序列号的大小，从而判断自己的路由表项是否是比较新的（序列号大的为新）。

如果自己的路由表项比较新，直接对收到的 RREQ 报文做出响应（RREP 中跳数计数器设置为本节点到目的节点的跳数），沿着建立的反向路由返回 RREP 报文，结束处理；否则转③。

③ 根据＜源节点地址、RREQ ID＞判断是否已经收到过此请求报文，如果收到过则丢弃该请求报文，结束处理；否则转④。

④ 记录相应的信息，以形成反向路由。记录的信息包括：上游节点地址（即向本节点转发 RREQ 报文的节点）、目的地址、源地址、RREQ ID、反向路由超时时长和源序列号等，同时 RREQ 跳数计数器加 1，向邻居节点（不包括上游节点）转发该路由请求报文。

3)收到路由应答报文 RREP 的节点，处理过程如下：

① 判断是否是返回到指定源节点的第一个 RREP 报文，如果是，进行处理，转向④；否则转向②。

② RREP 报文中的目的序列号是否比自己路由表项中所包含的目的序列号大，如果是，进行处理，转向④；否则转向③。

③ 如果 RREP 报文中的目的序列号和自己路由表项中所包含的目的序列号相等，是否前者所经过的跳数较少，如果是，进行处理，转向④；否则处理结束。

④ 把下游节点地址、目的序列号、递增后的跳数、定时器等信息添加/更新到自己相应的路由表项中。

⑤ 将 RREP 报文沿反向路由向上游转发。

这样，在 RREP 转发回源节点的过程中，沿着这条路径上的每一个节点都将建立起到目的节点的前向路由，以备后续数据发送时使用。

当 RREP 报文到达源节点后，就成功地建立了一条完整的前向路由，这条路径信息并不需要保存在数据报文的首部，而是分散在 RREP 所经过的节点里面。

可以看出，AODV 的 RREQ 报文中只携带有目的节点的信息，而 DSR 由于是纯粹的源路由方式，它的 RREQ 中必须包含路径的记录（即沿途所有节点的序列），因此，AODV 请求过程的开销比 DSR 要小一些。在路由应答报文返回时，AODV 和 DSR 的开销是一样的，报文中都记录了整条路径的信息。

AODV 的一个缺点是不支持非对称信道，原因是 AODV 的 RREP 报文需要直接沿着反向路径回到源节点。

和 DSDV 保存完整的路由表不同的是，AODV 算法中的节点仅需要建立按需的路由，大大减少了路由广播的次数，这是 AODV 对 DSDV 的重要改进。

为了限制路由发现过程中 RREQ 广播式发送所带来的消耗，还可以采用扩展环的方法，它的实现方式非常类似于 Trace Router 命令。扩展环方法的主要思路是控制路由发现报文的传输距离（跳数），先在较短距离范围内进行路由发现过程，如果本轮路由发现过程失败，则在后续的路由发现过程中加大传输距离重试，从而使得寻找的节点范围一步步扩大。这个过程可以通过 RREQ 报文头中的 TTL 域来实现。

3. 路由维护

AODV 协议在建立起路由表以后，所涉及的每个节点都要执行路由维护、管理路由表的任务。

首先，在 AODV 协议中，每个节点需要对每一个路由表项维护路由缓存时间，如果一个路由表项在缓存时间内未被使用，它会被认定为过期。过期的路由表项最终会被删除，从而避免占用资源所造成的浪费。

其次，AODV 使用一个活跃路由表（Active Routes）来跟踪每条路径上的邻节点，判断对应链路是否断开。可以采用以下三种方式来认定链路的断开：

➢ 邻居间周期性的相互广播"Hello"报文，用来保持联系。如果一段时间内没有收到该报文，则认为链路断开。

➢ 采用链路层通告机制来报告链路的无效性，这样可以减少延迟。

➢ 节点在尝试向下一跳节点转发报文失败后，可以检测出链路的断开。

当一个节点检测到它与邻节点的链路已经断开时，触发路由维护过程。节点通过增加序列号，标注路由表项为无效（Invalid）来屏蔽该路由表项（可以参考 DSDV 协议）。无效的路由表项将在路由表中保存一段时间，但是不能用于转发报文。无效路由可以在路由修复，以及以后的 RREQ 报文中提供一些有用的信息。

节点还需要发送一个路由失效报文（RERR）给使用该链路的所有上游邻节点，进行反向通知。RERR 报文指出了不能到达的目的节点。接收到该报文的邻节点也将重复上述过程，直到该报文到达源节点。源节点可以选择中止数据发送，或者通过发送一个新的 RREQ 报文来请求一条新的路由。

在链路失效后，为了防止大范围重新广播 RREQ，一个改进的维护办法是"本地修复"（Local Repair）：

➢ 探测到链路断开的节点将启动一个路由发现过程，广播一个生存时间较小的 RREQ 以便建立起新路由。

➢ 如果在给定的时间内能够重新建立起有效路由，就继续转发数据。

➢ 如果不能修复，则向上游发送 RERR 报文进行通告。RERR 报文中记录了不可到达的节点列表，不仅包括了链路断开的邻居节点，还包括了那些需要经过此链路的所有路径的目的节点。

路由失败后先进行本地的修复,可以有效地减少数据传送的时延,减少上层控制和网络的负荷。

　　AODV 协议综合了 DSDV 协议和 DSR 协议的特点。

　　与基于表驱动方式的 DSDV 协议相比,AODV 协议采用了按需路由的方式,即网络中的节点不需要实时维护整个网络的拓扑信息,只是在发送报文且没有到达目的节点的路由时,才发起路由请求过程。

　　与 DSR 路由相比,在 AODV 协议中,由于通往目的节点路径中的节点建立和维护路由表,数据报文头部不再需要携带完整的路径,减少了数据报文头部路由信息对信道的占用,提高了系统效率,因此,协议的带宽利用率高,能够及时对网络拓扑结构变化做出响应,同时也避免了路由环路现象的发生。

　　但是 AODV 协议也存在着一些不足。

　　首先,由于在路由请求报文 RREQ 的广播过程中建立了反向路由,因此 AODV 协议要求 Ad Hoc 网络的传输信道必须是双向对称的。

　　其次,AODV 协议路由表中仅维护一条到指定目的节点的路由。而在 DSR 协议中,源节点可以维护多条到目的节点的路由,带来的好处是,当某条路由失效时,源节点可以选择其他的路由,而不需要重新发起路由发现过程,这在网络拓扑结构变化频繁的环境中显得非常有价值。

第 17 章　无线传感器网络

17.1　无线传感器网络概述

无线传感器网络 WSN 本质上是 Ad Hoc 技术与传感器技术的结合,它由许多智能传感器节点组成,这些节点通过无线通信的方式形成一个多跳的自组织网络系统。

WSN 网络系统的介绍详见第一部分内容。大量传感器节点被布置在监测区域,这些节点通过自组织构成网络,将采集到的数据通过无线通信的方式发给下一个节点,使得这些数据沿着规划好的路线逐跳传输,最终到达汇聚节点(Sink),汇聚节点把这些数据通过互联网传给后台,或者进行相反方向的数据传输。这个数据传输过程要求无线传感器节点除了具有终端功能外,还必须具备路由器功能。

相对于普通的传感器节点,汇聚节点在数据的处理和通信能力上都比较强,其主要工作是作为无线传感器网络和外部网络之间的网关,这就需要汇聚节点具备转换这两种通信协议的能力。

【案例 17-1】　面向机场感知的噪声监测及环境评估

机场噪声监测是法律法规对机场管理机构的要求,有助于机场了解航空器噪声的影响和减噪的效果。项目以中国民航大学联合南京航空航天大学共同完成,采用了真实、半真实、虚拟实验环境有机结合的方案。其中真实的环境采用了无线传感器网络技术,在机场跑道一端的重要监测范围划设了两个监测区域,实际部署了 2 个汇聚节点、100 个感知节点,从而构成了全真的实验环境。

特别的,WSN 的传感器节点一般能量受限,因此必须考虑节能的原则,甚至可以说,WSN 的 MAC 协议、路由算法应以减少能耗、最大化网络生命周期为首要目标,这也使得那些适用于 WLAN 和其他 Ad Hoc 网络的 MAC 协议、路由算法并不一定适合与 WSN。关于 MAC 协议,第 11 章有所介绍,本章以路由技术为主。

一般来说,无线传感器网络的特征如下:

① 传感器网络与传统的网络有很大的区别,后者通常以网络地址(如 IP 地址)作为节点的标识和路由的依据,而传感器网络更关注的是数据的可达性,而不是具体哪个节点获取到信息。例如,利用 WSN 对矿井进行监控,只需要知道矿井中有无瓦斯泄露即可,或者再详细到哪个位置即可。因此,自组织网络可能不需要依赖于全网唯一的标识。在这种情况下,网络通常包含多个节点到少数汇聚节点的数据流,形成了以数据为中心(非以地址为中心)的转发过程。

② 由于节点体积、价格和功耗等因素的限制,传感器节点的数据处理、存储能力比一般的计算机要小很多,相比传统 Ad Hoc 网络的节点也显得较弱。这就要求节点上运行的算法不能太复杂而导致效率低下。

③ 无线传感器节点自身携带电源,能量有限,使用中不方便通过更换电池或者以充电的方式来提供能量,一旦电源能量耗尽,节点就失去了功效。这要求网络运行的路由算法必须考

虑节能的问题,不仅要关心单个节点的能量损耗,更需要将整个网络的能耗均匀地分布到各个节点,只有这样才能延长整个网络的生命周期。WSN 对能量的要求,比传统 Ad Hoc 网络更高。

④ 由于很多基于 WSN 的应用都没有频繁移动的要求,多数 WSN 对节点的移动性要求没有传统 Ad Hoc 网络高。但是,为了达到节约能量的目的,很多研究通过算法人为地控制 WSN 节点是否睡眠,也会导致 WSN 拓扑的变化。另外,WSN 一般运用在恶劣环境下,可能导致节点失效,这些都对 WSN 路由算法的自适应性、动态重构性及抗毁性提出了较高的要求。

⑤ 多数研究假设 WSN 的节点数量众多,分布密集。在监测区域内,可以部署成千上万个传感器节点,通过设置分布密集的节点,利用节点之间的连通性可以保证系统的容错性能,有效地减少误差和盲区。但是节点数量众多,也带来了数据传输的冗余性、能耗大等问题,算法应该考虑节能性,以及数据合并、融合等功能。

⑥ 同样是因为 WSN 对能量效率的高要求,研究人员往往可以利用 MAC 层的跨层服务信息来进行转发节点、数据流向的选择等。

⑦ 与具体应用紧密相关。

17.2　路由算法

17.2.1　概　述

无线传感器网络的分类有很多种,这也是由无线传感器网络复杂多变的应用需求所决定的。下面将从网络组网模式的角度对路由协议进行讲述。

1. 平面路由协议

在平面组网模式中,所有节点具有基本一致的功能(执行相同的 MAC、路由算法和网络管理等),它们一般角色相同、没有特殊的角色,这些节点通过相互协作来完成数据的交流和汇聚。

平面型路由有很多,包括最早的 Flooding、Gossiping,经典的 DD、SPIN、EAR、GBR、HREEMR、SMECN、GEM、SCBR,以及考虑 QoS 的 SAR 等。

在 Flooding 协议中,节点采集到数据后,向所有邻居节点进行广播;邻居节点如果是第一次收到该报文,则向自己的邻居节点广播,否则丢弃该报文。这样报文一直在网络中传播,直到报文到达最大跳数或到达目的地。这种协议非常简单,但是容易导致内爆(Implosion)和重叠(Overlap),进而导致资源的浪费。

> 内爆:节点几乎同时从多个邻节点收到多份相同的数据。
> 重叠:不同的节点收到相同的数据,并转发给了相同的节点,导致后者先后收到多份相同数据。

Gossiping 协议对 Flooding 进行了改进,节点在转发过程中,将向所有邻居节点广播改为随即选择一个邻居节点进行转发,后者以同样的方式进行处理。Gossiping 协议增加了数据传送的延时。

以上两个算法的特点是很简单,不需要维护任何路由信息,但是扩展性都很差。

DD(Directed Diffusion)协议是以数据为中心的路由算法的一个经典协议。

DD 的主要思想明显区别于传统的路由思想:数据不是主动地由传感器节点发送给汇聚节点的,而是由汇聚节点发出查询命令,传感器节点收到命令后,根据查询条件,只将汇聚节点感兴趣的数据发送给汇聚节点。

这是一种典型的基于查询的路由算法,这种查询是通过定期向全网广播兴趣包来实现的。在 DD 协议中,节点在接收到信息后可以进行缓存和融合的操作,以减少不必要的数据传送,节约链路资源。

DD 协议第一次从数据属性的角度寻求最优路径,具有一定的能耗控制能力。但由于 DD 是基于查询驱动的机制,不太适合于实时性的网络应用,如环境监控等。

2. 层次路由协议

层次路由又称为分层、分级路由,顾名思义,类似于社会组织一样进行分级管理,见图 5 - 16 - 2。

➤ 层次路由将所有节点事先分成组,通常称为簇。

➤ 每个簇中选择一个特殊的组长节点,通常称为簇头,簇头必须具有完善的路由、管理、处理能力。簇头除了和本簇内节点通信外,一般只和其他簇的簇头,或者汇聚节点进行通信。

➤ 普通的节点,通常称为成员节点,可能不具备完善的功能(甚至不能充当路由器功能),一般不与簇外其他节点通信,只是将数据发送到簇头节点(或者反之),然后由簇头节点发给其他节点或汇聚节点。

簇成员的行为根据不同的算法,也有不同的表现,这也是在考虑能耗问题上的不同解决方案。

➤ 在简单算法中,簇成员只能将数据发给簇头(一跳),由簇头转发给本簇内其他节点或簇外节点(或者相反方向,下面不再赘述)。

➤ 在复杂一些的算法中,簇成员之间可以直接通信,簇成员甚至可以作为中继节点转发其他成员的数据给簇头。

➤ 更加复杂一些的算法,簇成员甚至可以作为不同簇的簇头间通信的中继节点。

区分簇头和簇成员节点,可以降低系统建设的成本(不必每个节点都拥有完善的路由、管理等功能),ZigBee 体系就采用了明确的区分机制。

但是,也可以假设这种区分是逻辑上的,也就是所有节点都拥有完善的功能,只是充当角色不同罢了。考虑这样一种情况,因为簇头节点需要完成更多的工作、消耗更多的能量,从均衡网络能量消耗的角度看,需要定期更换簇头,避免簇头节点因为过度消耗能量而死亡。很多算法都采用了轮流充当簇头的这一思想。

层次路由协议因为在能耗、可扩展性等方面的优势,取得了很大的发展。

最经典的层次路由协议是 LEACH 协议。层次路由协议还包括 PEGASIS、TEEN/APTEEN、GAF、GEAR、SPAN、SOP、MECN、EARSN 等。

层次路由协议虽然在能耗问题和拓扑结构上都有所优化,但带来了协议的复杂性,比如簇头的选取,簇的分布等。

17.2.2　SPIN 协议

SPIN(Sensor Protocol for Information via Negotiation)是一种以数据为中心的自适应路由协议。其目标是通过使用节点间的协商制度和资源自适应机制,来解决传统协议所存在的内爆、重叠等问题。

在 SPIN 协议中,每个节点都拥有一个唯一的地址,称为节点的自身地址,并且假设:

➤ 每个传感器节点都知道自己需要哪些数据。

➤ 每个传感器节点都知道自己是否在数据源到汇聚节点的路径上。

➤ 每个传感器节点都有监控自身能量消耗的管理器。

SPIN 的核心思想是:节点通过与邻居节点的三次握手协商,使得双方只交换那些对自己有用的数据。

为了完成双方的协商过程,SPIN 要求必须对相关的数据属性进行合理的属性描述,这些描述构成了数据的元数据。由于元数据远远小于节点采集的数据,所以传输元数据所消耗的能量也较少。

SPIN 涉及以下三种报文类型:

➤ DATA:用来封装数据的报文。

➤ ADV:节点用来向其他节点通告"本节点有数据发送",ADV 包含了对将要发送的 DATA 数据的相关属性(元数据)。

➤ REQ:用来表明"本节点对你通告的数据感兴趣",并请求接收数据。

SPIN 的基本工作方式如图 5 - 17 - 1 所示。

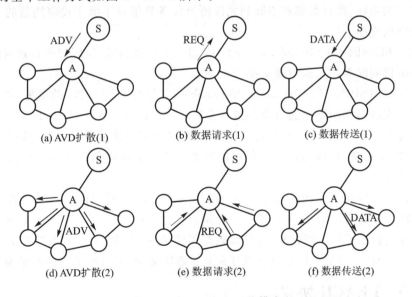

(a) AVD扩散(1)	(b) 数据请求(1)	(c) 数据传送(1)
(d) AVD扩散(2)	(e) 数据请求(2)	(f) 数据传送(2)

图 5 - 17 - 1　SPIN 工作模式

① 当节点(设为 S)采集到(或接收到)有效数据 d 时,S 立即生成与数据 d 相匹配的元数据,并将元数据和自身的地址 A_s 封装成 ADV 报文,向邻居节点进行广播。

② 收到 ADV 报文的节点(设为 A,地址为 A_a),提取 ADV 报文的元数据域,根据元数据判断该数据是否为自身所需要的。

> 如果不需要,则丢弃 ADV 报文,结束处理。

> 根据自身情况(如自身能量情况和应用需要等),决定是否"有能力"接收。如果"没有能力"接收,则丢弃 ADV 报文,结束处理。

> 提取 ADV 报文中的上游地址 A_s,将元数据封装成相应的 REQ 报文向外广播。其中,REQ 的目的地址为 A_s,源地址为 A_a,表明向 S 请求数据。

③ S 收到了其他节点发送的 REQ 报文,提取 REQ 报文中的目的地址 A_s,判断 A_s 是否和自身的地址相同。

> 不相同,则表示此 REQ 和自己发出的 ADV 无关,丢弃此 REQ 报文。

> 相同,则提取 REQ 的源地址 A_a、元数据域,找到与元数据相匹配的自身数据 d,封装生成相应的 DATA 包向外广播。其中,DATA 的目的地址为 A_a,源地址为 A_s。

④ 节点收到 DATA 包后,检查其目的地址 A_a 是否和自己的地址相同,从而判断是否为自身所请求的 DATA 包。

> 不相符,表明不是发给自己的,丢弃此报文。

> 相符,则进行存储,转向①。

⑤ 重复以上步骤,DATA 报文可被传输到远方汇聚节点。

实际上,SPIN 协议族包括了以下 4 种不同的形式:

> SPIN - PP(SPIN for Point - to - Point Media):最简单的 SPIN 协议,采用点到点的通信模式,并假定两节点之间的通信不受其他节点的干扰,分组不会丢失,功率没有任何限制。

> SPIN - EC(SPIN - PP with a Low - Energy Threshold):在 SPIN - PP 的基础上考虑了节点的功耗,即只有那些能顺利完成所有任务且能量不低于设定阈值的节点才可参与数据的交换。

> SPIN - BC(SPIN for Broadcast Media):设计了广播信道,使所有在有效通信半径内的节点可以同时参与完成数据交换。

> SPIN - RL(SPIN - BC for Lossy Network):它是对 SPIN - BC 的完善,主要考虑了如何纠正无线链路所导致的分组差错与丢失。协议记录了相关状态,如果在确定时间间隔内接收不到请求数据,则发送重传请求,但是重传请求的次数有一定的限制。

SPIN 的协商机制和元数据机制,有效地解决了传统算法中的内爆、重叠等问题,因此有效地节约了能量。

SPIN 的缺点是,在传输数据的过程中,直接向邻居节点广播 ADV 报文,而没有考虑其邻居节点不愿转发数据的情况(例如出于自身能量的考虑、对数据不感兴趣等),如果所有邻居节点都不希望接收数据并转发的时候,将导致数据无法传输,出现"数据盲点",进而影响整个网络信息的收集。而且,当某个汇聚节点对任何数据都需要时,其周围节点的能量很容易耗尽。

17.2.3 LEACH 协议

1. 概　述

LEACH(LOW - Energy Adaptive Clustering Hierarchy,低能量自适应聚簇体系)是经典的,以最小化传感器网络能量损耗为目标的分层式协议。

LEACH 的主要思路是:网络中的一些节点被选举为簇头,其他非簇头节点选择距离自己最近的簇头加入成簇,在网络上形成分层的拓扑。当节点监测到有事件发生时,节点将事件直接传输给簇头(一跳完成),由簇头将所得的数据进行处理后,直接转发给基站(一跳完成)。

LEACH 的体系如图 5 - 17 - 2 所示。

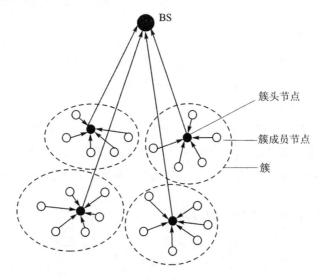

图 5 - 17 - 2　LEACH 系统体系

为了正常工作,LEACH 协议提出以下假设:

➤ 所有传感器节点均具备与基站直接通信的能力,以保证簇头可以和基站实现直接通信。

➤ 传感器节点可以控制发射功率的大小,在同簇头通信时,控制到最小的功率。

➤ 相邻节点所感知到的数据具有较大的相关性。

➤ 传感器节点均具备数据融合处理能力,减少重复数据的发送,减少能量消耗。

但是,如果长期担任簇头,节点将负载过重,导致节点过早死亡,在网络中形成空洞,不利于网络的持续工作。所以应该实现传感器节点轮流充当簇头,从而将整个网络的负载平均地分配到每个传感器节点上,实现整个传感器网络能量均衡的目的,进而可以延长网络的整体生存时间。

在这个方面,LEACH 协议的主要思想是:随机选择一些簇头节点,并且在经过一段工作时间后重新随机选择簇头来工作(已经当选过簇头的节点不再参选)。当所有节点都当选过一次簇头后,LEACH 协议将一切从头开始。

LEACH 协议按照轮(Round)来进行工作,每轮分为两个阶段,簇建立阶段和数据传输阶段,如图 5 - 17 - 3 所示。

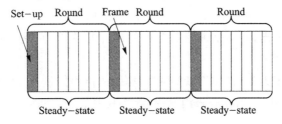

图 5 - 17 - 3　LEACH 的工作方式

> 簇建立(Set - up)阶段,得到一个合适的簇头,并且形成簇。
> 稳定/数据传输(Steady - state)阶段,进行数据的传输。需要注意的是,为了降低资源开销,数据传输阶段的持续时间应长于簇建立阶段的持续时间。

2. 簇建立阶段

簇的建立是 LEACH 协议的关键,一旦簇建立完成,后面的数据传送就非常简单了。

LEACH 协议是先产生簇头,再产生簇的,其簇的建立过程可以分成 4 个阶段:簇头节点的选择、簇头节点的广播、簇的形成和调度机制的生成。

(1) 簇头节点的选择

网络中所需要的簇头节点总数,以及迄今为止每个节点已充当过簇头节点的情况,是 LEACH 协议簇头选择的重要依据。具体的选择办法是:在簇建立阶段,传感器节点随机生成一个 0 到 1 之间的随机数,并且与阈值 $T(n)$ 作比较,如果小于该阈值,则该节点就自动当选为簇头。

阈值 $T(n)$ 是按照下列公式进行计算的:

$$T(n) = \begin{cases} \dfrac{p}{1 - p * \left(r \bmod \dfrac{1}{p}\right)} & n \in G \\ 0 & \text{otherwise} \end{cases} \tag{17-1}$$

式中:

> p 为簇头节点数的期望值(H_s)与网络中节点总数的比值,p 在不同的环境下会有不同的取值。
> r 为当前轮数。
> G 为未当选簇头的节点的集合。

通过上述阈值公式,所有节点在 $1/p$ 轮内必然当选一次簇头。

协议开始运行后,在第 1 轮(即 $r=0$)时,所有节点均有机会参选簇头,并且成为簇头的概率均为 p,因为 $T(n)=p$。

在随后轮中($r=1,2,3...$),前面轮中已经当选过簇头的节点不再参加簇头的选举(因为阈值 $T(n)=0$);而那些未曾当选过簇头的节点,其当选簇头的概率将逐轮增加(因为阈值 $T(n)$ 不断增大)。

当协议运行至最后一轮(即 $r=(1/p)-1$)时,因为 $T(n)=1$,所有尚未当选过簇头的节点均以 1 的概率成为簇头。

在后续的一轮中,所有节点又重新回到第 1 轮($r=0$)时的情况,重新进行簇头选举的过程。实际上,$1/p$ 轮有些相当于"超轮",或者一个大循环。

另外,从上面可以看出,并不是每轮都必然有 H_s 个簇头,它只是一个期望值而已。

(2) 簇头节点的广播

簇头节点选定后,簇头节点以 CSMA 协议、相同的传输能量,广播自己成为本轮簇头的消息(ADV),并将自己的 ID 号附在公告消息内,等待其他节点的回应。

(3) 簇的形成

非簇头节点在接收到多个 ADV 广播消息后,比较收到的 ADV 消息的强度,选择信号强

度最大的簇头节点作为自己的簇头(如果 ADV 信号强度相等,则随机选择 1 个),并通过 CSMA协议向簇头节点发出"加入请求"消息(Join‐REQ),此消息包含了发送节点的 ID 号以及簇头的 ID 号(用以辨识),从而完成簇的建立过程。

(4) 调度机制的生成

簇头节点收到非簇头节点请求加入的信息后,基于本簇内加入的节点数目来创建 TDMA 调度,为簇内成员分配传送数据的时隙,并发送给簇内的所有成员节点,避免出现数据传输的冲突。同时通知该簇内的所有节点,何时可以开始传输数据。

3. 数据传输阶段

在稳定数据传输阶段,传感器节点将采集的数据首先传送到簇头节点。簇头节点对簇中所有节点所发送的数据进行收集,并在进行信息融合后,再传送给汇聚节点。

为了避免数据发送的冲突,簇内使用 TDMA 方式进行通信。

为了避免簇间串扰,LEACH 协议规定:

➢ 同一个簇内的节点采用同一个 CDMA 码字进行数据传输。由簇头决定本簇中节点所用的 CDMA 编码并发送给簇内节点。

➢ 不同的簇使用不同的 CDMA 码字进行编码,由于不同码字之间的正交关系,其他簇的信号将被本簇内的节点当作噪声信号过滤掉。

为了节省能量,LEACH 协议规定:

➢ 各节点根据在簇建立阶段所收到的 ADV 信号强度来调整自己的信号发送功率,以使得信号刚好能被簇头节点所接收。

➢ 由于这一阶段的数据传输用的是 TDMA 方式,节点在不属于自己的 TDMA 时隙内,可以使收发装置进入低功耗模式以节省能量。

这些都要求各节点的物理层设备有调整自身收发装置功率的能力。当然,簇头的无线收发装置必须一直处于开启状态,用于接收来自不同成员节点的数据。

簇头和汇聚节点之间的通信采用 CSMA 方式竞争使用信道:簇头在与汇聚节点建立数据连接时,应先侦听信道,确定汇聚节点当前处于空闲状态才能发送自己的数据。由于汇聚节点与簇头间的距离相对较远,此时的信号传输需要较高的功率。

4. 协议的分析与发展

LEACH 协议的优点是:

➢ 大量的通信只发生在簇内,有效地降低了能量的消耗。

➢ 轮换簇头的机制,避免了簇头过分消耗能量,提高了网络的生存时间。

➢ 随机选举簇头机制简单,无需复杂的交流、协作过程,减少了协议的消耗。

➢ 数据聚合有效地减少了通信量。

经过实验,与静态的基于多簇结构的路由协议相比,LEACH 协议可以将网络生命周期延长 15%。

LEACH 协议的缺点是:

➢ 协议采用一跳通信,虽然传输时延小,但要求节点具有较大的通信功率。

➢ 扩展性较差,不适合更大规模的网络。

➢ 即使在小规模网络中,离汇聚节点较远的节点由于需要采用大功率通信,也会导致生存时间较短。

➢ 簇头的选举有着太大的随机性,不具有分布均匀性,并且考虑的因素(比如能量、距离汇聚节点的距离)较少。

不可否认,LEACH 协议的提出,对于无线传感器网络路由协议的发展具有重要的意义,之后出现的分层路由协议很多都是在 LEACH 协议的基础上发展而来的。从 2000 年 LEACH 协议的提出到现在,研究学者提出了很多基于 LEACH 协议的改进成果,他们主要从以下几个方面进行了改进:

➢ 改进簇头选举机制,在簇头选举的过程中考虑了更多的因素,如节点剩余能量、节点到汇聚节点的距离等。

➢ 改进簇的生成机制,使簇头均匀分布于整个网络,使网络的能耗更加均衡。

➢ 减少节点数据传输的频率,缩短节点之间通信的平均距离。

➢ 考虑簇头之间的接力传递数据(即簇头之间执行平面型路由),具有较大的优势。

17.2.4 PEGASIS 协议

高能效采集(Power Efficient Gathering in Sensor Information System,PEGASIS)协议是在 LEACH 协议的基础上进行改进,并发展起来的最优链式协议,它同样采用动态选举簇头的办法,但同 LEACH 有很大的不同,每次只选择一个簇头。

PEGASIS 模型基于以下假设:

➢ 网络中的节点能够获得其他节点的位置信息。

➢ 每个节点都具有和汇聚节点直接通信的能力。

➢ 网络节点类型相同,在所部署的区域内不可移动。

➢ 网络节点能够对发射功率进行控制。

➢ 网络相邻节点分布密集。

➢ 节点的监测数据具有相似性。

PEGASIS 协议的实现分为成链和数据传输两个阶段。

成链阶段的工作核心就是将所有节点串行工作,从而构造一条路径链,工作如下:

➢ 从距离汇聚节点最远的节点开始工作。

➢ 节点发送能量递减的测试信号,通过检测应答来确定哪一个邻居节点离自己最近,并将其作为自己的下一跳节点。使下一跳节点开始工作,重复本操作。

➢ 依次遍历网络中的所有节点,最终形成一条链。

工作过程中,已经存在于链中的节点,不能被作为当前检测节点的下一跳节点,从而防止成环,后续工作无法执行。成链工作示意图如图 5-17-4 所示。

数据传输阶段分轮进行工作,每一轮只选出一个簇头节点。

数据传输从链的两端开始,各节点接收邻节点的数据,并与自身的数据融合后,以最低的功率(只有下一跳邻居能够收到),点对点传给下一个邻接点。

最后由簇头以点到点的方式传向汇聚节点。传输工作示意图如图 5-17-5 所示。

由于数据传输只在链上相邻的两个节点之间进行,这两个节点又是距离最"短"的,大大减小了发送的功率。簇头节点最多只接收两个邻居节点的数据,与 LEACH 协议相比,大大减少了数据的传送量。并且只由一个簇头发送数据给汇聚节点,避免了大量节点和汇聚节点的远距离通信过程。

PEGASIS 协议虽然很新颖,但是也有很大的缺点。例如,链中远距离节点的数据,延迟会很大。而且簇头节点的唯一性使得簇头会成为瓶颈,且簇头消耗很大。PEGASIS 协议将网络中的全部节点构造成一条链,如果链上的某一个节点死亡,则使得从链端到该节点的所有数据全部丢失,因此 PEGASIS 的容错性不佳。另外,同 LEACH 一样,要求所有节点一跳到达汇聚节点,显然要求较高。

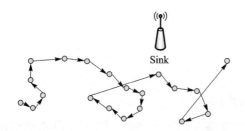

图 5-17-4 PEGASIS 的成链方式

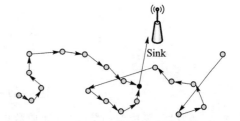

图 5-17-5 PEGASIS 的数据传输方式

17.3 特殊传感器网络

17.3.1 水声传感器网络

水声传感器网络(Under Water Acoustic Sensor Networks,UWASN)是在水下部署的传感器网络,是前面水声网络的延续。

网络以水下传感器作为感知节点来感知、监测水下的环境信息,各个传感器节点/中继节点之间通过水声通信进行交流,浮标/水面工作站作为基站/汇聚节点。

图 5-17-6 展示了水声传感器网络的示意图。

与常见的传感器网络相比,水声传感器网络有着很多不同点:

➤ 水声传感器网络最大的不同是采用水声通信,而不采用电磁波,根据实验,Berkeley MICA2 Motes 传感器节点,在水下只有 1.2 m 的传输范围,这显然无法完成大多数任务。

➤ 水声传感器网络的结构大多数是三维的(除了水底网络可以考虑成二维的)。

➤ 网络中传感器节点的平均距离一般都比较大,延迟也大,数据传输错误率高。

水下传感器网络,一般可以由水下传感器、水下中继器、浮标/水面工作站、数据处理工作站等组成。

① 水下传感器是水声网络系统的基本组成部分,传感器可以移动,也可以基本固定。同普通的 WSN 节点一样,水下传感器具有两部分功能:

➤ 感知部件,负责完成指定的感知任务。

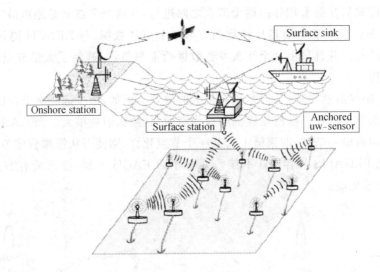

图 5 - 17 - 6　水声传感器网络

➤ 转发器,形成路由信息,并完成数据的中转,实现将其他感知部件发来的信息发送给水面方向。

② 水下中继器负责将水下传感器感知的信息中继到水面设备。

③ 无线中继浮标/水面工作站是漂浮于水面的特殊节点,不仅可以与水下的节点进行通信,还可以通过有线或者无线方式同水面舰艇、岸边工作站、甚至于卫星进行通信,是连接水下与陆地/空中通信的网关。

水下通信网的结构有集中式、中继式和混合式。

1. 集中式

如图 5 - 17 - 7(a)所示,类似于常见的星形网络。

在集中式结构中,所有的网络节点之间,以及网络节点与网络外部之间的通信都通过一个中心节点来完成。

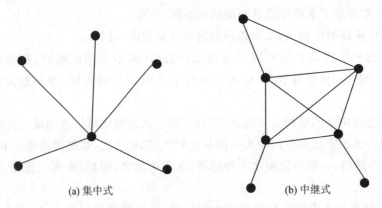

(a) 集中式　　　　　　　　　　(b) 中继式

图 5 - 17 - 7　水下通信网结构

集中式的网络节点通常由海底传感器组成,而中心节点则可以由无线中继浮标或水面船只等来承担。所有传感器直接将感知到的数据，发给中心节点，由后者将数据转发给远程用户。

该结构的主要优点是简单，节点之间的通信甚至不必涉及网络层，只需要数据链路层就可以完成指定功能。针对网内通信，中心节点可以作为交换机，利用 MAC 地址完成通信；而针对网外，中心节点可以作为一个特殊的网关，进行协议的翻译和补充。

但是该结构的缺点也是很明显的，第一是对中心节点的依赖性过大，如果中心节点出现故障，整个网络将陷入瘫痪。特别是具有军事背景的，更加需要注重这个问题。可以通过增加备用节点来提高网络的可靠性。另外，这种方式的通信距离也往往受限，在一定程度上限制了网络的规模和范围。

2. 中继式

中继式（或称为网状结构）如图 5 - 17 - 7(b)所示，可以在任意的相邻节点之间建立起通信链路，使得数据通过多次中继传输，实现从源节点到目的节点的通信。由于需要将点到点的通信链路串联起来形成完整的路径，所以应该实现第三层路由功能（特别是在网络规模比较大的情况下）。

中继式结构由于实现接力式传递，可以实现较长距离的信息传输，比较适合于深海探测、大范围海域探测的情况。这种结构的另外一个优势是，可以通过源节点与目的节点之间冗余的链路，显著提高网络的可靠性。

但是中继式结构也显著增加了网络的复杂性，需要较为复杂的路由算法和拓扑控制算法，而且增加了时延。

3. 混合式

在水声通信网设计中，综合考虑各种因素，通常还可以采用集中式和中继式相混合的类树形结构。即最底层采用集中式，而中、上层采用中继式。

水声网络的数据接收方（中转方）一般为水下的无人深潜器、潜艇，空中的飞机和太空的卫星等，这样的节点往往频繁移动，采用无线通信技术无疑是最佳的选择。

但是，考虑到带宽等问题，也可以把一些关键节点（如水面/半潜式中继浮标、无人深潜器等）考虑为"基站"（接收声波的基站），采用光纤网作为关键节点与水面、陆地通信，既解决了用户的移动问题，又解决了传播速度低的瓶颈。

目前，常用的水声传感器网络所采用的路由，采用了流行的自组织网络路由（AODV、DSR等），或者是在这些路由的基础上，针对一些特性（比如可靠性、能耗）进行了相应的改进。

【案例 17 - 2】　美国 SeaWeb

从 20 世纪 90 年代末开始的 12 年，美国进行了多次广域海网（SeaWeb）的海底水声通信网络试验，旨在推进未来的海军作战能力。

SeaWeb 早期采用了 TDMA 方式，网络效率低，只进行了 4 个节点的测试。SeaWeb 98采用 FDMA 方式、树状拓扑，验证了存储转发、自动重传、简单的静态路由等。SeaWeb 99 增加了节点（15 个）、网关，以及运行在网关上的 SeaWeb 服务器。SeaWeb 2000 网络节点达 17个，采用了 CDMA/TDMA 的复用方式，增加了协议的控制功能。SeaWeb 2003 实验包含了 3个水下无人潜水器、2 个网关浮标和 6 个分节点，测试了用于追踪和引导水下移动节点的水下测距功能。SeaWeb 2004 有 40 个节点,验证了分布式拓扑结构和动态路由协议。SeaWeb 2005 实验(见图 5 - 17 - 8)中采用了 6 个呈五边形分布、系留在海床上的的通信节点,用于无人潜水器导航实验。

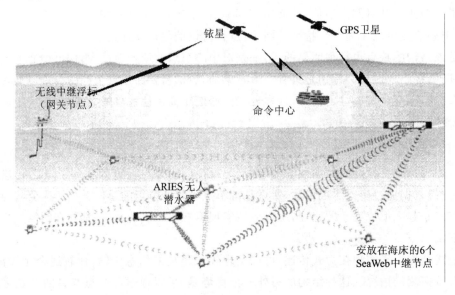

图 5 - 17 - 8　SeaWeb 2005 海试示意图

17.3.2　WSID

由于 RFID 阅读器只是简单地将信息从射频标签中读出,并不进行处理和传送,导致工作距离较短,限制了它的应用范围。如何将应用与阅读器进行连接是部署 RFID 应用的关键问题之一。

近年来,WSN 技术获得了飞速的发展,将 RFID 技术融入 WSN 节点顺理成章。由 RFID 技术感知标签信息,由 WSN 实现的自组网将识别到的标签信息向 RFID 服务器或其他网络进行传送,可以大大扩展 RFID 系统的应用范围。

WSN 与 RFID 技术结合后,就形成了一种新型的、混合的网络——无线传感射频识别(Wireless Sensor Identification,WSID)网络。这种应用既有 RFID 系统的功能,又具有 WSN 成本低、部署方便、传输距离远等特点。另外,还可以利用 WSN 的其他功能(例如节点定位)来形成物体综合的、多维的信息。

一个有效的方案是,在港口部署 WSID 网络,可快速实现对集装箱的信息采集、定位、快速进出港等的管理。可以在提高港口工作效率的前提下,节约运行成本,对港口的信息化和自动化建设具有重大意义。

【案例 17 - 3】　港口物流管控

南京拓诺传感网络科技有限公司与连云港港口集团、东南大学共同承担 2012 年江苏省工业和信息产业转型升级专项引导资金项目——基于物联网的港口物流智能管控平台及工程示范。项目采用以 GPS、WSID、虚拟现实技术为核心的物联网方案来实现港口物流管控,将 WSID、GPS、GIS、2G/3GD、多媒体数字集群和互联网等信息技术进行有机结合,形成系统集成产品。建设了涵盖连云港港口仓储、作业、运输等的港口物流智能管控平台。

第18章 机会网络

传统的无线传感器网络缺少针对恶劣环境下,无线网络分裂和连接中断的特殊处理方案。另外,在实际的无线自组织网络应用中,由于节点的移动、节点密度稀疏以及障碍物的出现等不确定因素,也可能造成网络在很多情况下是无法连通的。这种情况下,传统无线网络甚至无法运行。

但是,通信的节点之间不存在通路,并不代表通信完全无法进行,节点移动相遇带来的暂时通信机会,也可以完成交换数据的目的。机会网络(Opportunistic Networks)就是这样一种新型的自组织网络,它不需要在源节点和目的节点之间存在一条完整的链路,而是利用节点移动带来的相遇机会来实现通信。

18.1 机会网络概述

1. 机会网络概念及特征

机会网络的部分概念来源于早期的延迟容忍网络 DTN(Delay Tolerant Network)研究。DTN 最初是延迟容忍网络研究组(DTNRG)为星际网络(Inter – Planetary Network,IPN)通信而提出来的,其主要目标是支持具有间歇性连通、延迟大、错误率高等通信特征的、不同网络的互联和互操作。DTN 网络体系由多个运行独立通信协议的 DTN 域组成,域间网关利用"存储—转发"的模式工作:当去往目标 DTN 域的链路存在时,则转发消息;否则,将消息存储在本地持久存储器中等待可用链路。

机会网络又可以叫做稀疏 Ad Hoc 网络,可以看成是具有一般 DTN 网络特征的无线自组织网。一个描述性的定义如下:机会网络是一种不需要源节点和目的节点之间存在完整链路(或者说,事先无法确定源节点和目的节点之间的路径是否存在),而是**利用节点移动带来的相遇机会实现通信的自组织网络。**

为了更好地理解机会网络工作的概念,以图 5 – 18 – 1 为例,介绍机会网络的特征及消息发送的过程。

图 5 – 18 – 1(a)表示源节点 S 生成了一个需要发送到目的节点 D 的消息(图中有背景色的节点表明持有该消息)。S 将消息转发给当时恰巧在附近移动的节点 1。然后所有节点按不同速度与方向继续移动。

图 5 – 18 – 1(b)中,节点 1 在移动过程中,遇到了节点 2 和节点 3,节点 1 将消息转发给节点 2 和节点 3(如果节点 2 和节点 3 都合适)。此时网络中持有该消息的节点共有 4 个,分别是节点 S、1、2 和 3,只要其中的一个节点与目的节点 D 相遇,就能完成消息的投递,消息的投递成功率将大大提高。

在机会网络中,由于外界或者算法自身的原因,也可能出现这种情况:虽然节点相遇,但并未发生消息投递,如图 5 – 18 – 1(c)所示,节点 4 并未接收该消息。

最后,携带消息的节点 3 恰巧移动到了目的节点 D 附近,将消息发送给 D,完成了一次消息的投递过程。

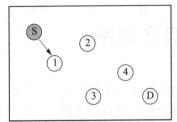

(a) S生成一个消息，遇到节点1，转发给后者

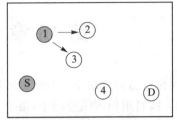

(b) 节点1遇到2和3，转发给后者

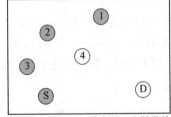

(c) 在某些情况下，消息不一定转发给4

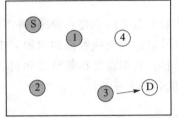

(d) 节点3移动到节点D附近，将消息发给D

图 5 - 18 - 1　机会网络的消息转发

需要指出的是，并非所有机会网络都是这样工作的，例如并非所有机会网络都允许消息被复制多份。

由此可以看出，在机会网络中，传统的依据网络路由信息进行寻路的机制，转变成了依据某些因素（如所要传输数据的特点、类型以及相遇节点的特点等）来选择合适的下一跳节点的决策问题。路由的目标也有所不同，机会网络的目标是：在相同的时间内，在消息源节点与目的节点之间成功传输尽可能多的消息。

另外，从例子中还可以看出，节点的移动模型对网络通信性能的影响较大。因此，在对机会网络路由进行研究时，应该先定义出节点的移动模型，刻画出节点的移动规律、相遇概率、相遇时间/周期等核心要素，这是影响网络通信性能的重要因素之一。

【案例 18 - 1】 Zebranet

Zebranet 是普林斯顿大学设计的，使用机会网络来跟踪野生斑马的科研项目，已在 Mpala 研究中心投入实际应用，得到了部分测试结果。项目利用部分斑马身上安装的传感器，来收集斑马的迁徙数据，并且在斑马之间进行交换数据，而工作人员则定期开车到追踪区域，利用移动基站来收集数据。

机会网络有以下特征：

➢ 网络间歇性连通。节点间通信信道的不断建立和断开使得网络的拓扑结构不断变化，网络经常被分割成多个互不连通的子区域，信息源节点和目的节点之间可能从来就没有存在一条连通的数据链路。

➢ 对节点缓存要求高。由于机会网络节点随机移动，信息在没有遇到下一节点时，必须保存在缓存中，这可能消耗大量的缓存资源。一旦缓存溢出，节点将不能接收信息，进而导致传输率低下。相比于传统的自组织网络而言，机会网络对节点缓存容量和缓存机制要求更高。

➢ 信息发送延迟高。机会网络通信机会少，节点在移动并等待机会传输报文上可能会消耗很长时间，导致报文发送延迟高。在通信节点间相遇概率较低的情况下，消息甚至不可达。

➤ 信息发送传输速率低。节点接触时间短暂,通信时间有限而等待传输的数据较多等会导致数据传输速率低、成功率低。

机会网络与传统自组织网的比较如表 18-1 所列。

表 18-1 机会网络与传统自组织网的比较

对比项	机会网络	传统自组织网
延迟	延迟较高,可以是数小时,也可以达到几天,甚至可能无法送达	延迟较低,一般为数秒或者数分钟
链路连接中断	频繁出现链路中断,一般不能直接丢弃报文,而是采用存储—携带—转发的模式	出现概率相对较低,可以直接丢弃报文
节点移动模型	对网络性能有重要影响	一般采用简单随机行走模型
缓存	存储空间消耗快	存储空间消耗不大
数据率	不可靠的数据率	一般较稳定
应用场景	经济欠发达地区的环境	环境要求相对较高

2. 机会网络的应用

目前机会网络不仅仅局限于理论研究阶段,已经有成功运作的机会网络案例。目前机会网络主要的应用领域如下:

(1)野生动物监控

野生动物监控主要研究野生动物的迁徙行为,以及对生态环境变化的反应等。如 Zebranet。

(2)袖珍型交换网络

随着手机,PDA 等手持设备的普及,通过人们的相遇机会形成了一个袖珍型交换网络。由欧盟委员会资助的 Haggle Project 从 2006 年开始,为期 4 年,致力于为自治/机会网络通信提供解决方案。在此项目中,工作人员正在研究 Pocket Switched Networks(PSNs),它利用任何可能遇到的设备(如手机和 PDA 等手持设备),实现数据交换。

(3)车载自组织网络(VANET)

CarTel 是 MIT 开发的、基于车辆传感器的信息收集和发布系统,能够用于环境监测、路况收集、车辆诊断和路线导航等。

安装在车辆上的嵌入式 CarTel 节点,负责收集和处理车辆上多种传感器采集的数据,包括车辆运行信息和道路信息等。使用 Wi-Fi 或 Bluetooth 等通信技术,CarTel 节点可以在车辆相遇时直接交换数据。同时,CarTel 节点也可以通过路边的无线接入点将数据发送到 Internet 服务器上。

(4)偏远地区互联网无线接入

DakNet Project 是在印度实施的一个项目,致力于为乡村地区建立一种低成本的异步通信基础设施。通过在村庄搭建一种能提供数据存储和短距离无线通信的设备,定期与安装在公共汽车、摩托车上的移动接入点(MAPs)进行数据交换。MAPs 可以上传数据到互联网,也可以从互联网上下载数据。

DakNet 支持互联网的信息(例如,电子邮件、音频/视频通信等),公布消息(例如新闻等),并收集消息(例如,环境传感器信息、投票、健康记录等)。

（5）商业网

在欧美地区应用的，向路人发送热门折扣商品信息的数据分组商业应用，如 BlueCast、BlueBlitz 等。

18.2　机会网络体系结构及路由技术

18.2.1　概　述

1. 机会网络体系结构

机会网络通过在中间节点的应用层与传输层之间插入一个新的协议层来执行"存储—携带—转发"的交换机制，该层称为束层（Bundle Layer）。

使用束层的节点之间的通信协议被称为束协议（Bundle Protocol），束层中的消息被称为束，往往由节点进行融合、压缩后再进行传递，以提高传输的效率。

机会网络中，每个节点都是一个具有束层的实体，它可以作为主机、路由器或网关。

束层的另外一个重要作用是可以屏蔽异构网络的差异性，实现异构通信设备间消息的传输。

机会网络体系结构如图 5 - 18 - 2 所示。

网络层
束层
传输层
网络层
数据链路层
物理层

图 5 - 18 - 2　机会网络体系结构

2. 机会网络路由特点和分类

机会网络的特点导致其路由与传统自组织网络的路由有很大不同。

机会网络路由机制的性能评价标准如下：

➢ 消息传输延迟：即数据消息由源节点发出，到目的节点成功接收所需要的时间。

➢ 传输成功率：在给定的时间内，网络中成功传输到目的节点的消息数量与源节点发出的消息总数之比。

➢ 能量的消耗：网络中的消息由源节点发出到目的节点成功接收的整个过程中，网络节点所消耗的能量。

国内外的众多学者对机会网络的路由机制进行了深入的研究，提出了多种机会网络路由算法，典型的路由算法包括 Epidemic、Spray and Wait、Spray and Focus、CAR、PROPHET等。研究提出的机会网络路由算法基本符合以下特点：

➢ "存储—携带—转发"的路由模式。在机会网络中，通信双方往往无法维持一个可持续通信的端到端链路，其通信是通过节点间的移动、相遇来实现的，即形成了特有的"存储—携带—转发"路由模式。

➢ 多次转发。在机会网络路由算法中，节点相遇时会转发自己所拥有的消息，多次相遇之后，一个消息可能会被转发多次，甚至出现同一消息在网络中出现多个副本的现象。

➢ 节点间信息交换。网络分裂、没有确定端到端路径等因素导致消息发送困难，因此节点相遇时互相交换信息（控制信息和报文信息等）的机制成为消息转发的有效方法。

这些路由协议，从不同的角度观察，有不同的分类方法，并且多数路由算法可以划归到多个类别下面,如图 5 - 18 - 3 所示。

从转发机制出发,路由算法分为下面 3 类:

(1) **基于冗余的路由策略**(Redundancy - based)

在消息传播过程中复制出多个副本,只要其中任何一个副本成功传递到目的节点,则传输消息成功。此类路由策略的核心在于确定出网络中消息的最大副本数,以及副本产生的方式。网络中消息有多份复制,增加了消息传递的成功率,但同时也增加了单个消息在网络中资源(包括传输资源和存储资源)的消耗。

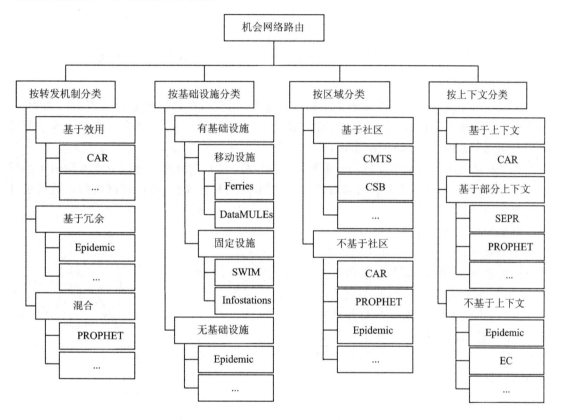

图 5 - 18 - 3　机会网络路由分类

(2) **基于效用的路由策略**(Utility - based)

只将同一消息的一份副本注入网络,但是引入效用值的概念(比如概率),对节点能够将消息传送到目的节点的能力进行描述。一般来讲,效用值越大,从该节点出发的投递成功率越高。节点相遇时,消息从效用值低的节点转移到效用值高的节点,提高消息传达的成功率。相比于基于复制的路由,该类算法的消息投递成功率较低,消息投递延迟较高,但消息传输资源的耗费较低。

(3) **混合的路由策略**(Hybrid)

借鉴了前两种路由策略的思想:首先,按照效用函数来计算节点的效用值;其次,将一个消息复制多个副本在网络中传播;针对每一个副本,在节点相遇时都比较两个节点的效用值,消息从效用值低的节点转发到效用值高的节点,直到到达目的节点。

该策略可以平衡资源耗费和消息投递成功率、消息投递延迟之间的矛盾。

从区域性出发,路由分为两类:基于社区的路由策略和不基于社区的路由策略。

基于社区的路由策略考虑了这样的场景,即节点之间的联系有些类似于人类的社区结构:一部分节点之间联系相对紧密,而与其他部分的节点连接相对稀疏。这就使得网络中出现了"群",即社区。大部分基于社区的路由策略,其基本思想都是将消息的路由分为两种类别,一种是社区内消息的传输,一种是社区间消息的传输。

对于要传输的消息,分为下面 3 个步骤:

➢ 首先在社区内部传输。

➢ 当遇到合适的转发机会时,进行社区间的消息传输。

➢ 当消息到达目标社区后,改为在目标社区内的消息传输。

基于社区模型的机会网络路由算法主要有 BUBBLE RAP、CMTS、CSB 等。

3. 社区模型的概念

机会网络是依靠节点移动带来的通信机会进行工作的,所以应该考虑节点的运动特征。而节点的相遇频率和相遇时间等运动特征,取决于节点的移动模型。机会网络节点运动模型的研究相比于其他 Ad Hoc 网络来说,更加重要。

基于社区的节点运动模型是一个重要的运动模型,它考虑的因素包括节点运动的地理偏好、时间偏好等。通过收集节点的运动信息,分析节点的社会属性,可以对网络路由进行更好的规划,提升网络的性能。

典型的社区模型将整个网络看成是由若干个社区所构成的,在社区的内部,节点的关系相对紧密,体现为相遇机会较多;但是在不同的社区之间,节点连接相对稀疏,体现为大多数节点与其他社区节点的相遇机会较少,只有个别节点相对活跃,与其他社区的某些节点之间保持相对紧密的联系。社区结构示意图如图 5-18-4 所示。

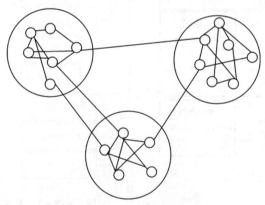

图 5-18-4 社区结构示意图

目前,机会网络中较典型的社区结构发现算法主要有以下几种:谱二分法、WH 算法、Kemighan-Lin 算法、Radicchi 算法、GN 算法、Newman 快速算法等。

在社区发现算法的基础上,研究人员提出了相应的社区模型。包括:

➢ 基于节点运动地理偏好的社区模型,指节点在机会网络中运动时,会经常出现在某些固定的地理区域,而较少或者没有运动到另外一些区域。

➢ 基于节点运动时间偏好的社区模型,指机会网络中的节点会在固定的时间范围内进行距离相对较大的移动,而在某些固定的时间范围内,节点移动范围较小或者不移动。

在整体的角度上观察,某些节点相对于另外一些节点较活跃,移动范围较大,甚至经常进入到其他社区内进行运动,而相对较安静的节点,移动范围较小,较少离开本社区进入其他社区进行运动,甚至从未离开过本社区进行运动。

18.2.2　PROPHET

早期的 Epidemic 协议本质上是一种泛洪路由协议。网络中的每个节点维护一个消息队列,任何两个节点相遇时,节点都会相互交换对方没有存储的消息,直到将消息传输到目的节点为止。在资源足够的情况下,Epidemic 算法可以保证找到抵达目的节点的最短路径,并且达到最小时延。但是在实际的网络环境中,网络带宽和节点缓存等资源会迅速消耗,因此Epidemic算法的扩展性很差。

基于效用的路由策略只在网络中传输消息的一份复制,该类策略只消耗很少的资源,但由于机会网络拓扑的不稳定性和随机性,它的消息投递成功率较低,投递延迟较高。

PROPHET(Probabilistic Routing in Intermittently Connected Networks)是典型的冗余效用混合路由策略,它吸取了上面两种路由策略的优点。

首先,PROPHET 采取了冗余策略中的多份复制的传输思想,但是算法中,节点并非盲目地复制报文给任意一个相遇节点,而是采用效用策略的方法,仅把报文复制给那些"性能表现好"的节点,实现了在避免泛洪的同时,提高了传递的成功率。

在 PROPHET 算法中,每个节点维护自己到其他节点的传输概率($P_{(a,b)}$),形成一个向量表。传输概率是对下一次相遇的预测,表示节点间再次相遇并成功传递消息的可能性。传输概率根据下面公式进行更新。

$$P_{(a,b)} = P_{(a,b)\text{old}} + (1 - P_{(a,b)\text{old}})P_{\text{init}} \tag{18-1}$$

$$P_{(a,b)} = P_{(a,b)\text{old}} \times \gamma^k \tag{18-2}$$

式(18-1)和(18-2)分别叫更新公式和衰减公式。其中:

➤ $P_{(a,b)} \in [0,1]$表示消息成功从设备 a 传递到节点 b 的概率。

➤ $P_{\text{init}} \in [0,1]$是一个概率初始值,网络初始化时,所有节点的传输概率都初始化为 P_{init}。

➤ $\gamma \in [0,1]$是衰减常数,γ 越小,概率随时间衰减越快。

➤ k 是单位时间的个数,表示两个节点之间未相遇的时间长度。单位时间的大小可以根据网络实际状况进行调整。

节点 a、b 相遇时,分别根据公式(18-1)更新自己到达对方的传输概率(下面只考虑 a 的情况)。此时 $P_{(a,b)}$ 变大,反映出因 a、b 相遇,a 到达 b 的概率有所增加。

若节点 a、b 在一段时间内没有接触,则传输概率 $P_{(a,b)}$ 根据公式(18-2)进行衰减,反映出 a、b 因为长时间不相遇,而有所生疏,传输概率有所减小。

公式(18-1)和(18-2)说明,假如一个节点与另一个节点曾多次相遇,则这两个节点再次相遇的可能性比较高;反之,若两个节点长时间未相遇,则认为它们再相遇的可能减小。

根据常识,如果节点 a 和 b 以及 b 和 c 相遇的可能性都比较大,则节点 a 和 c 相遇的可能性也会较大,这说明传输概率具有传递性。因此,协议引入了以下公式:

$$P_{(a,c)} = P_{(a,c)\text{old}} + (1 - P_{(a,c)\text{old}}) \times P_{(a,b)} \times P_{(b,c)} \times \beta \tag{18-3}$$

该公式反映了传输概率的传递特性,其中,缩放常数 $\beta \in (0,1)$ 是个权重因子,反映了传输概率的传递性所能影响的范围,β 值越大,则节点传输概率的传递性对总的传输概率的影响越大。

当两个节点相遇时,消息应该由传输概率低的节点传递到传输概率高的节点,直到消息成功投递。根据这个思想,节点 a,b 相遇时交换信息的步骤如下:

① 节点 a,b 交换各自的传输概率。

② 根据传输概率交换信息，规则如下：

➤ 针对每一个消息，假设消息的目的节点为 D，如果 b 到 D 的传输概率大于 a 到 D 的传输概率，即 $P_{(b,D)} > P_{(a,D)}$，则 a 将消息传递给 b；反之 b 将消息传递给 a。

➤ 在交换的过程中，如果节点收到新消息，节点首先判断自己是否有足够的缓冲区，如果缓冲区不足以保存新消息，按照 FIFO 的原则，首先删除缓冲区中"老"的消息。

③ 一次交换过程完成，节点继续移动，此后每遇到一个节点，都重复上面的过程，直到消息传输到目的节点，完成消息的投递。

由此也可以看出，PROPHET 算法并没有明确限制消息副本的复制数量，不同的消息，在网络中的副本数很可能是不同的。在极端的情况下，只有一份，或者可能有 n 份（n 为网络中的节点数）。

由于 PROPHET 算法没有明确使用 ACK 机制，有些发送成功的消息，还会保存一段时间，造成了资源的浪费，甚至影响到那些未成功投递的消息。

PROPHET 考虑了路径状态信息，对节点转发数据的成功率进行了估计，有选择地实现邻居节点信息的复制，从而大大降低了报文在节点之间的无目的传输，减少了网络带宽和节点缓存等资源的消耗。并且由于对节点传输概率的估算，消息传输的成功率和网络延时都得到了改善。随着网络规模的不断扩大，其性能明显优于 Epidemic 路由规则。

PROPHET 的缺点是，由于节点在网络中的频繁移动，使得对网络链路的估算实现起来比较困难，同样，额外的计算也增加了节点能量的消耗，并在一定程度上影响了传输性能。另外，很多研究指出，PROPHET 算法没有考虑节点的相遇时间，即假设相遇时间足够长，从而信息交换必然成功，这也是不太现实的。

18.2.3　CMTS 路由算法

CMTS 算法首先提出了一种节点运动的社区模型。该模型假设如下：

➤ 每个节点只能属于一个社区。

➤ 在社区内部，节点采用随机目标移动模型。

➤ 每个节点有一个社会度，用来表示其社会关系的强度，每个节点根据社会度来决定下一个目标社区。

➤ 如果节点离开本社区到达目标社区，它将随机选择目标社区中的一个位置作为其移动的目的地。

➤ 当节点移动到目的地后，它将随机地停留一段时间，然后继续选择下一个移动目的地。

该社区模型中描述了节点运动过程中比较基本的运动规则，使得机会网络社区模型较为贴近现实。

算法规定，网络中的每个节点 i 都保存一个关系向量 R_i，其中 R_{ij} 表示节点 i 和 j 在一段时间内相遇的次数，以此来表示节点 i 和 j 接触的频繁程度。根据网络中所有节点接触的频繁程度，利用 Newman 等人提出的 Weight Network Analysis（WNA）社区划分算法，将网络中的所有移动节点划分成不同的社区。

CMTS 算法的基本思想是：利用节点的社会属性，在将节点划分成不同的社区后，针对传输消息的区域特点，分别采用社区内和社区间的消息传输策略。

1. 社区内传输策略

算法采用多份复制和控制转发条件的原则（实际上就是基于冗余与基于效用相混合的路

由策略）：

 ➤ 计算社区内消息的最佳复制数量 L，实现多份复制。

 ➤ 利用节点活跃度来控制消息的转发条件，只有遇到合适的条件，才进行转发。

算法提出了节点活跃度的计算公式为

$$T_{ij} = \frac{\text{NetworkTime}}{E_{ij}} \tag{18-4}$$

式中：

 ➤ NetworkTime 表示目前为止网络运行的总时间。

 ➤ E_{ij} 表示在 NetworkTime 的时间内，节点 i 与 j 相遇过的次数。

 ➤ T_{ij} 表示节点 i 与 j 的平均相遇时间，T_{ij} 越小，活跃度越大。

两个节点相遇，在进行报文交流时，消息从活跃度较小的节点转交给活跃度大的节点，即与目的节点平均相遇时间间隔较短的节点作为中继节点进行转发。

算法过程如下：

① 源节点产生消息，计算消息复制数量 L_{carry}^{s}，携带该消息进行运动。

② 携带消息的节点 i 在运动过程中，遇到其他节点 j，针对每一个消息（设目的节点为 d），如果 $T_{id} < T_{jd}$，说明转发时机未到；否则，说明 j 与 d 相遇的概率较大，可以转发，根据下面原则进行处理：

 ➤ 若 $L_{\text{carry}}^{i} > 1$，则将该消息复制给 j，并令 $L_{\text{carry}}^{i} = 1$，$L_{\text{carry}}^{j} = L_{\text{carry}}^{i} - 1$。

 ➤ 若 i 的 $L_{\text{carry}}^{i} = 1$，则将该消息复制给 j，并将 i 中该消息的复制删除，令 $L_{\text{carry}}^{j} = 1$。

③ 重复上述过程，直到消息到达目的节点。

从节约资源的角度出发，限制消息复制数量，选取与目的节点接触更加频繁的节点作为中继节点进行消息的传输，两者相结合，可以在提高投递成功率的基础上，有效地降低消息收发的次数，从而达到降低网络开销的目的。

2. 社区间传输策略

社区间消息的传输分为两个阶段：

 ➤ 利用节点的社会度来找寻去目标社区概率大的节点。

 ➤ 在目标社区中找寻目的节点，该阶段的算法利用社区内的路由算法进行实现。

在第一个阶段，同样采用了多复制和控制转发相结合的原则。

① 设置区间消息的复制数量上限为 C，C 初始化为网络中社区的个数。

② 携带消息的节点 i 与节点 j 相遇时，针对每一个消息 m（目的节点为 d），根据下面原则进行转发：

 ➤ 如果 j 与 d 属于同一个社区，则 i 将 m 复制给 j，并令 $L_{\text{carry}}^{j} = L_{\text{carry}}^{i}$，$i$ 删除该消息的复制。

 ➤ 如果 i 的社会度小于 j，且 i 携带的消息复制份数 $L_{\text{carry}}^{i} > 1$，按照两个节点的社会度的比例，将 L_{carry}^{i} 进行重新分配，节点的社会度越高，就会获得越多的消息复制数量，从而有更多的机会将消息复制携带到其他社区。

 ➤ 当按照比例计算复制份数的结果 < 1 时，则将该节点中消息的复制删除，以减轻网络的负载。

算法中，在完成社区间消息的传输任务后，可以删除网络中冗余的消息复制，以避免消息的过度转发，进而避免造成通信信道的竞争和节点缓存等资源上的消耗。

虽然 CMTS 算法提出了节点的社区模型,并且基于该模型提出了社区内和社区间的路由算法,提升了网络的性能,但是该算法也存在着一些不足。首先,CMTS 算法的社区模型考虑的因素过于简单,和真实环境中的节点运动规律还有相当的差距。其次,网络中节点社会度的获取是完全随机的,而且不带有动态调节的功能,使得节点之间的关系具有随机性。

18.3 车载自组织网络

随着社会的蓬勃发展,城市交通拥堵、事故频发,以及恶劣天气下各种险情等,需要及时通告并处理。作为智能交通系统重要组成部分的车载自组织网络(VANET)被提了出来,可望成为保障行车通畅和安全的关键。

VANET 也称为车联网络,指配备有短距离无线通信设备的车辆之间形成的网络,是将无线通信技术应用于车辆间通信的自组织网络。搭载了通信设备的车辆作为网络中可以移动的节点,负责完成信息在车辆之间的随机传递。VANET 示意图如图 5 - 18 - 5 所示。

通过传递信息,车辆可以获得实时的交通数据,做出明智的交通决策。例如,一位在高速公路上行车的车主,其前方道路出现了事故,该事件可以通过对面的行车从前方捎带过来并进行"广播",及时提示车主进行改道。另外,车主还可以根据其他车辆传回的信息决定驾驶的速度和方式等。

车载网的通信是发生在车辆之间的,这些车主并非相互认识,因而车载网的关键并不在于通信的方式,而在于车辆的动态行为。车间相遇时间短暂、密度分布不均匀、车辆的行为具有很大的随机性而不可预测等,加之车载网络通常为非连通网络,这些都为车载网中的路由算法提出了巨大的挑战。

目前的车载网路由算法可以划分为:广播式路由、基于位置的路由、对现有 Ad Hoc 路由的改进路由、基于分簇的路由等。

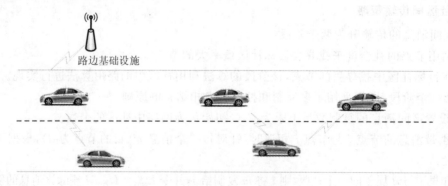

图 5 - 18 - 5　VANET 示意图

【案例 18 - 2】　车载智能信息系统

2011 年福特演示了未来的 Talking Vehicles 技术,其可以利用车辆间的无线通信来进行道路的预警。

第 19 章 蓝 牙

19.1 概 述

蓝牙(Bluetooth)是目前无线个域网(WPAN)的主流技术之一。1998 年 5 月由爱立信、诺基亚、东芝、IBM 和英特尔共同开发。目前蓝牙设备已进入普及期。蓝牙的目标是利用短距离、低成本的无线连接替代电缆连接,为现存的数据网络和小型的外围设备(打印机、键盘、鼠标等)提供统一的无线通信手段。

蓝牙的标准是 IEEE 802.15.1 和 IEEE 802.15.2,工作在 2.4 GHz ISM(即工业、科学、医学)频带,不需要执照许可证,可以在 10~100 m 的短距离内无线传输数据,支持 1 Mbps、4 Mbps、8 Mbps 和 12 Mbps 等多种传输速度。

蓝牙采用一种无基站的组网方式,一个蓝牙设备可同时与多个蓝牙设备相连,具有灵活的组网方式。

在软件结构上,蓝牙设备需要一些基本的互操作性的支持,也就是说,蓝牙设备必须能够彼此识别。对于一些设备,比如耳机,这种要求相对简单,但对于某些设备,这种要求涉及无线模块、空中协议以及应用层协议和对象交换格式等。

根据蓝牙协议,各种蓝牙设备无论在任何地方,都可以通过查询来发现其他蓝牙设备,从而构成网络。也就是当蓝牙用户走进新的地点时,能够自动查找周围的其他蓝牙设备,方便地实现用户通信,以及主动获取附近的服务。

目前电话网络的语音通话属于电路交换类型,通话双方需要建立起一条专门的通道,网络上的数据传输属于分组交换类型,将数据切割成具有地址标记的分组后通过多条共享通道发送出去。而蓝牙技术可以支持电路交换和分组交换,即能同时传输语音和数据信息,支持点对点或点对多点的话音、数据业务。

蓝牙还可以为用户提供一定的安全机制,其中鉴权是蓝牙系统中的关键部分,它允许用户为个人的蓝牙设备建立一个信任域,连接中的个人信息由加密来保护安全性。

蓝牙技术不断发展,2009 年蓝牙 3.0 可以使用不同的无线技术,包括 802.11 和超宽带(UWB)技术,带宽得到了大幅提高。2010 年,蓝牙技术联盟宣布正式采纳蓝牙 4.0 核心规范,其特色是低功耗蓝牙无线技术规范,该技术拥有极低的运行和待机功耗,同时还拥有低成本、跨厂商互操作性、3 ms 低延迟、100 m 以上超长距离、AES-128 加密等特色。特别是低成本,在一定程度上弥补了以往成本较高的不足。

通过标准的不断更新,蓝牙技术已经成为短距离无线应用中最为普及的一项技术。蓝牙技术的典型环境有无线办公环境、汽车工业、信息家电、医疗设备以及学校教育等。

【案例 19-1】 应用在医疗健康领域

蓝牙是设备到计算机/手机最后 10 m 的最好技术之一。深圳蓝色飞舞科技推出的 BF10 蓝牙模块,已经成熟地应用在医疗健康领域,如蓝牙血压计、蓝牙计步器、蓝牙血氧、蓝牙健康秤、蓝牙血糖仪、蓝牙心电等。采用了蓝牙的医疗监护设备,使受监护的病患也可以适当活动,不必时刻躺在病床上。而且,那些医疗的禁区,如手术室、放射摄片室、放疗室等,必须要有严格的隔离制度,蓝牙在这些地方能发挥很好的作用,使医生可以通过遥控方式进行一些检查和治疗,大大方便了医生的治疗和会诊的工作。

19.2 蓝牙协议体系结构

和许多通信系统一样,蓝牙的通信协议采用层次结构,其程序写在一个 8 mm×8 mm 的微芯片中。蓝牙规范的协议体系可以分为 4 大类,如图 5-19-1 所示。

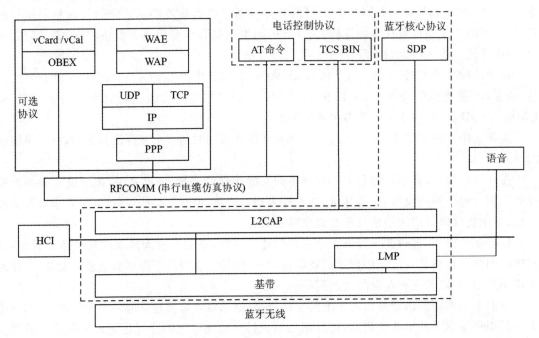

图 5-19-1 蓝牙协议体系

核心协议是蓝牙协议的关键部分。核心协议包括基带(BaseBand,BB)部分协议,用于链路的建立、安全和控制的链路管理协议(Link Manager Protocol,LMP),描述主机控制器接口的 HCI 协议,支持高层协议复用、帧的组装和拆分的逻辑链路控制和适配协议 L2CAP (Logical Link Control and Adaptation Protocol),发现蓝牙设备的服务发现协议(Service Discovery Protocol,SDP)等。

1. 基带 BB

基带位于蓝牙无线之上,为网内蓝牙设备之间建立起物理射频连接,构成物理连接。基带在蓝牙协议栈中起链路控制和异步/同步链路管理的作用。基带提供了两种不同的物理链路:面向连接的同步链路(Synchronous Connection Oriented,SCO)和异步无连接链路(Asynchronous Connection-Less,ACL)。

➢ SCO:主要用于那些对实时性要求很高的通信,适用于语音及数据/语音的组合。

➢ ACL:主要用于那些对时间要求不敏感的数据通信。

2. 链路管理协议 LMP

LMP 负责蓝牙各设备间连接的建立,负责两个或多个设备之间的链路设置和控制,包括身份验证和加密,管理链路密钥,通过协商确定基带数据的大小,另外它还控制无线设备的电源模式和工作周期,以及网内设备的连接状态等。

基带协议和链路管理协议属于底层的蓝牙传输协议,侧重于语音与数据无线通信的实现。

3. HCI(Host Controller Interface)

HCI 是蓝牙协议中软件和硬件接口的部分。它提供了一个调用下层基带、链路管理协议、状态和控制寄存器等硬件的统一命令接口。上、下模块之间的消息和数据的传递必须通过 HCI 的解释才能进行。HCI 层以上的协议实体运行在主机上,而 HCI 以下的功能由蓝牙设备来完成。

4. L2CAP

L2CAP 位于基带协议之上,与 LMP 一样都位于 ISO/OSI 七层协议的第二层数据链路层。L2CAP 和 LMP 的工作是并行独立的,因此基带数据业务可以跨过 LMP,通过 L2CAP 直接把数据传送到高层。虽然基带协议提供了 SCO 和 ACL 两种连接类型,但 L2CAP 只支持 ACL。L2CAP 的主要功能如下:

➢ 协议复用:L2CAP 对高层协议提供多路复用的功能,可以区分其上的 SDP、RFCOMM 和 TCS 等协议。

➢ 分段与重组:基带协议中定义的数据长度较短,有效载荷最大为 341 字节,而高层的数据往往大于这个限制,L2CAP 必须在传输前对其进行分段,在接收端,经过简单的完整性检查后,这些小的分段需要被重新组合。

➢ 服务质量:在蓝牙设备建立连接的过程中,L2CAP 允许交换蓝牙设备所期望的服务质量信息,并在连接建立之后,通过监视资源的使用情况来保证服务质量的实现。

➢ 组抽象:在一个蓝牙网中最多可以有 8 个活跃设备,这些设备组成一个组在同一个时钟下同步地工作。而同时,许多协议存在地址组的概念,L2CAP 中组的概念可以把协议中的组有效地映射到微微网中。

5. 服务发现协议 SDP

一个设备上可以有一个或多个应用提供服务,使用 SDP,可以发现新加入设备所提供的服务,以及原有设备提供的新服务,从而可以访问蓝牙设备所提供的服务。

SDP 基于客户/服务器结构的协议,无需依靠其他设备,其中服务器负责维护服务记录列表(描述了服务的属性),并提供服务注册的方法和访问服务发现数据库的途径。客户端可以通过发送 SDP 请求从服务器记录中检索信息,从而发现服务器所提供的服务和服务的属性。服务的属性包括服务的类型以及使用该服务必须具备的机制或协议等。

通常,一个蓝牙设备既可以是服务器,也可以是客户端。一个蓝牙设备最多只有一个 SDP 服务器,如果蓝牙设备只充当客户端,则不需要 SDP 服务器。如果一个设备上有多个应用提供服务,使用一个 SDP 服务器就可以充当这些服务的提供者。多个客户应用也可以使用一个 SDP 客户端作为客户应用的代表请求服务。

SDP 服务器向客户提供的服务是随着两者的距离而动态变化的。当服务器由于某种原因离开服务区而不能提供服务时,服务器不会进行显式的通知。客户可以使用 SDP 轮询

(Poll)服务器,根据是否能够收到响应来判断服务器是否可用。如果服务器长时间没有响应,则认为服务器已经失效。

蓝牙高层协议包括了较多的协议,其中串口仿真协议(RFCOMM)是一种仿真协议,在蓝牙基带协议上仿真 RS－232 的控制和数据信号,为那些使用 RS－232 进行通信的上层协议提供服务。

二进制电话控制协议(Telephony Control Protocol Binary,TCS－Bin)是面向比特的协议,定义了蓝牙设备间建立数据和话音呼叫的控制信令,以及处理蓝牙 TCS 设备群的移动管理过程。

AT－Command 控制命令集定义在多用户模式下控制移动电话和调制解调器等。

对象交换协议 OBEX 是由红外线数据协会(IrDA)制定的会话层协议,类似于 HTTP 协议,假设传输层是可靠的,采用客户机/服务器模式。其上可以支持电子名片交换格式 vCard、电子日历及日程交换格式 vCal。

与互联网相关的高层协议,蓝牙定义了 PPP、IP、UDP、TCP 协议,以及无线应用协议 WAP(Wireless Application Protocol)等。其中 WAP 是由无线应用协议论坛制定的,融合了各种广域无线网络技术,选用 WAP,可以充分使用为无线环境(WAE)开发的应用软件。

19.3　微微网与散射网

在蓝牙中,未通信前设备的地位是平等的,在通信的过程中,设备则分为主设备(Master)和从设备(Slave)两个角色。其中首先提出通信要求的设备称为主设备,而被动进行通信的设备称为从设备。

蓝牙支持点到点和点到多点的连接,用无线方式将若干相互靠近的蓝牙设备连成网络——微微网(Pico Net,或皮可网)。

在微微网中,一个主设备最多可以同时与 7 个从设备进行通信。这种主从工作方式的个人区域网实现起来较为经济。

在蓝牙技术中,微微网的信道特性由主设备所决定,主设备的时钟作为微微网的主时钟,所有从设备的时钟需要与主设备的时钟同步。

微微网中,在主设备的控制下,主、从设备之间以**轮询**的调度方式,轮流使用信道进行数据的传输。

> 主设备首先启动发送过程,传送数据给从设备,或是询问从设备是否有数据传送给主设备。

> 从设备随后回应是否收到主设备发送的数据,或发送数据给主设备。

> 没有被轮询到的从设备则不被允许传送数据,直到该从设备被轮询到才可以进行数据的传输。

在蓝牙中,还可以通过共享主设备或从设备,把多个独立的、非同步的微微网连接起来,形成一个范围更大的散射网(Scatter Net,扩散网),如图 5－19－2 所示。

散射网可以不需要额外的网络设备。这样,多个蓝牙设备在某个区域内一起自主协调工作,相互间通信,形成一个独立的无线移动自组网络。

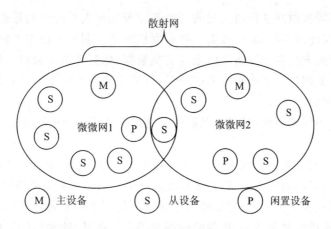

图 5 - 19 - 2　蓝牙拓扑结构

任一个蓝牙设备在微微网和散射网中,既可作为主设备,又可作为从设备(如图 5 - 19 - 3 所示),还可同时兼作主、从设备(在一个微微网中作为主设备,在另一个微微网中作为从设备, 如图 5 - 19 - 3 中的 M/S),因此在蓝牙设备中没有主、从之分。

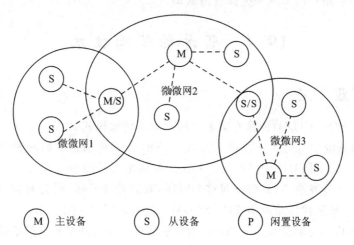

图 5 - 19 - 3　节点角色示意图

但是,一旦组成了微微网之后,同一个微微网内的 2 个从设备之间的通信,必须经过主设备进行中转。即从设备之间即使相聚很近,分别处在对方的传输范围之内,它们之间也不能建立直接链路进行通信。

连接两个或两个以上散射网的节点称为桥节点/网关节点。

➤ 桥节点可以在多个微微网中都充当从设备,这样的桥节点称为从/从桥(如图 5 - 19 - 3 中的 S/S)。

➤ 桥节点也可以在一个微微网中充当主设备,在其他微微网中充当从设备,这样的节点称为主/从桥(如图 5 - 19 - 3 中的 M/S)。

但是,没有主/主桥,因为如果两个微微网络有同一个主设备,就变成了同一个微微网。

虽然在蓝牙规范中,每个设备都可以充当多重角色,然而每个设备同时只能在一个微微网中进行通信,因为要想与其他微微网中的设备进行通信,必须事先进行时间和跳频的同步。

由于每次在不同微微网进行通信时的切换都会带来相当长的时间延迟,为了提高网络资源利用效率,以及保证网络的 QoS,需要一种调度机制来控制桥节点在不同微微网的工作,保证桥节点能以时分的方式在不同微微网之间交换数据,即蓝牙调度策略。好的蓝牙散射网调度方案必须在不降低网络连接成功率的前提下,尽可能地减少每个节点在散射网中充当的角色,也即减少切换次数。

根据桥节点所担任的角色的不同,散射网呈现出两种不同的拓扑结构,即分级结构与平面结构。

在分级结构中,网络拓扑表现为树形,网中存在一个根节点,规定根节点所在的微微网为根微微网,其他的微微网为叶微微网,每个叶微微网的主设备都是根微微网的从设备。各微微网中的内部通信可以独立进行,但叶微微网之间的通信服务都要通过根微微网。这种结构是集中式的,在保证连通性的条件下,所需的链路数最少。但是,这种结构下的根节点可能成为网络的瓶颈,而且树形结构中任何一对节点之间只存在一条路径,健壮性不强。

在平面结构中,相邻微微网之间通过共享从设备进行通信,共享的从设备在这些微微网中交替地处于活跃状态,实现微微网之间的通信。在平面结构的各个微微网都有多个连接路径,网络的健壮性好,但路径的生成和选择较为繁琐。

19.4 蓝牙的传输技术

19.4.1 双 工

蓝牙采用时分双工(TDD)传输方案来实现全双工传输模式。

TDD 是通信系统中常见的一种双工方式。TDD 方式将信道的时间轴分为时隙,发射和接收信号是在信道的不同时隙中进行的。其实更准确地说是同步半双工,第一个时隙由 A 发给 B,第二个时隙由 B 发给 A,此后按照这个顺序,双方轮流发送,因为时隙很短,所以感觉不出半双工的情况。第三代移动通信 TD - SCDMA 就是采用了 TDD 方式。

与 TDD 相对应的是频分双工 FDD,是指传输数据时需要两个独立的信道,通信双方各占用了一个信道进行信息交互,比如 GSM 网。

正因为如此,蓝牙的数据包是按照时隙进行传送的,在工作情况下,$625\ \mu s$ 为蓝牙的一个时隙。在正常的连接模式下,主设备总是以偶数时隙启动传输工作(如轮询从设备),而从设备则总是从奇数时隙启动传输工作。一个数据包在名义上占用一个时隙,但实际上可以被扩展到占用 5 个时隙。

19.4.2 跳 频

鉴于蓝牙采用的 ISM 频段是开放的频带,蓝牙在使用中会遇到不可预测的干扰源。为此,蓝牙特别设计了快速确认和跳频方案以确保链路的稳定传输。

所谓跳频技术,全称为跳变频率(Frequency Hopping,FH),就是将整个频带分为若干子信道,称为跳频信道,收发过程以一种特定的规律,在不同的时间,使用不同的跳频信道进行数据的传输,如图 5 - 19 - 4 所示。

即使是在单一连接的情况下,蓝牙芯片所操控的收发器也会按照一定的跳频码序列(具有

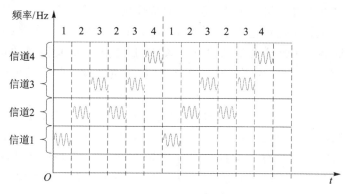

图 5 - 19 - 4　跳频示意图

规律性的,技术上称为"伪随机码"的数码集),不断地从一个信道"跳"转到另一个信道。而接收方亦按照同样的跳转规律进行信道切换来接收。

在工作的情况下,蓝牙的跳频频率为 1 600 跳/s,即每发送一个时隙的数据,产生一次跳频。

跳频机制属于扩频的一种,且实际上属于一种硬件加密手段,除非第三方掌握了发、收双方的切换信道规律,那么从理论上来讲是无法获得完整信息的。而对干扰来说,不可能存在按同样的规律介入的干扰源,跳频的瞬时带宽很窄,使被干扰的可能性变得很小,如此便可以保证传送的完整性。

至此,前面已经涉及了两类扩频技术,分别是以 CDMA、二次编码为代表的直接序列扩频(直扩,DS),和上面所讲的跳频。扩频还有两类,分别是跳时和线性调频。

跳变时间(Time Hopping)工作方式,简称跳时(TH),工作方式与跳频有些相似,跳时是使发射信号在时间轴上跳变。首先把时间轴分为帧,帧再细分为时隙。针对一个发送者,在一帧中只发送一个时隙的数据,但是具体在一帧内的哪个时隙发射信号,是由扩频码序列去进行控制的。

宽带线性调频(Chirp Modulation)工作方式,简称 Chirp 方式。如果发射端的射频信号在一个周期内,其载波的频率呈线性变化,则称为线性调频。这种扩频方式主要用在雷达中,但在通信中也有应用。

在上述几种基本扩频方式的基础上,还可以进行组合,构成各种混合方式。它们各有优势,组合在一起,可以解决多种问题。

同一个蓝牙网内的所有用户都与所在网的跳频序列同步。主设备的蓝牙地址(48 位设备地址)及时钟信息决定了跳频序列的相位和时间。**散射网便是依靠跳频码序列来识别每个微微网的。**

与工作在相同频段的其他通信系统相比,蓝牙跳频更快,数据更短,这使蓝牙比其他系统更不易被干扰,更稳定。

19.4.3　无线链路

蓝牙网络可以同时支持一个异步无连接链路 ACL,以及多达 3 个并发的面向连接的同步链路 SCO。

➤ 每一个语音信道(使用 SCO 链路)支持 64 kbps 的同步语音。

➤ 异步信道(使用 ACL 链路)支持两种情况:最大速率为 721 kbps、反向应答信道速率为

57.6 kbps 的非对称连接和 432 kbps 的对称连接。

ACL 链路在主、从设备间传输数据，一对主、从设备间只能建立一条 ACL 链路，在蓝牙网中，主设备可以与每个相连的从设备都建立一条 ACL 链路。ACL 链路的可靠性通过 ARQ 协议来保证。在 ACL 方式下，主设备控制链路带宽，负责从设备带宽的分配；而从设备依轮询方式发送数据。

蓝牙的同步链路 SCO，是通过将同步数据包在被保留的时隙内进行传输来实现的，即 SCO 链路在主设备预留的、周期性的 SCO 时隙内传输同步信号。当主、从设备之间的连接建立后，无论是否有数据发送，系统都会预留固定间隔的时隙给主设备和从设备。

如图 5-19-5 所示。图中，黑色表示有数据发送，白色代表没有数据发送。但是即便如此，白色所占用的时隙，仍然不能挪为他用。

SCO 分组不需要进行重传操作，因为 SCO 强调的是实时性。一个主设备可以同时支持 3 条 SCO 链路（可以与同一设备也可以和不同设备），一个从设备与一个主设备最多可以同时建立 3 条 SCO 链路，或者与不同主设备建立起 2 条 SCO 链路。

SCO 为对称连接，主、从设备无需轮询即可发送数据，SCO 的分组既可以是话音又可以是数据，当发生中断时，只有数据部分需要重传。

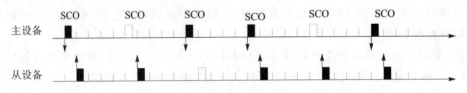

图 5-19-5 同步数据利用 SCO 保留时隙进行传输

19.4.4 数据包和编址

微微网信道内的数据都是通过数据包传输的。蓝牙定义了 5 种普通类型数据包、4 种 SCO 数据包和 7 种 ACL 数据包。

数据包的数据部分（Payload）可以包含语音字段、数据字段或者两者皆有。数据包可以占据一个以上的时隙（多时隙数据包）。数据部分还可以携带一个 16 位长的 CRC 码，用于数据错误检测。但是 SCO 数据包不包括 CRC。

蓝牙定义了 4 种基本类型的设备地址，如表 19-1 所列。

表 19-1 蓝牙地址类型

地址类型	说 明
BD_ADDR	48 位长的蓝牙设备地址（Blue Device Address）
AM_ADDR	3 位长的活跃成员地址（Active Member Address）
PM_ADDR	8 位长的休眠成员地址（Parking Member Address）
AR_ADDR	访问请求地址（Access Request Address）

为了识别众多的蓝牙设备，IEEE 802 标准为每个蓝牙设备分配了一个 48 位的标识（BD_ADDR），简称蓝牙地址。48 位蓝牙地址能寻址的蓝牙设备理论上有 2^{48} 个，但事实上，再大的散射网也用不完如此大的蓝牙设备空间。

在使用中把蓝牙地址分成了三段：低 24 位地址段（LAP），未定义 8 位地址段（NAP），高 16 位地址段（UAP）。NAP 和 UAP 合在一起形成了 24 位地址，用作生产厂商的唯一标识码，由蓝牙权威部门分配给不同的厂商。LAP 在各厂商内部分配。

另外，蓝牙还定义了简单的地址格式，分别是 AM_ADDR 和 PM_ADDR，地址的采用和节点的状态有关。

AM_ADDR 是用于对活跃状态的节点进行标识，001～111 是分配给 7 个活跃从设备的活跃地址（所以一个微微网中，主节点只能与 7 个从设备通信）。主设备没有活跃成员地址。当 AM_ADDR＝000 时，表示在一个微微网中进行消息的广播。从主设备发出的分组头部中包含有活跃地址、从而指定从设备进行通信。

PM_ADDR 用于分配给处于监听状态的从设备使用，用于区别那些处于休眠模式中的各个从设备。从设备处于休眠状态时就能获得一个休眠成员地址。主设备使用该地址或 48 位的蓝牙地址解除节点的休眠。如果从设备被激活，它在获得一个活跃地址的同时，将丢失一个休眠地址。

AR_ADDR 由处于休眠状态的从设备使用，用来发送访问请求信息。

19.4.5　建立连接

1. 蓝牙状态

蓝牙设备可以工作在以下两个状态：待机状态（Standby）和连接状态（Connection）。

蓝牙设备的默认状态为待机状态，在该状态下，连接的过程由主设备初始化。从待机状态到连接状态要经过一系列的中间子状态，这些状态主要可以分为两个阶段：

➤ 查询阶段：用来发现新的设备。

➤ 寻呼阶段：主设备用来激活并连接从设备。

蓝牙设备建立点对点连接的流程如图 5－19－6 所示，蓝牙子状态如表 19－2 所列。

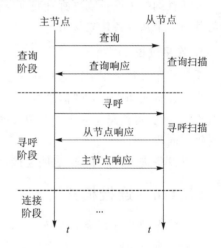

图 5－19－6　蓝牙链路建立过程

表 19－2　蓝牙子状态

所属阶段	子状态	描　述
查询阶段	查询（Inquiry）	主设备用于发现相邻的蓝牙设备，如公用打印机、传真机等
	查询扫描（Inquiry Scan）	从设备侦听来自其他设备的查询
	查询响应（Inquiry Response）	从设备用查询响应分组（FHS）数据包响应主设备，该数据包包含了从设备的设备接入码、内部时钟和其他从设备信息
寻呼阶段	寻呼（Page）	主设备用来激活和连接从设备。主设备通过在不同的跳频信道内传送从设备的设备接入码（DAC）来发出寻呼消息
	寻呼扫描（Page Scan）	从设备侦听自己的设备接入码（DAC）
	从设备响应（Slave Response）	如果设备接入码是自己，则从设备响应主设备的寻呼消息，并切换到主设备的信道参数上
	主设备响应（Master Response）	如果从设备回复主设备响应信息，则主设备进入连接状态

2. 查询阶段

主设备发出查询包,查询消息不含查询设备的任何信息,仅指出应答设备的类型。查询消息可以指定 GIAC 和 DIAC 两种查询方式。

➢ GIAC 用于查询所有设备。

➢ DIAC 用于查询特定类型的设备。

一个设备需要周期性地进入查询扫描状态并回复一个查询响应分组(FHS),才能使其他设备发现自己。查询响应是可选的,不一定必须响应查询消息。FHS 分组包含了设备的蓝牙地址、本地时钟及其相邻设备的 FHS 分组信息。

需要注意的是,在很小的空间范围内,如果几个设备同时响应主设备的一个查询信息,就会发生碰撞。为了避免这种现象,蓝牙规范建议采用如下方法:从设备在监听到查询信息后,产生一个 0~1 023 之间的随机数 Rand,在等待 Rand 个时隙后,设备再发送响应信息,从而大大减少了碰撞的可能性。

发起查询的主设备收集所有响应设备的地址和时钟信息。如果需要,它可以通过寻呼过程与其中一个从设备建立联系。

3. 连接过程

蓝牙使用寻呼过程来建立实际的连接。

当从设备成功收到寻呼信息后,主、从设备之间有一个简单的同步过程,它们进入一个响应过程,交换关键信息。对于一个微微网中的连接,最重要的是使用相同的跳频序列,以及进行时钟的同步。

一旦设备进入连接状态,表明连接已经建立成功,设备之间可以进行数据的传送。

19.4.6 连接模式

连接状态的蓝牙设备可以处于以下 4 种模式之一:活跃(Active)、保持(Hold)、呼吸(Sniff)和休眠(Park)。按功耗由高到低为活跃模式、呼吸模式、保持模式和休眠模式。

1. 活跃(Active)模式

处于活跃模式的设备可以参与微微网的正常通信。

主设备根据需要调整 AM_ADDR,发送相关数据给指定的从设备,并使从设备与自己保持同步。

从设备检查数据包,若数据包的 AM_ADDR 与自己匹配则读取该数据包。

在一个微微网中,最多只能有 7 个处于活跃模式的从设备,其他从设备必须进入 Park 状态。

2. 呼吸(Sniff)模式

又叫减速呼吸模式,是指降低从设备监听时隙的频率,实现间歇性的监听时隙。间隔可以依据应用的要求做适当调整。

当处于呼吸模式时,主设备只能在指定的时隙中发送数据包给从设备,而从设备只在指定的时隙上监听并读取数据包。

这样,从设备可以在空时隙睡眠,从而减少从设备监听信道的时间,节约电能。

3. 保持(Hold)模式

如果在微微网中,某些已经处于连接状态的从设备,在较长一段时间内没有数据传输的情况,蓝牙还支持 Hold 节能工作模式。主设备可以把从设备设置为 Hold 模式,从设备也可以主动要求被置为 Hold 模式。

在 Hold 模式下,从设备仍然保留活跃成员地址,但只有一个内部定时器在工作,从设备与主设备之间暂不进行数据的传输。

主、从设备经过协商后进入保持模式,从设备进入保持模式后将启用定时器,定时器到达定时时间后,从设备将被唤醒并与信道同步。一旦处于保持模式的单元被激活,则数据传递也可以立即重新开始。

Hold 模式一般被用于连接好几个微微网的情况,方便桥节点在多个微微网之间切换。Hold 模式还适用于从设备是需要低耗能的设备,如温度传感器。

4. 休眠(Park)模式

当设备暂时不需要参与微微网信道,但又希望保持和信道的同步时,可以进入休眠模式,处于低功耗状态。

休眠的设备放弃活跃成员地址,使用一个 8 位的休眠成员地址(PM_ADDR)和 8 位的接入请求地址(AR_ADDR)。

处于休眠模式的从设备还需要周期性地监听信道、同步时钟和监听广播消息等。通过休眠模式,主设备可以连接最多 255 个从设备甚至更多。

19.4.7　可靠性保证

为了进一步保证数据的完整性,蓝牙采用前向纠错(FEC)信道编码和自动请求重传(ARQ)机制,来减少远距离传输时的随机噪声影响。

在 ARQ 通信模型中,若接收方没有响应,则发送端将会进行数据包的重发。

如图 5-19-7 所示,从设备 A 没有接收到数据包 A2,所以从设备 A 给主设备发送 NACK 信号,主设备重新发送数据 A2。

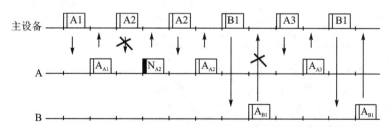

图 5-19-7　ACL 中 ARQ 机制

从设备 B 的情况有所不同,它接收到了主设备发送的数据包 B1,所以回送 ACK,但是主设备没有接收到 ACK 消息,所以主设备无法判断从设备 B 是否已经收到数据 B1,因此主设备重发数据 B1。从设备 B 需要判断数据的重复。

其中,ACK/NACK 信息加载在返回包的包头里。

19.5 散射网拓扑形成和路由算法

目前,蓝牙协议尚未对蓝牙散射网的形成作出统一的规范,但是国内外已经有许多学者提出了多种蓝牙 Ad Hoc 网络形成及路由算法。目前研究的蓝牙散射网的拓扑结构有树形结构、环形结构、网状结构和星形结构等。

下面简单介绍几种典型的算法。

19.5.1 BTCP 算法

BTCP 算法采用分布式逻辑构建蓝牙散射网,它假设:

➤ 所有节点都在相互的通信范围内,属于单跳算法。
➤ 散射网中的每个桥节点只能连接两个微微网。
➤ 两个微微网只能共享一个桥节点。

BTCP 设定微微网的个数为

$$P = \left\lceil \frac{17 - \sqrt{287 - 8N}}{2} \right\rceil, 1 \leqslant N \leqslant 36 \qquad (19-1)$$

式中,N 为节点数,P 为所需的最少微微网数。

➤ 因为每个微微网中只能有一个主设备,所以 P 也是最少的主设备数。
➤ 桥节点的个数为 $P(P-1)/2$,这里假设任意两个微微网都可以互联。
➤ 其余的节点为从设备,将均匀地分配给各微微网。

BTCP 散射网的形成可分为 3 个阶段,BTCP 散射网的形成过程如图 5-19-8 所示。

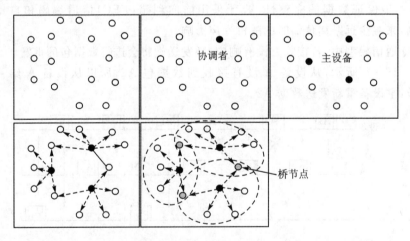

图 5-19-8 BTCP 散射网的形成过程

1. 推举协调者阶段

每个节点都持有一个变量 VOTES,初始值为 1。

所有节点随机进入查询或查询扫描模式,当两个节点互相发现时,比较它们所持有的 VOTES 值,VOTES 值较大的节点获胜。如果双方的 VOTES 值相等,则具有较大蓝牙地址的节点获胜。

负者将目前收集到的其他节点的 FHS(查询响应分组)送给获胜者,其中包含了节点的标识和时钟信息等,负者进入寻呼扫描状态。

获胜者接收负者的 FHS 包,且将负者的 VOTES 值累加到自己的 VOTES 值上,然后继续随机进入查询和查询扫描模式。

如此一直重复,直到在一段设定的时间范围内,某个节点没有发现其他节点 VOTES 值比自己的大,该节点就是推举出来的协调者。

2. 角色确定阶段

由第一阶段选出的协调者,根据所有节点的 FHS 包,通过式(19-1),计算得到最少主设备数和桥节点数,确定各个节点将在散射网中担任的角色。

因为这时除了协调者之外,其他节点都处于寻呼扫描状态,协调者通过寻呼程序与各选定的主设备沟通。

对于每个被选定的主设备,协调者都拥有一个连接列表,该列表包含有分配给该主设备的从设备、桥节点信息,协调者将这些列表发送给相应的主设备。

3. 连接建立阶段

当每个主设备从协调者那里接收到连接列表后,便以寻呼模式与它的桥节点和从设备建立连接,形成蓝牙微微网。

桥节点则会被通知,它在参与第一个微微网后,会再次进入寻呼扫描模式,参与第二个微微网。协调者在确定角色时,已确保每个桥节点只连接两个微微网。

当每个主设备都从它的桥节点处得知,桥节点已连接两个微微网时,一个完全连接的蓝牙散射网就形成了。

由于 BTCP 对散射网的要求过高,且要求整个散射网的节点数不能多于 36 个,因此算法的应用具有很大的局限性。

19.5.2 BlueTrees 算法

BlueTrees 是一个针对多跳情况的散射网拓扑生成方法。协议由一个指定的根节点发起散射网的构建。根节点以主设备的身份,一个接一个地寻呼其邻居节点,被寻呼的节点如果没有加入到某个微微网中,就接受寻呼,成为寻呼节点的从设备。

当某节点以从设备的身份加入到某个微微网后,它就开始以扩张的方式联系自己的邻节点,并在与其邻节点建立的新的微微网中担任主设备,从而形成主、从桥。

反复执行这个过程,直到所有的节点都成为某个微微网的成员时,整个散射网的构建过程完成。

最终得到的拓扑结构为树形。如图 5-19-9 所示。

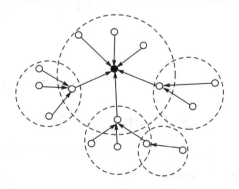

图 5-19-9 BlueTrees 算法

19.5.3 Scatternet - Route 协议

Scatternet - Route 协议与其他协议不同,不是事先将所有的设备互联起来,形成一个完整的散射网,而是只在有数据要传输时,才沿着发现的路由临时建立散射网。当数据传输完毕,该临时的散射网将被撤销。

Scatternet - Route 散射网形成协议分为两个阶段:

1. 基于泛洪法的路由发现

当源节点有数据需要发送时,就将一个路由发现包(RDP,Route Discovery Packet)泛洪到整个网络,寻找目的节点。

2. 反向 Scatternet - Route 形成阶段

当指定目的节点接收到第一个 RDP 时,就沿着该 RDP 来时的路径,反方向回送一个路由应答包(RRP)给源节点,同时启动散射网的形成进程,散射网由该路径上的所有节点所组成。

如图 5 - 19 - 10 所示,该协议采用主—从设备交替的散射网结构。因为散射网是由目的节点到源节点反向形成的,所以目的节点的角色最先确定,是第一个主设备。其后下一跳节点的角色由上一跳节点所确定,与上一跳节点的角色相反,即形成了主、从、主、从……这样的交替角色链。

在回送 RRP 的过程中,路径上的节点一个接一个地连接起来。当 RRP 到达源节点时,散射网就构建完毕。此后,路径上的那些从设备就作为从/从桥进行工作。

由于散射网是临时性质的,Scatternet - Route 协议不需要周期性地维护链路,更适用于那些网络拓扑经常变化的情况。但是这种按需建立的散射网,在进行数据传输的开始,时间延迟比较长。

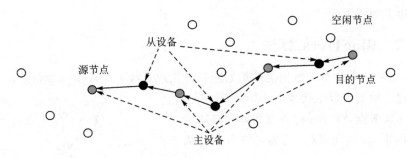

图 5 - 19 - 10　Scatternet - Route 算法

19.5.4 BlueStars 算法

BlueStars 协议形成了一个具有多条路径的网状网络,形成过程具有分布式的特点,协议分 3 个阶段进行。

1. 邻居发现阶段

相邻节点相互获取对方信息,包括节点标识、同步信息和权重值等。

2. 微微网形成阶段

由权重值比所有邻节点都大的节点作为主设备的角色,开始构建微微网。主设备一旦决

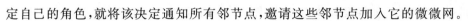

定自己的角色,就将该决定通知所有邻节点,邀请这些邻节点加入它的微微网。

如果节点被多个比自己权重大的节点邀请加入其微微网,则节点将选择第一个向自己发出邀请的邻居作为自己的主设备。如果节点没有收到任何比自己权重大的邻居邀请,它将自己成为主设备。

这个阶段结束后,整个网络被划分为多个分离的微微网,并且通过一些信息交换过程,每个主设备都可以知道它的相邻主设备的信息。

3. 微微网互连阶段

每个主设备选择桥节点来连接多个微微网。为了保证形成的散射网的连通性,每个主设备都要与它所有的相邻主设备建立一条路径,这些路径上的中间节点就是桥节点。桥节点数可以是一个,也可以是一组。微微网通过这些桥节点互相连接,最终形成散射网。

19.5.5 BAODV 算法

BAODV(Bluetooth AODV)算法是在蓝牙协议规范的基础上,对传统 Ad Hoc 网络的 AODV 算法进行修改而得到的一种按需路由算法。

BAODV 算法在建立路由前采用了一种预处理机制,在蓝牙节点空闲状态时启动查询机制,搜寻邻居信息;在节点有数据业务请求时,节点只对已发现的邻居启动寻呼进程发送路由发现分组(BRREQ);当目的节点收到路由发现分组时,返回路由应答分组(BRREP),并根据跳数的奇偶特性确定路由路径上各个节点的主从角色;当 BRREP 返回到源节点时,源节点到目的节点的路由链路建立完成,可以启动数据的传输。

BAODV 算法可以分为如下 3 个阶段:

1. 网络形成阶段

网络中的节点初始化后处于 STANDBY 状态,之后进入网络的初始化阶段。本地设备首先启动查询,获取周边所有相邻节点的蓝牙地址及时钟同步信息。此后,蓝牙设备根据获得的邻居信息,寻呼所有相邻设备,建立以本地节点为主设备的主从连接。

如果邻居节点少于 7 个,主设备将建立一主多从的微微网拓扑连接,主、从设备通过交换信息后建立邻居节点信息列表,并立即断开连接,之后各个节点处于可连接、可发现状态(查询扫描和寻呼扫描状态)。

如果邻居节点多于 7 个,主设备可以将从设备分组(每组不超过 7 个成员),在不同的时段与不同的节点组建立起多个微微网,进行信息互换。

为了对网络中的邻居节点信息列表进行维护和更新,蓝牙节点每隔一段时间(随机),发起查询进程,把最新获得的邻居节点信息与原来的邻居信息列表进行对比,过时的邻居节点将被删除。如果有新发现的节点,蓝牙节点对新邻居启动寻呼及连接进程,与其交互相关信息。

2. 路由请求阶段

当源节点希望发送数据时,节点首先发送一条路由请求 BRREQ 分组消息,BRREQ 分组消息包含源节点及目的节点的蓝牙地址,并且引入了节点序列号以防止路由环路的产生,以及一个路由请求标识(BRREQ ID)防止中间某节点重复处理该分组。源节点泛洪该 BRREQ 分组。

当中间节点接收到 BRREQ 分组后,首先通过节点序列号及 BRREQ ID 检查收到的

BRREQ 分组是否已处理过,如果没有处理过,则保存一张指向源节点的反向路由,继续泛洪 BRREQ 分组。

在泛洪 BRREQ 的过程中,本地节点首先以从设备的身份等待上一跳节点的连接,在接收到上一跳节点交付的 BRREQ 分组后,再进行转换,以主设备的身份,连接所有邻居节点并广播该 BRREQ 分组,如图 5-19-11 所示。

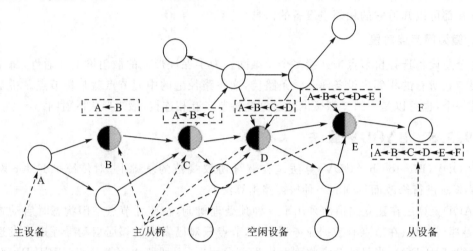

图 5-19-11　BRREQ 泛洪过程

3. 路由建立阶段

当目的节点接收到 BRREQ 分组时,目的节点保存一张完整的从目的节点到源节点的反向路由。目的节点沿着这条反向路由向源节点返回一个路由应答分组(BRREP)。与转发 BRREQ 相同,沿途的节点首先以从设备接收 BRREP 分组,然后进行角色转换以主设备连接下一跳节点并转发 BRREP 分组,如图 5-19-12 所示。

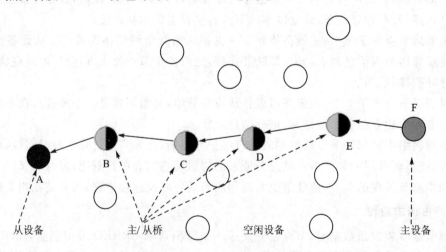

图 5-19-12　路由建立过程

在建立有效路由后,源节点必须为主设备,因此,在返回 BRREP 的过程中,蓝牙节点将根据 BRREQ 中自己到源节点的跳数来确定本节点在传输后续数据时的主从角色:

➤ 跳数为偶数时,该节点被委任为主设备。

➤ 跳数为奇数时,该节点被委任为从设备。

当节点执行 BRREP 转发后,立即进行节点角色的转换。

当 BRREP 到达源节点后,所有路径上的节点就形成了一个到达目的节点的正向路由,同时路由中各个节点和角色也已经分配完成。路由形成如图 5 – 19 – 13 所示。

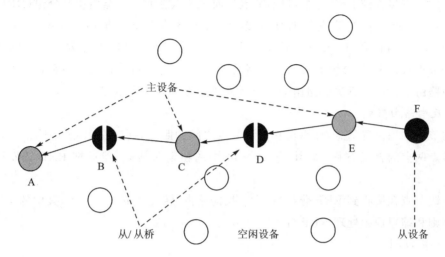

图 5 – 19 – 13　路由形成

19.5.6　LARP 算法

LARP(Location Aware Routing Protocol)算法的前提是网络拓扑已经建立,网络节点移动性较小,利用节点的位置信息来显著减少路由跳数。网络中的节点可以通过蓝牙位置网络(Bluetooth Location Network,BLN)获取节点的位置信息。

每个微微网的主设备维护一张包括从设备蓝牙地址、时钟和位置信息的邻居列表。

当源节点要与蓝牙散射网中的某个节点通信时,源节点只知道目的节点的蓝牙地址,但不知道目的节点的位置信息。

源节点首先发送一个控制分组到目的节点,从而获取沿途的中间节点及其邻居节点和目的节点的位置信息,然后根据节点的位置信息建立起到达目的节点的最佳路径。

LARP 算法包括:路由寻找(Route search)、路由应答(Route Reply)和路由连接(Route Reconstruction and Connection)三个阶段。

1. 路由寻找阶段

当源节点有数据业务发送时,源节点向目的节点泛洪路由寻找分组(Route Search Packet,RSP)。在 RSP 转发过程中,需要记录相关节点的蓝牙地址和位置信息。RSP 分组还包括 TTL 和序列号(SEQN)等信息,TTL 为 RSP 的生命周期,SEQN 是为了避免 RSP 泛洪产生的路由环路。

当微微网的主设备收到从源节点泛洪过来的 RSP 分组,主设备首先把自己的蓝牙地址和位置信息附加到 RSP 中,然后把 RSP 分组转发到与它相连的所有桥节点。

桥节点收到 RSP 分组后,也把自己的蓝牙地址和位置信息添加到 RSP 中,并把 RSP 分组转发到它们所属的其他主设备。

最后目的节点将收到从不同节点转发过来的多个 RSP 分组。

2. 路由应答阶段

当目的节点接收到 RSP 分组,目的节点将向源节点返回一个路由应答分组(RRP)。RRP 分组包括:源节点与目的节点的蓝牙地址(ID)、最终路由节点集(Determined Forwarding Nodes,DFN)、最佳路径(Equation of Ideal Path)、生命周期(TTL)和序列号(SEQN)等。

目的节点根据 RSP 分组形成的正向路径进行反向,并通过路径的缩短和替换机制形成最终的最短路由。LARP 算法的路由缩短与替换机制可分为 3 个步骤。

(1)反向路由形成

目的节点利用位置信息,计算出它与源节点之间的距离,同时在 RRP 中附上经过目的节点与源节点两点的直线方程(如图 5 - 19 - 14 中的粗箭头线)。然后把 RRP 转发给下一跳节点。

下一跳节点在接收到 RRP 分组后,沿着反向路由,转发到下一个节点,其中的主设备将按照替换规则和缩短规则处理 RRP 分组。

(2)替换规则

如图 5 - 19 - 15 所示,主设备 u 首先计算它所有的从设备(设为 v、w)到直线 SD 的距离。

u 找出距离直线 SD 最近、且在前一跳节点(D)和下一跳节点(w)通信范围内的从设备 v,u 用 v 的地址和位置信息取代自己在 RRP 中的信息(如图 5 - 19 - 14 所示)。

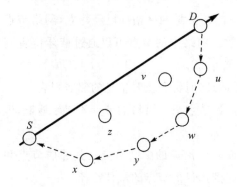

图 5 - 19 - 14　反向路由的形成

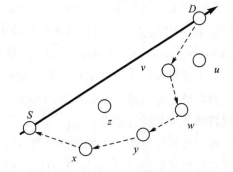

图 5 - 19 - 15　替换规则

(3)缩短规则

如果一个节点 N(主设备或者从设备)与直线 SD 的距离更短,且节点 N 在 RRP 路径(设路径为 $\{D,\cdots,d_i,\cdots,d_j,\cdots,S\}$)中两节点 d_i 和 d_j 的通信范围内,$(j>i+2)$,则节点 N 将在路径中取代 d_i 和 d_j 之间所有节点的信息,路径改为 $\{D,\cdots,d_i,N,d_j,\cdots,S\}$。

路由缩短机制示意图如图 5 - 19 - 16 所示。

主设备再转发 RRP 分组到下一个节点,并执行前两个步骤的循环,直到源节点收到 RRP 为止。当源节点接收到 RRP 分组后,源节点到目节点的最短路径就形成了。

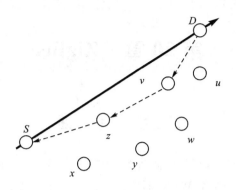

图 5 - 19 - 16　缩短规则

3. 路由连接阶段

当源节点接收到 RRP 分组后,源节点将根据 RRP 中的路由信息,对下一跳节点进行"查询—扫描—连接",进而建立起连接,交付数据分组。

下一跳节点转换角色,以主设备身份与下一节点建立连接,进行数据传递。直到数据到达目的节点。

这时路由链路将形成一个以主/从桥节点为主的链路,这也是为什么 LARP 在替换和缩短时不用考虑被替换掉的是否是主设备的原因。

第 20 章 ZigBee

20.1 概　述

ZigBee 技术是一种新兴的短距离、低速率、低功耗、低复杂度、低成本的无线通信技术,被认为是针对当前无线传感器网络(WSN)而定义的技术标准。该技术的突出特点是应用简单、电池寿命长,有自组织网络的能力,可靠性高以及成本低,主要应用领域包括工业控制、消费性电子设备、汽车自动化、农业自动化和医用设备的警报和安全、监测和控制等。

ZigBee 联盟成立于 2001 年,定义的 ZigBee 协议栈中的最低两层(物理层和 MAC 层)符合 IEEE 802.15.4 标准,上面的两层(网络层和应用层)则是由 ZigBee 联盟定义的。

ZigBee 单跳传输距离一般可达 10~75 m 左右,当速率降低到 28 kbps 时,传输范围可扩大到 134 m。如果通过路由和节点间通信的接力机制,传输距离将大幅扩展。

ZigBee 技术的特点如下:

➤ 低速率:ZigBee 的工作频段为 2.4 GHz(全球)、915 MHz(美国)或 868 MHz(欧洲),分别提供 250 kbps、40 kbps 和 20 kbps 的原始数据吞吐率,除去信道竞争应答和重传等消耗,真正能被应用所利用的速率更低。因此,ZigBee 主要是针对低传输速率的应用需求。

➤ 低功耗:由于 ZigBee 的传输速率低,发射功率仅为 1 mW,而且采用了休眠模式,在不需要通信时,节点可以进入休眠状态,功耗很低,因此 ZigBee 设备非常省电,设备可以在电池的驱动下运行数月甚至数年。

➤ 低成本:协议套件紧凑而简单,通过大幅简化协议,降低了对通信控制器的要求,成本较低,并且 ZigBee 协议是免专利费的。

➤ 响应快:ZigBee 的响应速度较快,一般从睡眠转入工作状态只需 15 ms,节点连接进入网络只需 30 ms。相比较,蓝牙需要 3~10 s,Wi-Fi 需要 3 s。

➤ 网络容量高:ZigBee 技术支持星形网、网状网和混合网三种网络拓扑结构,一个 ZigBee 网络可以容纳最多 254 个从设备和 1 个主设备,一个区域内可以同时存在最多 100 个 ZigBee 网络。

另外,ZigBee 网络还具有一定的安全性,提供了三级安全模式,应用开发者可以灵活确定所采用的安全属性。

➤ 无安全设定。

➤ 使用访问控制列表(Access Control List,ACL)防止非法获取数据。

➤ 采用高级加密标准(AES 128)的对称密码机制。

但是,随着 WLAN 的快速发展,导致 2.4 GHz 频段频繁被占用,这就造成了在很多场合下与 ZigBee 技术的频谱冲突,使其通信的质量下降。

【案例 20-1】　室内空气质量无线监测系统(如图 5-20-1 所示)

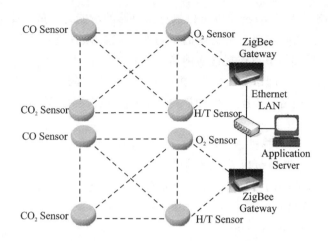

图 5 - 20 - 1　室内空气质量无线监测系统

　　紫蜂科技基于 ZigBee 无线通信技术的室内空气质量系统,可以提供大楼/工厂自动化监控与管理,再搭配后端管理与数据库平台,提供了室内空气质量监测、环境监控、楼宇管理等综合无线解决方案。

　　方案设备包括 ZigBee Sensor Node 与 ZigBee Gateway,还提供了 RS - 232/RS - 485、Ethernet 接口。其中的检测系统可以依照室内空气质量法规要求,实现对 H/T、CO、CO_2 等有毒气体,温度变化等的全面实时检测和监控,当气体含量高于或者低于设定的阈值,软件会出现报警,这样,工作人员可以做出相应的判断。

20.2　ZigBee 组网

1. ZigBee 的组成

为了最大化降低成本,在 ZigBee 网络中,定义了两种类型的设备:

➢ 全功能设备(Full Function Device,FFD),具备完善的功能,可以完成全部功能。

➢ 精简功能设备(Reduced Function Device,RFD),功能较为简单,只具有部分功能,成本低。

这两种设备可以被配置为以下 3 种角色:

➢ 协调器(ZigBee Coordinator,ZC),用于初始化、设置网络信息,组织成网络。

➢ 路由器(ZigBee Router,ZR),传递和中继信息的设备,提供信息的双向传输。

➢ 终端设备(ZigBee End Device,ZED),具有监视或控制功能的节点,只能作为子设备进行工作。

一个 ZigBee 网络由一个协调器节点、若干个路由器和大量终端组成。其中,协调器和路由器只能由全功能设备充当,而精简功能设备只能充当终端设备。这样,即可以进行大规模的部署,监控大面积的区域,又可以有效降低成本。

　　(1) 协调器

　　协调器是 ZigBee 网络中的第一个设备,一个 ZigBee 网络只允许有一个协调器。

　　协调器在 IEEE 802.15.4 规范中也称为 PAN(个域网)协调器,在无线传感器网络中可以作为汇聚节点。网络形成后,协调器也可以执行路由器的功能。一般由交流电源持续供电。

➤ 通过扫描搜索,从而发现一个空闲的信道和网络标识并进行占用,以启动和配置一个 ZigBee 网络,让其他节点连接进入网络。

➤ 管理网络节点、存储网络节点信息,并且可以同网络中的任何设备通信。

➤ 协调器还要规定网络的拓扑参数(如最大的儿子数、最大层数、路由算法、路由表生存期等)。

(2) 路由器

路由器的功能是通过扫描搜索,以发现一个激活的信道并进行连接,然后允许其他装置连接进入网络。另外,路由器也可以充当终端设备。

ZigBee 路由器(包括协调器),可以执行下面的路由功能:

➤ 路由发现和选择(Route Discovery and Selection)。

➤ 路由维护(Route maintenance)。

➤ 路由过期(Route expiry)。

ZigBee 路由器(包括协调器),执行下面的信息转发功能:

➤ 存储发往子设备的信息,直到子设备醒来,将数据转发给子设备。

➤ 接收子设备的信息,转发给其他节点。

(3) 终端设备

终端设备的任务是连接到一个已经存在的网络并和网络交换数据。

由 RFD 充当的终端设备具有有限的功能,并且这类设备不执行任何路由功能,设备之间不能通信,从而可以有效地控制成本和复杂性。

终端设备如果需要向其他设备传送数据,它只需简单地将数据向上发送给它的父设备,由它的父设备以它自己的名义进行数据的传输,或者反向收取数据。

为了节省能量,终端仅在必要的时候才会激活。

2. ZigBee 网络的拓扑结构

ZigBee 定义了三种拓扑结构(如图 5 - 20 - 2 所示):

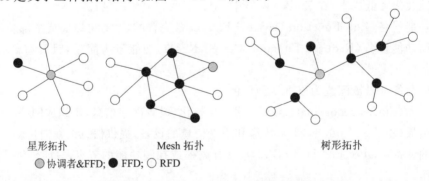

星形拓扑　　　Mesh 拓扑　　　　树形拓扑
●协调者&FFD; ● FFD; ○ RFD

图 5 - 20 - 2　ZigBee 的三种拓扑结构

➤ 星形拓扑结构(Star),主要为一个节点与多个节点的简单通信而设计的。在星形网络中,所有的终端设备都只与处于中心的协调器进行通信,如果某个终端设备需要传输数据到另一个终端设备,它会把数据首先发送给协调器,然后协调器将数据转发到目标终端设备。星形网的控制和同步都比较简单,通常用于节点数量较少的场合。

➤ 树形拓扑结构(Tree),使用分等级的树形路由机制。其树根一般为协调者,由 FFD 设备作为树干节点,而叶子节点一般为 RFD 设备。

> 网状拓扑结构(Mesh),一般由若干个 FFD 连接在一起组成骨干网,FFD 之间是对等通信,FFD 中也必须有一个作为 ZigBee 网络的协调点。FFD 节点还可以连接其他 FFD 或 RFD。网状拓扑可为传输的数据包提供多条路径,并且网络的健壮性更好。

星形网络又称为单跳网络,不需要复杂的路由算法。ZigBee 网状或树形网络又称为多跳网络,可以有多个 ZigBee 路由器。

3. ZigBee 网络的组网

未加入任何一个网络的 FFD 设备都可以成为 ZigBee 协调者,发起并建立一个新的 ZigBee 网络。

ZigBee 协调者首先进行扫描,选择一个空闲的信道或者使用网络最少的信道,然后确定自己的 16 位网络地址、网络的 PAN 标识符、网络的拓扑参数等。其中 PAN 标识符是网络在此信道中的唯一标识,不应与此信道中其他网络的 PAN 标识符冲突。

各项参数选定后,ZigBee 协调器便可以开始接受其他节点加入该网络了。

当一个未加入网络的节点想要加入当前网络时,向网络中的节点发送关联请求。收到关联请求的节点如果有能力接受该节点为其子节点,就为此节点分配一个网络中唯一的 16 位网络地址,并发出关联应答。收到关联应答后,此节点成功加入网络,必要条件下,它还可以接受其他节点的关联请求。

加入网络后,节点将自己的 PAN 标识符设为与父节点相同的标识。

一个节点是否具有接受其他节点与其关联的能力,主要取决于此节点可利用的资源,如存储空间、能量、已经分配的地址等。

图 5-20-3 显示了节点加入网络的过程。

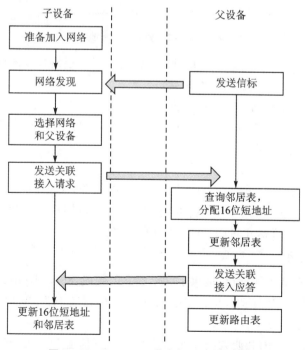

图 5-20-3　Zigbee 节点加入网络的过程

如果网络中的节点想要离开网络,要向其父节点发送解除关联的请求,收到父节点的解除关联应答后,便可以成功地离开网络。但如果此节点有一个或多个子节点,在其离开网络之前,首先要解除所有子节点与自己的关联。

20.3　ZigBee 体系结构

如图 5-20-4 所示,ZigBee 的协议栈从下到上分别为物理层(PHY)、媒体访问控制层(MAC)、传输层(TL)、网络层(NWK)、应用层(APL)。其中物理层和媒体访问控制层遵循 IEEE 802.15.4 标准的规定。

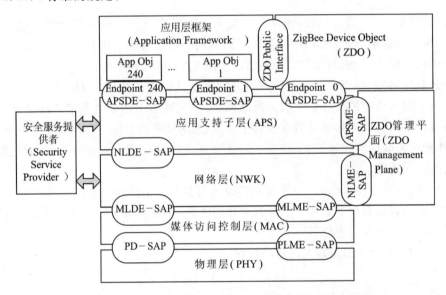

图 5-20-4　ZigBee 协议栈

协议栈中,SAP(Service Access Point,服务访问点)是某层所提供的服务与上层调用之间的接口。ZigBee 协议栈的大多数层有两个接口:

> 数据实体接口向上层提供所需的数据服务。
> 管理实体接口向上层提供访问本层内部参数、配置和管理数据的机制。

20.3.1　物理层

物理层是协议的最底层,承担着与外界直接通信的任务。ZigBee 物理层采用了直接序列扩频(Direct Sequence Spread Spectrum,DSSS)调制方式,能够在一定程度上抵抗干扰。如果受到外界的干扰,ZigBee 无法正常工作时,则切换信道。

1. 物理层频段使用

IEEE 802.15.4 有 2 个物理层,提供了 2 个独立的频段:868/915 MHz 和 2.4 GHz。

> 868 MHz 频段为欧洲使用,1 个信道(信道 0),传输速率为 20 kbps,采用 BPSK 调制(二进制相移键控)。
> 915 MHz 频段为美国和澳大利亚使用,10 个信道(信道 1~10),信道间隔为 2 MHz,传

输速率为 40 kbps,采用 BPSK 调制。

➢ 2.4 GHz 频段为世界通用,16 个信道(信道 11～26),信道间隔为 5 MHz,能够提供 250 kbps 的传输速率,采用 O－QPSK 调制。

O－QPSK(Offset QPSK)称为偏移四相相移键控,是 QPSK(正交相移键控)的改进,广泛应用于无线通信中。它与 QPSK 有同样的相位关系,也是把输入码流分成两路,然后进行正交调制。不同点在于,它将同相和正交两个支路的码流在时间上错开了半个码元周期。由于两支路码元半周期的偏移,使得每次只有一路可能发生极性翻转(即跳转 180°),不会发生两个支路码元极性同时翻转的现象,减少了干扰。IEEE802.15.4 采用的频段如图 5－20－5 所示。

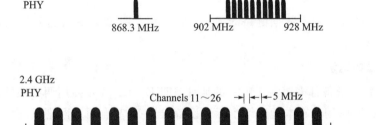

图 5－20－5　IEEE 802.15.4 采用的频段

2. 物理层功能

IEEE 802.15.4 物理层主要完成以下功能:

➢ 开启和关闭无线收发机。

➢ 能量检测(ED)。

➢ 链路质量指示(LQI)。

➢ 空间信道评估(CCA)。

➢ 信道选择。

➢ 数据发送和接收。

物理层通过物理层数据服务访问点(PD－SAP)提供物理层数据服务;通过物理层管理实体服务访问点(PLME－SAP)提供物理层管理服务。

(1) 物理层数据服务功能

PD－SAP 支持两个对等的 MAC 层实体之间传输的数据帧。PD－SAP 支持的原语有 3 种,分别为 PD－DATA.request、PD－DATA.confirm 和 PD－DATA.indication。

➢ PD－DATA.request 由 MAC 层发起请求,申请发送数据帧。

➢ PD－DATA.confirm 由物理层发送给 MAC 层,作为对 PD－DATA.request 原语的响应。状态可以为 SUCCESS,或者为 RX_ON(接收使能状态,即物理层正在接收外界数据,不能发送)/TRX_OFF(发送关闭状态)的失败指示。

➢ PD－DATA.indication 由物理层产生并发送给 MAC 层,用以提交从外界接收到的数据帧。

（2）物理层管理服务功能

PLME-SAP 允许在物理层的管理实体（PLME）和 MAC 层的管理实体（MLME）之间传送管理命令。PLME-SAP 支持的部分原语有：

➢ PLME-CCA. request 请求 PLME 执行空闲信道评估（CCA）。

➢ PLME-ED. request 请求 PLME 执行能量检测（ED）。

➢ PLME-GET. request 向 PLME 请求 PHY PIB（物理层 PAN 信息库）中的相关属性的值。

➢ PLME-SET-TRX-STATE. request 请求 PLME 改变收发机的内部工作状态（收、发、关闭等）。

➢ PLME-SET. request 请求 PLME 设置或者改变 PIB 属性的值。

20.3.2　MAC 层

MAC 负责设备间无线数据链路的建立、维护和结束，数据的传送和接收；提供服务支持网络层的组网过程。

1. MAC 层的地址

网络中的每个设备都需要一个唯一的地址，IEEE 802.15.4 使用两种地址：

➢ 16 位短地址，用于在本地网络中标识设备，当一个节点加入网络时，由它的父节点给它分配短地址。其中协调器的短地址是 0x0000。

➢ 64 位扩展地址，全球唯一的 8 字节编号，每个 IEEE 802.15.4 设备都有一个唯一的扩展地址，由 IEEE 统一分配。

网络可以选择使用 16 位或者 64 位的地址。短地址允许在单个网络内进行通信，16 位的网络地址意味着可以分配给 65 536 个节点，使用 16 位短地址机制可以减小消息长度并能节省所需分配的内存空间。

64 位地址寻址方式意味着网络中的最大设备数可以达到 2^{64} 个，因此，IEEE 802.15.4 无线网络对可以加入网络的设备数是没有限制的。

2. MAC 层的工作

MAC 可完成对无线信道接入过程的管理，包括以下几方面：网络协调器（Coordinator）产生网络信标，网络中设备与网络信标同步，节点的入网和脱网过程，网络安全控制，进行信道接入控制，处理和维持 GTS（Guaranteed Time Slot）机制，在两个对等的 MAC 实体间提供可靠的链路连接，帧传送与接收等。

其中，信标主要是实现网络中设备的同步工作。

MAC 层通过 MLDE-SAP 提供 MAC 层的数据服务，通过 MLME-SAP 提供 MAC 层的管理服务。

（1）MAC 层的数据服务功能

MAC 层的数据服务类原语主要用来请求从本地实体向远程对等实体发送数据。同物理层一样，包括请求、确认以及数据传输的指示。

IEEE 802.15.4 可以选择是否使用应答机制。如果使用应答机制，发出的帧均要求接收方进行应答，从而可以确定帧已经被传递了。如果发送帧后，在一定的超时时限内没有收到应答，发送器将重复进行数据的发送，超过一定次数则宣布发生错误。

接收到应答仅仅表示帧被接收方的 MAC 层正确接收,并不表示帧被正确处理。接收方的 MAC 层可能正确地接收并应答了一个帧,但是由于缺乏处理资源,该帧可能被上层丢弃。因此,一些上层以及应用程序要求额外地应答响应。

MAC 层定义了 4 种不同的帧格式,分别是信标帧、数据帧、确认帧和 MAC 命令帧。信标帧用来发送信标,进行同步;数据帧用来发送数据,应答帧是在成功接收一个帧后进行相应的应答;MAC 命令帧用来发送 MAC 命令。

（2）MAC 层的管理服务功能

MAC 层的管理服务功能主要包括:

➤ 通过关联原语定义一个设备关联到一个 PAN 的过程。
➤ 通过解关联原语定义一个设备从一个 PAN 中解关联的过程。解关联过程既可以由关联设备启动,也可以由协调器启动。
➤ 通过孤立通知原语定义协调器如何向一个落孤的设备发出通知。
➤ 通过信道扫描原语定义如何判断通信信道是否正在传输信号,或是否存在 PAN。

3. MAC 层的多点接入机制

（1）多点接入的类型

ZigBee 网络 MAC 定义了两种类型的多点接入机制:

➤ 基于信标（Beacon）的。
➤ 基于非信标（Nonbeacon）的。

基于信标的模式是指,网络中事先规定好设备的休眠时间和工作时间,从而实现了网络中所有设备的同步工作和同步休眠,以达到最大程度地减小功耗的目的。

而在非信标模式中,网络协调器和网络路由器一直处于工作状态,只有网络终端节点可以周期性地进入休眠状态。在这种模式下,父节点暂时缓存发往终端子节点的数据,等终端子节点退出休眠、开始工作后,主动向父节点提取数据。

在基于信标的模式中,使用如图 5-20-6 所示的超帧结构,其格式由协调器来定义。超帧一般包括活跃部分和非活跃部分。其中非活跃部分可变,并且在这个阶段,设备将工作在低功耗状态下。

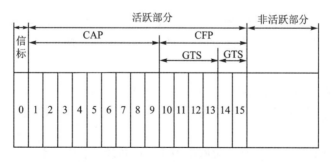

图 5-20-6　超帧结构

在信标模式下,网络是按照时隙来传输的,传输时间被分为 16 个时隙。

信标帧是一个特殊的帧,总是出现在每一个超帧的开始位置,由网络协调器广播的,进行整个网络的同步。信标帧还包含了有关网络和超帧的信息,如超帧的持续时间以及每个时间段的分配信息。

超帧的其余 15 个时隙又分成两部分:竞争访问时间(Contention Access Period,CAP)和非竞争访问时间(Contention Free Period,CFP),每一部分占用多少时隙是由网络协调器根据情况分析来决定的,其中 CFP 为可选。

- 在 CAP 阶段,节点通过带时隙的 CSMA/CA(Slotted CSMA/CA)算法竞争信道,与网络协调器或者其他设备进行通信,所有的通信过程都必须在 CAP 段结束前完成。
- 在 CFP 阶段,使用时隙保护机制(GTS),留给特定的设备使用。当 CFP 开始时,由协调器控制的节点在被分配的时隙内进行数据传输,而不使用 CSMA/CA 算法竞争信道。

而在非信标模式下,网络不需要定期地进行时间的同步,网络使用不带时隙的 CSMA/CA 算法进行接入控制、竞争使用信道,即只要信道是空闲的,在任何时候都允许所有节点竞争发送数据帧。

(2) CSMA/CA

CSMA,又称载波侦听多点访问,是从 ALHOA 演变出的一种协议。它的基本工作方式如下:

① 在 CSMA/CA 中,每个设备如果希望发送信息,都要先执行一条空闲信道评估(CCA)指令,从而确保该信道没有被其他设备所使用。

② 如果信道空闲,设备可以发射信号了。但是为了避免多个设备同时发射信号,产生碰撞,所有设备将进入"争用窗口",进行竞争。所谓的竞争,就是所有设备都等待一段随机的时间(退避时间)后,才能开始发送信号,以错开发送时间。

- 退避时间短的设备将优先获得信道,发送信号。
- 退避时间长的设备继续等待,如果退避时间结束,而有其他节点在发射信号,则转③。

③ 如果信道不空闲,设备将等待一个随机时间后转①。或者因等待时间过长而放弃发送。

而在 ZigBee 网络中有两种 CSMA/CA 算法:在信标使能的网络中,使用带时隙的 CSMA/CA 算法;而在非信标使能的网络中,使用不带时隙的 CSMA/CA 算法。两者最大的区别在于:不带时隙的 CSMA/CA 算法,退避时间是任意长度的;而带时隙的 CSMA/CA 算法,退避时间是以时隙为单位进行计算的。

针对不同的无线通信技术,CSMA/CA 协议有不同的改进,但主要都是针对细节上进行的,如退避时间的计算、发送完一帧后的处理、信道不空闲的处理等。

4. 安全机制

当 MAC 层数据帧需要被保护时,ZigBee 使用 MAC 层的安全管理来确保 MAC 层的命令、信标,以及确认帧等的安全。MAC 帧首中有一个标志位用来控制帧的安全管理是否被使能。

很明显,ZigBee 只能确保一个单跳网络中信息的传输,对于多跳网络,ZigBee 需要依靠上层(如 NWK 层)的安全管理机制。

MAC 层使用 AES(Advanced Encryption Standard)作为其核心加密算法,通过该算法来保证 MAC 帧的机密性、完整性和真实性。

在安全管理被使能的情况下,MAC 层发送(或接收)帧时,首先查看帧的目的地址(或源地址),取得与目的(或源)地址相关的密钥,再依靠安全组来使用密钥处理此数据帧。每个密钥都与一个单独的安全组相关联。

20.3.3　网络层

ZigBee 可以支持星形、网状和树形网络结构,可灵活地组成各种网络。

网络层的作用是:建立新的网络,处理节点的进入和离开网络,根据网络类型设置节点的协议栈,使网络协调器对节点分配地址,提供网络的路由,为应用层提供合适的服务接口等。

NWK 层同样提供了两类服务,即通过网络层数据实体 SAP(NLDE - SAP)提供的数据服务和通过网络层管理实体 SAP(NLME - SAP)提供的管理服务。

(1) NLDE 提供的数据服务

> NLDE 可以通过附加的协议首部,封装应用支持子层 PDU 数据从而产生网络层协议数据单元(NPDU)。
> NLDE 能够传输 NPDU 给一个适当的设备。这个设备可以是最终的传输目的地,也可以是路由路径中通往目的地的中间设备。

NLDE 的 NLDE - DATA 原语用于支持本地实体到单个或者多个对等实体的协议数据单元传输。同物理层一样,包括请求、确认以及数据传输的指示。

(2) NLME 提供的管理服务

> 配置一个新设备,包括启动设备作为 ZigBee 新网络的协调者,或者加入一个已经存在的网络。
> 建立一个新的网络。
> 加入或离开一个网络。
> 分配地址,使 ZigBee 的协调者和路由器可以分配地址给加入网络的新设备。
> 发现设备的邻居,记录和报告设备的邻接表的相关信息。
> 通过网络来发现及记录传输路径,使得信息可以根据路由信息进行传输。
> 实现接收的控制:当接收者活跃时,NLME 可以控制接收时间的长短,并使 MAC 子层能同步或直接接收。

NLME - SAP 支持的一些管理原语有:

> NLME - NETWORK - DISCOVERY 网络发现,用于发现正在运行的网络。
> NLME - NETWORK - FORMATION 建立一个新网络。
> NLME - PERMIT - JOINING,协调器或路由器允许其他设备加入其网络。
> NLME - JOIN,通过该原语以直接或间接方式请求连接网络。
> NLME - LEAVE,请求自身或其他设备断开同网络的连接。

(3) 网络层安全管理

网络层也使用高级编码标准(AES),但和 MAC 层不同的是,标准的安全组全部是基于 CCM 模型,是 MAC 层使用的 CCM 模型的修改。

当网络层使用特定的安全组来传输、接收帧时,网络层使用安全服务提供者(Security Services Provider,SSP)来处理此帧。SSP 会寻找帧的目的/源地址,取回对应的密匙,然后使用安全组来保护帧。

20.3.4　应用层

应用层主要根据具体应用并由用户开发,供应商可以通过开发应用对象来为各种应用定

制一款设备。ZigBee 的应用层由应用支持子层（APS SubLayer）、设备对象（ZDO）以及制造商定义的应用设备对象组成。

（1）应用支持子层（APS）

APS 提供了 ZDO 和供应商应用对象的通用服务集，应用程序将使用该层获取/发送数据。APS 的主要作用包括维护绑定表（绑定表的作用是基于两个设备的服务和需要，把设备绑定在一起）、在绑定设备间传输信息。

APS 层提供了两种服务，即通过 APS 数据实体 SAP（APSDE - SAP）提供的数据传输服务和通过 APS 管理实体 SAP（APSME - SAP）提供的管理服务。

APSDE - SAP 提供了在同一个网络中的两个或者更多的应用实体之间的数据通信，同物理层一样，数据服务包括请求、确认以及数据传输的指示。

APSME - SAP 提供多种服务给应用对象，包括安全服务和绑定设备，并维护管理对象的数据库等。

（2）ZigBee 设备对象（ZDO）

ZDO 位于应用框架和应用支持子层之间，描述了应用框架层中应用对象的公用接口。其主要作用包括：

➤ 在网络中定义一个设备的作用（如定义设备为协调者、路由器或终端设备）。

➤ 发现网络中的设备并确定它们能够提供何种服务。

➤ 发起或回应绑定需求。

➤ 在网络设备中建立一个安全的连接。

➤ 初始化应用支持子层（APS）、网络层（NWK）和安全服务提供者（SSP）等。

➤ 从终端应用中的集合配置信息来确定和执行安全管理、网络管理、绑定管理等。

（3）应用层框架（Application Framework）

ZigBee 应用框架是一系列关于应用消息格式和处理动作的协议规定，是应用设备和 ZigBee 设备连接的环境。使用应用框架可以使不同供应商开发的同一款应用产品之间有更好的互操作性。

在应用层框架中，应用对象发送和接收数据通过 APSDE - SAP，而对应用对象的控制和管理则通过 ZDO 公用接口来实现。

设备以应用对象（Application Objects）的形式实现，并使用端点（End Point）来连接其他部分。ZigBee 可以定义 240 个独立的应用对象，相应端点的接口标识从 1～240。而标识 0 被固定用于 ZDO 的数据接口，应用程序可以通过端点 0 与 ZigBee 其他层通信，从而实现对这些层的初始化和配置。标识 255 固定用于向所有应用对象进行广播的数据接口。标识 241～254 保留。

（4）安全管理

安全层使用可选的 AES - 128 对通信过程进行加密，保证数据的完整性。APS 层提供了建立和维护安全联系的服务，ZDO 管理设备的安全策略和安全配置。

20.4　ZigBee 路由

为了达到低成本、低功耗、可靠性高等设计目标，ZigBee 网络采用了 Cluster - Tree 算法与简化的按需距离矢量路由 AODVjr 相结合的路由。

20.4.1　树形路由

树形路由机制的主要思想是将节点组织成一棵树的结构,其中协调器为树的根节点、路由节点为树枝,这种机制结构及路由算法均较为简单。

树形路由机制包括配置树形地址和基于树形地址的路由。

1. 配置树形地址

当协调器建立起一个新的网络,它将给自己分配网络地址 0,网络深度 $d_0 = 0$。网络深度表示一个帧传送到 ZigBee 协调器所经过的最小跳数,或者说是节点所在的层次。

如果节点 i 想要加入网络,并且与节点 k 连接,那么节点 k 被称为节点 i 的父节点。节点 k 根据自身的地址 A_k 和网络深度 d_k,为节点 i 分配网络地址 A_i 和网络深度 $d_i (d_i = d_k + 1)$。

定义如下参数:

- L_m:网络的最大深度。
- C_m:每个父节点最多可以拥有的子节点数。
- R_m:C_m 个子节点中,最多允许有 R_m 个路由节点数。
- $C_{skip}(d)$:是网络深度为 d 的父节点为其子节点分配地址时,子节点地址之间的偏移量。
  定义如下:

$$C_{skip}(d) = \begin{cases} 1 + C_m(L_m - d - 1) & ,如果 R_m = 1 \\ \dfrac{1 + C_m - R_m - C_m \times R_m{}^{L_m - d - 1}}{1 - R_m} & ,其他情况 \end{cases} \tag{20-1}$$

如果一个路由节点的 $C_{skip}(d) > 0$,则它可以接受其他节点作为其子节点,并为子节点分配网络地址。它为第一个与它关联的路由节点分配比自己大 1 的地址,之后与之关联的路由节点的地址,与前一个地址之间都相隔偏移量 $C_{skip}(d)$。

当一个路由节点的 $C_{skip}(d) = 0$ 时,它就不再具备为子节点分配地址的能力了,也就是说,其他节点无法通过该节点加入此网络了。并且这样的设备被视为一个 ZigBee 网络的终端设备。

根据子节点类型的不同,地址分配规则如下:

- 如果新的子节点 i 是精简功能设备 RFD(或者是 FFD,但是路由类型的节点已满),即节点 i 不能作为路由节点,它作为节点 k 的第 n 个终端子节点。节点 k 将按照公式(20-2)为节点 i 分配网络地址:

$$A_i = A_k + C_{skip}(d) \times R_m + n \tag{20-2}$$

  其中 $1 \leqslant n \leqslant C_m - R_m$,$C_m - R_m$ 为节点允许容纳的终端子节点数。
- 如果新的子节点是全功能设备 FFD,它具有路由能力,它作为节点 k 的第 n 个路由子节点,节点 k 将按照公式(20-3)给它分配网络地址:

$$A_i = A_k + 1 + C_{skip}(d) \times (n - 1) \tag{20-3}$$

也就是 k 将自己可以分配的地址空间根据图 5-20-7 所示进行组织。

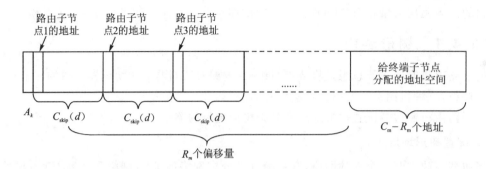

图 5 - 20 - 7　地址空间分配方案

图 5 - 20 - 8 给出了一个 $C_m=4, R_m=4, L_m=3$ 的网络地址分配例子。

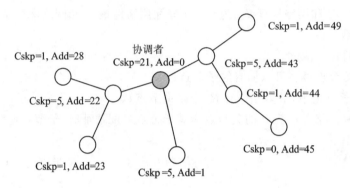

图 5 - 20 - 8　地址分配示例

2. 基于树形地址的路由

在 Cluster - Tree 算法中,一个路由节点根据收到分组的目的网络地址来计算该分组的下一跳。通常的做法是将地址简化为上行路由(Route - up)或者下行路由(Route - down)。

假设一个路由器向网络地址为 D 的目的地址发送数据包,路由器的网络地址为 A,网络深度为 d。算法如下:

① 路由器将首先通过表达式

$$A < D < A + C_{skip}(d-1) \tag{20-4}$$

判断该目的节点是否为自己的子孙节点。

② 如果 D 是 A 的子孙节点。

➢ 若 $D > A + R_m \times C_{skip}(d)$,即目的节点是 A 的终端子节点,则下一跳节点的地址 N 为 D,直接发送给 D 即可。

➢ 否则,根据公式(20-5)求出下一跳节点是 A 的哪一个路由子节点,发送给这个子节点的。

$$N = A + 1 + \left\lfloor \frac{D-(A+1)}{C_{skip}(d)} \right\rfloor \times C_{skip}(d) \tag{20-5}$$

③ D 不是 A 的子孙节点,下一跳节点是 A 的父节点,将数据发给父节点。

算法中,节点收到分组后,可以立即将分组传输给合适的下一跳节点,不存在路由发现的过程,这样节点就不需要维护路由表,从而减少了路由协议的控制开销和节点能量消耗,并且降低了对节点存储能力的要求,降低了节点的成本。

但由于 Cluster‑Tree 建立的路由不一定是最优的,会造成分组传输时延较高。而且较小深度的节点,即靠近协调的节点,往往业务量较大,深度较大的节点业务量比较小,这样容易造成网络中通信流量分配的不均衡。因而,ZigBee 中允许节点使用 AODVjr 去发现一条最优路径。

20.4.2　AODVjr

为了达到低成本、低功耗、可靠性高等设计目标,ZigBee 网络采用了 Cluster‑Tree 与 AODV 相结合的路由算法,但是 ZigBee 中所使用的 AODV 是一种简化版本的 AODV——AODVjr(AODV Junior)。

1. 路由成本

在路由选择和维护时,ZigBee 的路由算法使用了路由成本的度量方法来比较路由的好坏。组成路由的链路成本之和定义为路由成本。

规定链路 l 的成本属于集合 $[0,\cdots,7]$,其函数表达式为

$$C\{l\} = \begin{cases} 7 \\ \min\left(7, \text{round}\left(\dfrac{1}{p_l^4}\right)\right) \end{cases} \tag{20-6}$$

其中,p_l 为链路 l 中发送数据包的概率。设备可以利用网络层来要求设备报告链路成本。可基于 IEEE 802.15.4 的 MAC 层和物理层所提供的每一帧的 LQI(Link Quality Indicator,链路质量指示),进行平均来计算 p_l 的值。

假定一个长度为 L 的路由 P,由一系列设备 $[D_1, D_2, \cdots, D_L]$ 所组成,则 $[D_i, D_{i+1}]$ 表示为一个链路,定义 $C\{[D_i, D_{i+1}]\}$ 为链路 $[D_i, D_{i+1}]$ 的成本。则路由 P 的成本定义为

$$C\{P\} = \sum_{i=1}^{L-1} C\{[D_i, D_{i+1}]\} \tag{20-7}$$

2. AODVjr 协议的主要思想

AODVjr 协议的简化如下:

> AODVjr 协议中没有使用节点序列号,为了保证路由无环路,AODVjr 中规定只有分组的目的节点可以回复应答 RREP,即使中间节点存有通往目的节点的路由,也不能回复 RREP。

> 在数据传输中如果发生链路中断,AODVjr 采用本地修复。在修复过程中,同样不采用目的节点序列号,而仅允许目的节点回复 RREP。如果修复失败,则发送 RERR 至源节点,通知它"目的节点不可到达"。

> AODVjr 中,目的节点只响应第一个接收到的 RREQ,并且总是选择其最佳路径,从而忽略其跳数。

> RERR 的格式被简化至仅包含一个不可达的目的节点,而 AODV 的 RERR 中可包含多个不可达的目的节点。

> AODVjr 中节点不发送 HELLO 分组,仅根据收到的分组或者 MAC 层提供的信息更新邻居节点列表,从而节省了一部分控制开销。

> 取消了先驱节点列表,从而简化了路由表结构。在 AODV 中,节点如果检测到链路中断,则通过上游节点转发 RERR 分组,通知所有受到影响的源节点。在 AODVjr 中,RERR 仅转发给传输失败的数据分组的源节点,因而可以省略先驱节点列表。

在 ZigBee 路由中,将路由节点分为两类:RN＋和 RN－。

> RN＋是指具有足够的存储空间和能力执行 AODVjr 路由协议的节点。
> RN－是指其存储空间受限,无法执行 AODVjr 路由协议的节点,节点收到一个分组后,只能使用 Cluster－Tree 算法进行处理。

AODVjr 的主要思想是:当 RN＋节点可以不按照 Cluster－Tree 路由进行信息的发送,而采用一条最优路径直接发送信息到相邻节点;而 RN－节点仍然需要使用 Cluster－Tree 路由发送分组。

3. ZigBee 路由建立过程

在 ZigBee 路由协议中,当 RN－节点需要发送分组到网络中的某个节点时,使用 Cluster－Tree 路由发送分组。

当 RN＋节点需要发送分组到网络中的某个节点,而又没有通往目的节点的路由表项时,它会发起路由建立过程:

① 节点创建并向周围节点广播一个 RREQ 分组。

> 如果收到 RREQ 的节点是一个 RN－节点,它就按照 Cluster－Tree 路由转发此分组。
> 如果收到 RREQ 的节点是一个 RN＋节点,则根据 RREQ 中的信息,记录相应的路由发现信息和路由表项(在路由表中建立一个指向源节点的反向路由),并继续广播此分组。

② 节点在转发 RREQ 之前,计算邻节点与本节点之间的链路开销,并将它加到 RREQ 中存储的链路开销上。

③ 一旦 RREQ 到达目的节点(或者当目的节点不具有路由功能时,到达其父节点),此节点就向 RREQ 的源节点回复一个 RREP 分组(RN－节点也可以回复 RREP 分组,但无法记录路由信息),RREP 应沿着已建立的反向路径向源节点传输。

④ 收到 RREP 的节点建立到目的节点的正向路径,并更新相应的路由信息。

⑤ 节点在转发 RREP 前,会计算反向路径中下一跳节点与本节点之间的链路开销,并将它加到 RREP 中存储的链路开销上。

⑥ 当 RREP 到达 RREQ 的发起节点时,路由建立过程结束。

下面给出一个路由建立过程的例子,其中节点 0 为网络的协调者。已经形成了以节点 0 为根节点的树形拓扑结构。

如图 5－20－9(a)所示,节点 2 要向节点 9 发送数据分组,但它没有到达节点 9 的路由。而节点 2 又是一个 RN＋节点,它将发起路由建立过程。节点 2 创建 RREQ,并向周围节点广播此分组。

如图 5－20－9(b)所示,由于节点 8 不在去目的节点的路径上,且为 RN－节点,只能转发 RREQ 给父节点 2,节点 2 拒绝此 RREQ 分组。

节点 0、1、3 收到 RREQ 后,建立起到节点 2 的反向路由,并继续广播 RREQ。

由于节点 0、1、3 都已经收到此 RREQ,它们均拒绝彼此转发的 RREQ。

节点 4 首先收到节点 0 的 RREQ,所以拒绝节点 3 转发的 RREQ。

如图 5-20-9(c)所示,由于节点 5 是 RN-节点,不是目的节点,将 RREQ 发送给它的父节点 3,节点 3 拒绝。同样,节点 4 拒绝节点 7 的 RREQ。

如图 5-20-9(d)所示,假设节点 9 不是路由节点,而节点 6 发现 RREQ 的目的节点是其子节点 9,它代替节点 9,沿着反向路径向源节点 2 回复一个 RREP。

收到 RREP 的节点建立起到目的节点的正向路由。

RREP 到达源节点 2 后,路由建立过程结束,此后数据分组沿着路径 2—3—6—9 进行传输。

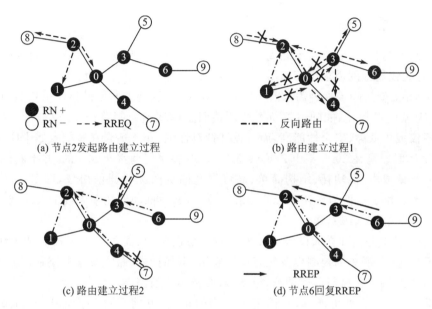

图 5-20-9　AODVjr 路由建立过程

第 21 章　其他无线技术

21.1　Z-Wave

21.1.1　概　述

随着无线通信技术、网络技术和人工智能技术的发展,人们对家居环境的自动化提出了更高的要求,对无线设施的需求也不断增加。

而 Z-Wave 就是随着这种需求产生的,Z-Wave 的发展方向就是集娱乐功能和实用功能于一体,实现家庭自动化,能随电器位置的调整而迅速调整控制路径,方便进行产品的安装。这种技术不仅成本低廉、安全性能高,而且设计针对性强,非常适合在智能家居中应用。

Z-Wave 联盟是在 2005 年由 Zensys 公司与 60 多家厂商宣布成立的,并不断扩大。该联盟推出了一款低成本、低功耗、结构简单、高可靠性的双向无线通信协议,即 Z-Wave 技术。Z-Wave技术定位于最低的功耗和最低的成本技术,着力推动低速率无线个人区域网的发展,目的是替代现行的 X-10 规范。

Z-Wave 可将任何独立的设备转换为智能网络设备,从而可以实现控制和无线监测,可以设计用于住宅、照明等的控制以及状态读取应用,例如抄表、照明及家电控制、厨房自动设备的控制、HVAC(供热通风与空气调节)控制、防盗及火灾检测等。

虽然 Z-Wave 未臻完善,但其锁定了正确的市场,并将自己的产品与 Windows 结合,Zensys 提供了 Windows 开发用的动态链接库(DLL),使得设计者可直接调用该 DLL 内的API 函数来进行软件设计。

但是,目前 Z-Wave 面临的一个重要问题是芯片供应商的短缺,这样在芯片价格问题上产生了一定的问题。

21.1.2　网络组成

在 Z-Wave 协议中,有两种基本类型的设备,分别为控制设备(Controller)和受控设备(Slaver)。

1. 控制设备

在一个 Z-Wave 网络中,控制节点可以有多个,但只能有一个主控制节点/主控制器(Primary Controller),而通过主控制节点加入到网络中的其他控制节点为从控制节点/从控制器(Secondary Controller)。

主控制器具有添加、删除其他设备的功能,拥有整个 Z-Wave 网络的路由表,并且时刻维护着网络的最新拓扑。也就是所有网络内节点的分配,都由主控制节点负责。

相应的,从控制器节点只能进行命令的发送,不能向网络中添加或者移除设备。

2. 受控设备

受控节点只能通过主控制节点加入到网络中,对整个网络拓扑结构毫不知情。它们不能

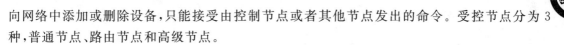

向网络中添加或删除设备,只能接受由控制节点或者其他节点发出的命令。受控节点分为 3 种,普通节点、路由节点和高级节点。

普通节点一般只能够从 Z－Wave 网络中接收命令,根据相应的命令做出操作。

路由节点具有普通节点的全部功能,所不同的是,它还可以向网络中的其他节点发送路由信息。在路由节点上,它保留有大量的静态路由信息,以便在必要的时候向一些节点发送消息。

高级节点具备了路由节点的全部功能。除此之外,在高级节点上还拥有 EEPROM 来存储应用信息。

3. 网络概况

每一个 Z－Wave 网络都拥有自己独立的网络地址(HomeID),是一个 32 位长的唯一标识。节点具有 8 位长的 NodeID,每个网络最多容纳 232 个节点。

Z－Wave 为双向应答式的无线通信技术,运用此技术可以实现在遥控器上显示家电的状态信息,这是传统单向红外线遥控器难以实现的。

通过 Z－Wave 技术构建的无线网络,不仅可以通过 Z－Wave 网络设备实现对家电的遥控,甚至可以通过互联网对 Z－Wave 网络中的设备进行控制。Z－Wave 应用示例如图 5－21－1 所示。

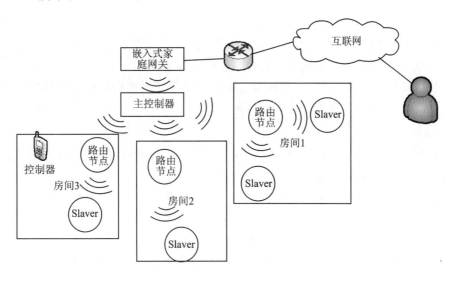

图 5－21－1　Z－Wave 应用示例

21. 1. 3　Z－Wave 体系

相对于 ZigBee 无线通信技术而言,Z－Wave 协议栈紧凑简单,实现要求更加容易,Z－Wave 协议栈如图 5－21－2 所示,与众所周知的 ISO/ OSI 体系有些不同。

1. 物理层

Z－Wave 工作频带为 908. 42 MHz(美国)、868. 42 MHz(中国、欧洲)等,都是免授权频带。Z－Wave 采用频移键控

| 应用层 |
| 路由层 |
| 传输层 |
| 媒体访问控制层 |
| RF－Media |

图 5－21－2　Z－Wave 的协议栈

FSK(2FSK/GFSK)调制方式,信号的有效覆盖范围室内 30 m,室外可超过 100 m,适合于窄带应用场合。

早期的 Z-Wave 带宽为 9.6 kbps,现在提升到 40 kbps,并做到相互兼容,即在同一个 Z-Wave 网络内能共存两种带宽的节点。

2. 媒体介质层 MAC 层

MAC 层负责与无线媒体交互和控制,基于无线射频进行数据帧发送的控制和管理,其设计主要应尽可能地实现低成本、易实现、数据传输可靠及低功耗。

当有节点需要进行数据传送时,MAC 层采用了载波侦听多点访问/冲突避免(CSMA/CA)机制,防止/减少数据发送的冲突。

MAC 层发送和接收经过二进制曼彻斯特编码/解码的比特流,数据以 8 位数据块(字符)结构进行传输。MAC 层的字符流在传送给传输层时,以低字节在前的格式进行传送。

3. 传输层

传输层从功能上讲,类似于传统的数据链路层对链路的管理,主要用于提供节点之间可靠的数据传输。主要功能包括重新传输、帧校验、帧确认,以及实现流量控制等。

传输层定义了 5 种数据包:单播数据包、应答数据包、多播数据包、广播数据包、探测数据包。

其中单播数据包需要应答数据包的确认。

多播数据包实现同时向多个选中的节点发送数据。广播数据包是对所有节点进行数据发送。它们都是不可靠的,不需要接受应答数据包的确认。

探测数据包是一种特殊的广播数据包。所有节点都会直接收到这个数据包,可以用来发现网络中特定的节点,或者更新网络拓扑结构。

4. 路由层

路由层负责控制节点间数据的路由,确保数据在不同节点间能够以路由的方式进行传输。另外,路由层还负责扫描网络拓扑和维持路由表等。

静态的控制器以及能够转发路由信息的受控节点,都可以参与路由层的活动。

路由层具有两个数据包,路由单播数据包和路由应答数据包。前者是到目的节点的数据包,包含了所需要的路由。后者是对前者的确认。

超出控制器通信距离的节点,可以通过控制器与受控节点之间的其他节点,以路由的方式完成控制。

如图 5-21-3 所示(图中的数字表示了动作的次序),Controller 需要发送命令给 Slave 2,由于距离较远,先将数据发送至 Slave 1(即 Data(1));Slave 1 收到正确数据后,予以应答(Ack(2))。Slave 1 再将数据转发给 Slave 2(即 Data(3));Slave 2 收到正确数据后,同样予以应答(Ack(4))。

Slave 2 收到数据后,需要发送 Router Ack 给 Controller,同样需要通过 Slave 1 进行转发,对应于 Routed Ack(5)、Ack(6)、Routed Ack(7)、Ack(8),至此完成 Controller 对 Slave 2 的命令发送。

通过这种方法,Controller 发出的命令就可以通过中间节点延伸了 Z-Wave 无线网络的覆盖范围。

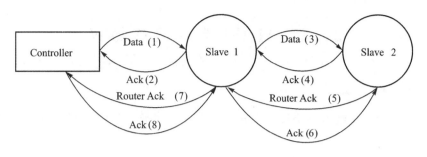

图 5 - 21 - 3   数据发送过程

Z - Wave 中的路由表保存了网络的拓扑情况。在每个节点加入网络时,由控制节点发送数据包询问该节点的邻居,以更新路由表。

Z - Wave 路由表使用 1 位信息表示是否可达(0/1)。图 5 - 21 - 4 展示了路由表示意图。

<table>
<tr><td></td><td>1</td><td>2</td><td>3</td><td>4</td><td>5</td></tr>
<tr><td>1</td><td>0</td><td>1</td><td>0</td><td>0</td><td>1</td></tr>
<tr><td>2</td><td>1</td><td>0</td><td>1</td><td>0</td><td>1</td></tr>
<tr><td>3</td><td>0</td><td>1</td><td>0</td><td>1</td><td>0</td></tr>
<tr><td>4</td><td>0</td><td>0</td><td>1</td><td>0</td><td>0</td></tr>
<tr><td>5</td><td>1</td><td>1</td><td>0</td><td>0</td><td>0</td></tr>
</table>

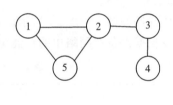

图 5 - 21 - 4   Z - Wave 路由表

Z - Wave 使用的路由协议是源路由(Source Routing)机制,在数据源发出数据包时,直接在数据包内指定详细路由的路径。这样可以大大省去每个节点花在路由上的资源。

针对移动的控制器,由于本身不包含路由信息,所以一般直接发送数据包来搜索节点,查找路径。

对于一般的控制器(一般不移动)而言,每一个控制器都会缓存最后一次的路由信息,在每次发送数据时,都会以缓存的路径作为第一选择进行发送。通常情况下,最后一次缓存的路由信息依然有效,从而以最快的速度提供路径到达目标,并节省了不必要的查找开销。如果使用缓存的路由信息发送失败,则启用路由查找过程。

路由查找是通过广播发送 SearchRequest 数据包来启动的。如果目标节点不在直接通信的范围内,则所有收到该数据包的节点都复制 SearchRequest 数据包,延迟一个随机时间后(减少数据碰撞),继续广播该数据包。

如果查找到目标,则发送 SearchStop 数据包,这样,后面接到 SearchRequest 数据包的节点自动丢掉该数据包。

5. 应用层

应用层主要包括厂家预置的应用软件(主要用来控制传感器)。同时,为了给用户提供更广泛的应用,该层还提供了面向仪器控制、信息电器、通信设备的嵌入式应用的编程接口库,实现 Z - Wave 网络中的译码和指令的执行,从而可以更广泛地实现设备与用户的应用软件间的交互。

21.2　MiWi 无线网络协议

21.2.1　概　述

Microchip MiWi 无线网络协议是为低数据速率、短距离、低成本网络设计的简单协议,特别针对于小型应用。

MiWi 协议基于 IEEE 802.15.4,但它并非是 Zig-Bee 的替代者,而是为无线通信提供了起步的备选方案,如果需要更复杂的网络解决方案,应该考虑基于 ZigBee 协议实现。

Microchip MiWi 无线网络协议栈目前只支持非信标(Non - Beacon)网络。

MiWi 的协议栈如图 5 - 21 - 5 所示。

图 5 - 21 - 5　Microchip MiWi 协议栈

MiWi 协议根据设备在网络中的功能定义了三种类型的 MiWi 设备,如表 21 - 1 所列。

表 21 - 1　MiWi 协议设备

设备类型	IEEE 设备类型	典型功能
PAN 协调器	全功能设备 FFD	每个网络一个,是网络的核心,PAN 协调器负责启动并组成网络、选择无线通道和网络的 PAN ID,分配网络地址等
协调器	全功能设备 FFD	可选,扩展网络的物理范围,允许更多节点加入网络,也可以执行监视和/或控制功能
终端设备	全功能设备 FFD 或精简功能设备 RFD	执行监视和/或控制功能

使用 MiWi 协议的网络最多可以有 1 024 个网络节点。一个网络中最多可以有 8 个协调器,每个协调器最多有 127 个子节点。

MiWi 协议使用称为报告(Report)的特殊数据包在设备间传输。该协议可实现最多 256 种报告类型。

21.2.2　MiWi 网络拓扑

MiWi 协议规定,协调器只能加入 PAN 协调器,而不能加入另一个协调器。由此,MiWi 可以支持三种网络拓扑,分别是星形拓扑、簇树拓扑、网状(或 P2P)拓扑。

1. 星形拓扑

星形网络由一个 PAN 协调器节点和若干终端设备(可以包括 FFD 和 RFD)所组成,如图 5 - 21 - 6 所示。

在星形网络中,所有终端设备都只与 PAN 协调器通信。如果终端设备需要向其他节点传输数据,会向 PAN 协调器发送其数据,由后者将数据转发给目的节点。

2. 簇树拓扑

簇树网络(如图 5 - 21 - 7 所示)中只有一个 PAN 协调器,但是允许其他协调器加入网络,从而构成了树形的结构,其中 PAN 协调器是树根,协调器是树枝,终端设备是树叶。

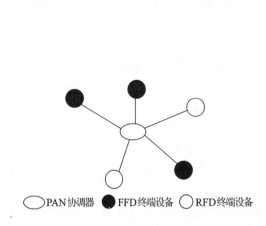

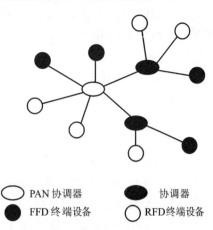

图 5 - 21 - 6　星形拓扑

图 5 - 21 - 7　簇树拓扑

在簇树网络中,所有通过网络发送的消息都会沿着树枝进行传送。

3. 网状拓扑

网状拓扑(如图 5 - 21 - 8 所示)允许 FFD 间直接进行消息的转发。但是发往 RFD 的消息仍需要经过 RFD 的父节点。

该拓扑结构的优点在于能减少消息延时,增加可靠性,但是路由协议复杂。

21.2.3　MiWi 地址和路由

MiWi 协议定义了三种不同的地址:

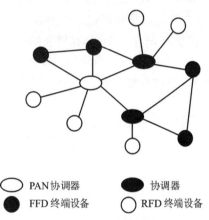

图 5 - 21 - 8　网状拓扑

> 扩展组织唯一标识符(EUI):全球唯一的 8 字节地址,每个 IEEE 802.15.4 设备都有一个唯一的 EUI。

> PAN 标识符(PANID):PAN 网络地址,PAN 中所有节点都共用一个公共 PANID,设备选择加入 PAN 时,以 PANID 表示自己所在的网络。

> 短地址:也称为设备地址,是父节点分配给设备的 16 位地址。这一短地址在 PAN 内是唯一的,用于网络内的寻址和消息传递。IEEE 指定 PAN 协调器的地址总是 0000h,其他协调器的地址分别是 0100h～0700h。每个协调器的子节点的地址,前 8 位与协调器相同,例如 0323h 地址的设备,是 0300h 协调器的子节点。

任何设备加入网络时,首先发出一个信标(Beacon)请求数据包。所有收到信标请求数据包的协调器,都会发出 Beacon 数据包,告诉其网络信息。如何选择加入哪个网络,或者同一个网络中的哪一个协调器,由用户应用决定。

在 MiWi 协议中,信标帧中一个重要的信息是"本地协调器"信息。

"本地协调器"信息长度为 1 字节,表示发送信标的协调器与其他协调器的连通情况。每个位表示 8 个可能的协调器之一。其中第 0 位专用于 PAN 协调器(地址 0000h),第 1 位表示与 0100h 协调器连通,第 2 位表示与 0200h 协调器连通,以此类推。

通过"本地协调器"字段,网络上的所有协调器可以知道到达所有节点的路径。这样,发送数据的过程就非常简单了:

① 目的节点(设为 D)是否是源节点(设为 S)的邻居节点,如果是,则直接发送给 D,结束。

② D 的父节点(设为 D_p)是否是 S 的邻居节点,如果是,则直接发送给 D_p,结束。

③ S 的邻节点(设为 D_n)是否和 D/D_p 为邻节点,如果是,则直接发送给 D_n,结束。

④ 如果自己不是根节点,则发送给自己的父节点,结束。

⑤ 根据 D 的地址,找出 D_p,并转发给 D_p。

MiWi 协议通过选择一种简单的方法来绕开路由问题:它只允许 PAN 协调器接受协调器的加入请求,因此,网络拓扑实质上是扩展的星形拓扑。MiWi 协议的这种设计提供了网状路由功能,同时大大简化了路由机制。

在 MiWi 协议下,数据包最多可以在网络中跨越 4 跳的距离,并且从 PAN 协调器出发不能超过 2 跳。

MiWi 协议支持广播,当网络协调器收到广播数据包时,只要数据包的跳数计数器不等于零,就会继续广播数据包。广播数据包不会转发给终端设备。

较新的 MiWi Pro 具有增强的路由机制,最多可支持 64 个协调器,并且允许一个协调器加入另一个协调器。当网络形成线性拓扑时,从终端设备到终端设备最多可跨越 65 跳,或者从 PAN 协调器到终端设备最多可跨越 64 跳。

第六部分　接入网通信技术

第三至第五部分主要介绍了关于末端网的相关技术。末端网的作用是将分布在广阔区域内的信息进行搜集,信息一旦搜集完毕,就需要通过传统概念的接入技术,传输到互联网上,从而进行数据的后续处理。

本部分开始,着重介绍接入网通信(Access Network,AN)技术。

接入网是末端网和互联网的中介。所谓接入网是指骨干网络到用户终端之间的所有设备,对于物联网来说,用户也可能是物。接入网长度一般为几百米到几公里,因而被形象地称为"最后一公里"问题。

在市场潜力的驱动下,产生了各种各样的接入网技术,但尚无一种接入技术可以满足所有应用的需要,接入技术的多元化是接入网的一个基本特征。

接入网也可以分为有线接入网和无线接入网。有线接入网又可分为铜线接入网、光纤接入网和光纤同轴电缆混合接入网等介质。无线接入网采用微波、卫星、蜂窝通信等无线传输技术,实现在有线接入网外的盲点地区、分散地区的分散用户/群的业务接入。无线接入网具有设备安装快速灵活、使用方便等特点,因此对于接入距离较长,用户密度不高的地区(物联网的很多应用就是在这种区域实施的)非常适用。无线接入网可以分为一跳接入(如 Wi-Fi、蜂窝通信等)和多跳接入(无线 Mesh 网)。

目前的有线接入方式,多数情况下信号传输质量较好,使得相关通信协议也可以较为简单,成本也较低,因此,有线方式是物联网应用重要的传输接入手段之一。

但是在越来越多的场合,信息是无法通过有线方式进行传输的。例如案例 2-1,在汽车上安装的智能节点,所采集的汽车相关信息,只能通过无线方式才能发送到互联网上的某台主机。

无线接入技术是本地通信网的一部分,是有线通信网的延伸,可以通过无线介质将用户终端与网络节点连接起来,以实现用户与网络间便捷的信息传递。

目前大多数无线接入方式都需要一些固定的基础设施(特别是地面的基础设施)才能实现通信,如蜂窝移动通信系统(图 6-0-1 所示)需要有通信基站等功能设施的支持,并且要求基站信号能够覆盖指定区域。而无线局域网一般也需要工作在有接入点(Access Point,AP)的模式下。

同时,无线通信方式因为能量的辐射,容易导致信号在传输过程中产生衰退和相互干扰,数据信号的质量难以保证,所以在无线方式下,一般传输协议比较复杂,往往需要收方的确认机制来保障数据的可靠传输。

还有一些特殊的场合,例如临时的感知区域,架构庞大的蜂窝基站则嫌浪费,而 Wi-Fi 则是需要有线连接到现场。这时就需要有一种能够根据需要,临时、快速实施的接入技术,而无线 Mesh 网正好可以满足这样的要求,它是 Ad Hoc 网络的一个分支,正在快速地发展,并且成为了 4G 通信的一个组成部分。还有一些技术,也可以作为接入技术来实现这样的场合,例如卫星通信等,北斗导航系统就可以实现短报文通信功能。

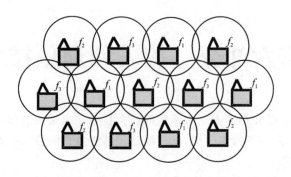

f_1，f_2，f_3 = 使用的频率

图 6 - 0 - 1　蜂窝通信示意图

目前的接入技术有以下一些特征：

> 很多接入技术主要提供物理层和数据链路层的技术。

> 有些技术，比如 3G、4G，除了作为接入技术外，系统还包括了更多的功能，如长途数据传输。

> 对于物联网应用，随着对实施便利性要求的不断提高，无线接入方式将逐步占据主要角色。

本部分将首先从一些常用的有线方式进行讲解，然后讲解无线方式，以及基于 Ad Hoc 的接入技术。

第 22 章　有线接入方式

有线接入方式经历了很长的发展时间,具有很多的接入技术,从最初的拨号上网,到后来的 xDSL(主要是 ADSL)、DDN 和 ISDN 等,目前已经全面进入宽带接入方式。因此本章将简要介绍一下这些技术。

22.1　拨号上网

电话拨号是个人用户接入互联网最早的使用方式之一,电话拨号上网是一种简单、便宜的接入方式,但是带宽太窄、速率太低,在高带宽应用领域已经渐渐不用了。

电话拨号需要使用的主要设备是调制解调器(Modem),其带宽为 300~3 400 Hz,最高下行速率 56 kbps,上网时需要一直占用话路,一对双绞线上的数字、话音不能同传,这将导致长时间占用电话网资源(用户无法打电话)。

通过拨号上网的用户端,包括一台终端(经常是 PC)、一台调制解调器(Modem)、一条能拨打市话的电话线和拨号软件。ISP 端主要由拨号接入服务器负责接入。拨号上网示意图如图 6-22-1 所示。

图 6-22-1　拨号上网示意图

其中,调制解调器是一种在模拟信息(电话线信号)和数字信息(用户数据)之间进行转换的设备,主要由两部分功能构成。

➢ 调制是将数字信号转换成适合于在电话线上传输的模拟信号以进行传输。

➢ 解调是将电话线上的模拟信号转换成数字信号,由计算机接收并处理。

外置式的调制解调器与计算机之间一般通过串口进行连接。

用户需事先从 ISP 处得到相应的账号,包括特服电话、用户名和密码,通过拨号软件进行登录。

拨号接入服务器具有一定数量的 IP 地址(地址池),当用户通过拨号上网时,如果验证成功,则拨号接入服务器会动态分配一个 IP 地址给用户,使之成为互联网上的一个正常用户,用户下网时,IP 地址被释放,以备再次分配。

22.2 非对称数字用户线(ADSL)

ADSL 是 xDSL 中最常见的一种技术,属于宽带接入的范围,是充分利用现有电话网络的双绞线资源,在不影响正常电话使用的前提下,实现高速、高带宽的数据接入的一种技术。其最大的优势在于不需要对现有的基于电话网的接入系统进行改造,因此 ADSL 曾被认为是最佳的接入方式之一,为小型业务提供了较好的方案。

ADSL 能够向终端用户提供可达 8 Mbps 的下行传输速率和可达 1 Mbps 的上行速率,传输距离 3~5 km,与传统的调制解调器和 128 kbps 的 ISDN 相比,具有速度上的优势。

按照 OSI 七层模型的划分标准,ADSL 应该属于物理层范畴。它主要实现信号的调制、提供接口类型等一系列电气特性。

ADSL 采用 DMT(Discrete Multi - Tone,离散多音调)调制技术,属于多载波技术。如图 6 - 22 - 2所示,ADSL 将频带(40 kHz~1.104 MHz)分割为许多子信道(每个子信道占用4.312 5 kHz 带宽,音频的宽度),一小部分子信道用于上行信道,其他子信道用于下行信道。而数据在传输时,被分成多个子块,分别在多个子信道上独立进行调制解调。

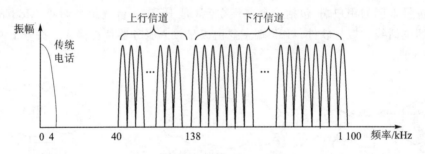

图 6 - 22 - 2 ADSL 频带分布

ADSL 采用自适应技术,使用户传送的数据率尽可能高。当 ADSL 启动时,ADSL 两端调制解调器就测试可用频率,各子信道所受干扰情况等。对于较好的子信道,ADSL 就选择一种调制方案,使得每码元可以对应于更多的比特,反之,则选择其他调制方案,使得每码元携带较少的比特。这样,不同子信道上传输的信息容量可以根据当前子信道的传输性能决定。过程如下:

① 发送测试信号(训练序列)。

② 接收端进行频谱估计,根据算法计算出各个子信道的信噪比。

③ 确定各子信道的传输分配。

④ 如果某个子信道质量太差,可以放弃使用此子信道。

另外,DSL 技术将 DMT 和信道编码相结合,在白噪声环境下比传统技术的传输正确率有了很大提高。

ADSL 的接入模型主要由中央交换局端模块和远端模块组成,如图 6 - 22 - 3 所示。

➢ 局端传输单元(Access Termination Unit - Central - office side,ATU - C),是局端的调制解调器。

➢ 远端传输单元(Access Termination Unit - Remote side,ATU - R),是用户端的调制解

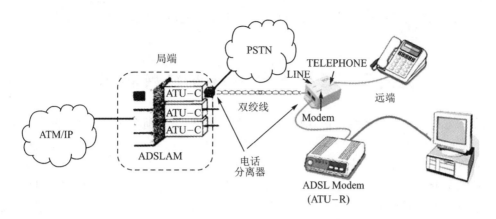

图 6 - 22 - 3　ADSL 接入系统组成

调器,完成用户端的接入功能,一般需要与一个分离器相连。不同厂家的产品功能有所差异,称呼也有所不同,如:ADSL Modem、ADSL 桥、ADSL 接入终端、ADSL 路由器等。

➢ ADSL 接入复用器(ADSL Access Multiplexing,ADSLAM),包含了很多 ATU - C,完成多用户的接入。

➢ 电话分离器(POTS Splitter,PS),分离语音信号和数字信号。用户电话的语音信号通过 PS 和 ATU - R 出来的数字信号进行复用,经电话线到局端。用户端的 PS 可以是独立的,也可以嵌入在 ATU - R 中。局端通过分离器,将语音信号分流至 PSTN,数字信号分流至互联网。

通过 ADSL Modem,数据信号和电话信号通过频分复用,复用在同一根电话线上,在另一端被分离开来。在这个过程中,并不影响正常的电话通话过程。

国内的 ADSL 很多是使用基于 PPPoE(PPP over Ethernet,以太网上的点对点协议)的 ADSL。PPPoE 是将以太网和 PPP 协议结合后的协议,原有的 PPP 协议要求通信双方之间是点到点的关系,不适于广播型的网络和多点访问型的网络。而各种接入技术不可避免地需要共享信道,于是 PPPoE 协议应运而生。PPPoE 可以实现高速宽带网的个人身份验证访问,为每个用户建立一个独一无二的 PPP 会话,以方便高速连接到互联网,实现接入控制和计费。

建立会话前,双方必须知道对方设备的 MAC 地址,PPPoE 协议通过发现协议来获取。发现协议基于客户/服务器模式,一个典型的发现阶段分为 4 个步骤。

① 客户端发送 PADI(PPPoE Active Discovery Initiation)帧。

② 若服务端能够满足 PADI 提出的服务请求,发送 PADO(PPPoE Active Discovery Offer)帧回应。

③ 由于 PADI 帧是广播的,所以客户可能收到多个 PADO 响应帧,客户端选择一个合适的服务端,发送 PADR(PPPoE Active Discovery Request)帧。

④ 如果服务端能够提供 PADR 所要求的服务,则发送 PADS(PPPoE Active Discovery Session Confirmation)帧进行应答,其中包含了双方本次会话所使用的 Session - ID,并开始本次 PPP 会话。否则,服务端进行拒绝。当客户收到 PADS 帧后,双方进入 PPP 会话阶段。

当整个发现阶段结束后,通信双方均可以根据帧的源地址获取对方的 MAC 地址,并且共用一个 Session ID,这两个参数可以唯一确定一个会话。此后,双方进入会话阶段。开始传输数据。

22.3 混合光纤同轴电缆网接入

最早的电视广播采用无线传送,随着节目套数的增多,频带拥挤日益突出,便产生了有线电视网。有线传输可以保证在较大频带范围内衰减较少,同时传送的频道更多,质量更好。

早期有线电视网是一个树形网络,采用同轴电缆作为信道,根部是电视台前端(Head-end)。前端负责接收来自卫星传送来的电视信号,调制并通过同轴电缆送出电视节目,同时具有控制功能。主干网利用干线放大器不断进行接力放大,以便传输到较远的距离。到居民区,使用分配器从主干网分出信号进入分配网络,分配网络再将信号用放大器(Line Extender)放大送到家庭。

目前,在主干网部分基本采用光纤传输,容量大,传输损耗小,可有效延长传输距离,而且不会串音,不怕电磁干扰,即目前的 HFC(Hybrid Fiber - Coaxial,混合光纤同轴电缆网,结构如图 6 - 22 - 4 所示)。

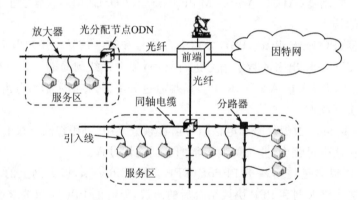

图 6 - 22 - 4 混合光纤同轴电缆网接入

由于容量大,在数据通信时代,HFC 又被赋予新的作用,进行宽带通信接入。

HFC 通常由光纤干线、同轴电缆支线和用户配线三部分组成。从有线电视台出来的信号首先进行电-光转换,转换成光信号在干线上传输。光信号到达用户区域后,由光分配节点(Optical Distribution Node,ODN,又称为光节点)将光信号转换成电信号,最后通过传统的同轴电缆送到用户家庭。

有线电视网采用的是模拟传输协议,因此用户上网还需要使用调制解调器(Cable - Modem,CM)来协助完成数字信号和模拟信号的转化。

每一个 CM 有一个 48 位的 MAC 地址,可以唯一地确定一个用户。目前 CM 的上行传输速率可达 10 Mbps,下行传输速率可达 37 Mbps/54 Mbps(美/欧)。CM 的示意图如图 6 - 22 - 5 所示。

在进行数据传输时,CM 与传统 Modem 在原理上基本相同:

➤ 将数据进行调制后在电视电缆的某个频率范围内进行上行传输(不能与现有的电视信号频率范围冲突)。

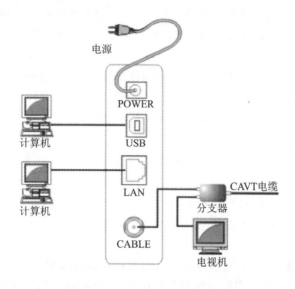

图 6 - 22 - 5　**Cable - Modem 示意图**

➢ 在规定的频率范围内接收下行数据并进行解调。

DOCSIS(Data Over Cable Service Interface Specification)是 HFC 的一个重要标准(欧洲的为 EuroDOCSIS,我国的标准类似于这个标准),定义了如何通过电缆调制解调器提供双向数据业务,该标准获得了 ITU 通过并成为国际标准。目前 DOCSIS 较新的版本为 3.1,同时支持 IPv4 和 IPv6。DOCSIS 参考模型如图 6 - 22 - 6 所示。其中,CMTS(Cable Modem Terminal Systems)是局端用来管理控制用户端 CM 的设备。

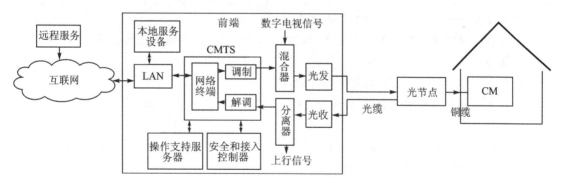

图 6 - 22 - 6　**ADSL 接入系统组成**

根据 DOCSIS,通信分为上行和下行两类。

➢ 针对下行通道,由于一个 CMTS 的下行信号会发给多个 CM,下行信道采用时分复用的方式,将下行报文封装成 MPEG II 帧进行发送;CM 有选择地接收目的地址指向自己的报文。2008 年的 DOCSIS3.0 还添加了组播的功能。

➢ 由于上行数据是多对一的模式,为了防止碰撞,DOCSIS 规定所有上行信道所使用的时间由 CMTS 统一分配。CM 在发送数据前必须先在上行信道的竞争时隙中,以随机接入的方式向 CMTS 发送申请报文;CMTS 收到申请报文后,通过算法统一分配上行信道,并将分配结果在下行信道通过 MAP 帧进行广播;CM 收到 MAP 帧,在指派的时间段内发送数据,避免了数据的碰撞。但是竞争时隙的申请报文是可能存在碰撞的,而且这种碰撞,只有 CM 在收到 MAP 帧后才能知道。为此,DOCSIS 采用了二进制指数退避算法。

为了实现接入管理,HFC 的前端还应该增加认证管理、计费管理、安全管理等功能。目前不少研究都是基于 DHCP+Web 方式实现认证过程的。其认证过程如下:

① 用户的 CM 初始化过程中,由 CM 向 CMTS 发出 DHCP 请求包,申请 IP 地址,该请求包包含了 CM 的 MAC 地址等信息。

② CMTS 将该请求包转发给 DHCP 服务器,后者向 RADIUS 服务器验证是否是 ISP 的合法 CM。

③ RADIUS 服务器向 DHCP 服务器进行响应。如果是合法的,则 DHCP 服务器向 CM 提供 IP 地址等配置信息,CM 可以访问互联网。如果是非法的 CM,则 DHCP 服务器拒绝用户访问互联网。

HFC 上网特点是速率较高,通过现有的有线电视电缆传输数据,不需要特别布线,可实现多种业务。但由于这种方式采用的是相对落后的总线型网络结构,网络用户共享有限带宽,当用户较多时,速率会下降且不稳定。

22.4 以太接入网技术

从 20 世纪 80 年代开始,以太网就成为使用最普遍的网络技术。传统以太网技术并不属于接入网范畴,而属于用户驻地网领域。然而以太网正在向接入网、骨干网等其他公用网领域扩展。

利用以太网作为接入手段的主要优势是:

➢ 具有良好的基础和长期使用的经验,与 IP 匹配良好,所有流行的操作系统都与以太网兼容。

➢ 性价比高、可扩展性强、容易安装开通。

➢ 以太网技术已有重大突破,容量分为 10/100/1 000/10 000 Mbps 等,可以实现自适应,容易升级。

以太网接入技术特别适合密集型的居住环境。由于中国居民大多集中居住,尤其适合发展光纤到小区,再采用以太网连接到户的接入方式。

目前大部分的商业大楼和新建住宅楼都进行了综合布线,布放了 5 类 UTP,将以太网插口布到了桌边。多种速率完全能满足用户对带宽接入的需要。

基于以太网的宽带接入不是传统的以太网直接应用,而是为了适应接入,必须提供更多的管理功能。因为以太接入网与传统以太网有很大的不同。以太接入网是公共环境下的,用户之间互不信任,需要用户之间的隔离,更重要的是要强调对个体用户的收费和个性化服务(例如不同带宽)。因此以太接入网应具有强大的网络管理功能,能进行配置管理、性能管理、故障管理、安全管理和计费管理等,特别是计费管理可以方便 ISP 以多种方式进行计费(比如按时间、包月等)。

以太网接入网由局端设备和用户端设备组成。

用户端设备一般位于居民楼内,其设备提供与用户计算机相接的 10/100 BASE-T 接口。

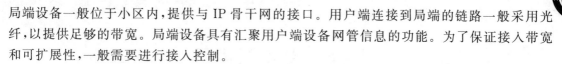

局端设备一般位于小区内,提供与 IP 骨干网的接口。用户端连接到局端的链路一般采用光纤,以提供足够的带宽。局端设备具有汇聚用户端设备网管信息的功能。为了保证接入带宽和可扩展性,一般需要进行接入控制。

为了实现安全和计费管理,用户端往往需要经过认证的过程,目前最常用的协议是PPPoE(PPP over Ethernet,在以太网上运行 PPP 协议)。另一个选择是 IEEE 802.1X(基于端口的网络接入控制),形成 IP over Ethernet 模型。

IEEE 802.1X 基于端口对用户的接入进行控制,也可以用在 Wi-Fi 网络。IEEE 802.1X 需要在交换机上安装 IEEE 802.1X 服务器软件,在用户端安装客户软件,协议使得用户的接入可以直接由接入交换机控制。

802.1X 协议是一种基于 Client/Server 的访问控制和认证协议,其核心是 EAPoL(Extensible Authentication Protocol over LAN,基于局域网的可扩展认证协议)。802.1X 可以限制未经授权的用户/设备通过接入端口(Access Port)访问 LAN/WLAN。在认证通过之前,802.1X 只允许 EAPoL 数据通过交换机端口;认证通过以后,正常的数据可以顺利地通过以太网端口。

端口访问实体包含 3 部分:

➢ 认证者,对接入用户/设备进行认证的交换机等接入设备,根据客户端当前的认证状态,控制其与网络的连接状态。

➢ 请求者,被认证的用户/设备,必须运行符合 IEEE 802.1X 客户端标准的软件,微软的 Windows 操作系统具有该软件。

➢ 认证服务器,接受认证者的请求,对请求访问网络资源的用户/设备进行实际认证功能的设备。认证服务器通常为 RADIUS 服务器,保存了用户名及密码,以及相应的授权信息。认证服务器还负责管理由认证者发来的审计数据。微软的 Windows Server 操作系统自带 RADIUS 服务器组件。

EAPoL 认证过程如下:

① 客户端程序发出请求认证的数据帧给交换机,启动一次认证过程。

② 交换机收到请求认证的数据帧后,发出请求数据帧,要求客户端程序传送用户名信息。

③ 客户端程序将用户名信息通过数据帧发给交换机。交换机将客户端发来的数据帧封包后发给认证服务器。

④ 认证服务器收到用户名信息后,查询数据库,找到该用户名对应的密码信息。然后,认证服务器随机生成一个密钥 K,对密码进行加密。

⑤ 认证服务器将 K 发给交换机,由交换机发给客户端程序。

⑥ 客户端程序收到 K 后,用 K 对自己的密码进行加密,并通过交换机发给认证服务器。

⑦ 认证服务器将收到的、加密后的密码与自己加密后的密码进行对比,如果相同,则认为该用户为合法用户,反馈认证通过的消息,并向交换机发出打开端口的指令,允许用户的业务流通过端口访问网络。否则,反馈认证失败的消息,并保持交换机端口的关闭状态,只允许认证信息通过而不允许业务数据通过。

另外,以太接入网还针对那些不具备正规机房条件的接入情况制定了 802.3af—2003 标准,由机房的设备通过以太网实现远程馈电,即通过以太网端口对一些连网设备进行供电,电源输出为 48 V,功率可以有 4 W、7 W、15 W 等级别,简称 PoE(Power over Ethernet)。这为物联网应用的实施提供了极大的方便。

22.5　电力线上网

电力线通信(Power Line Communication,PLC)是指利用电力线(包括利用高压电力线、中压电力线、低压配电线等)作为通信载体,传输语音或数据的一种通信方式。另外,还可以加上一些 PLC 局端和终端调制解调器,可以将原有电力网变成电力线通信网络,将原来的电源插座变为信息插座。

早期的 PLC 主要用于发电厂与变电站间的调度通信,主要在中、高压电力线上实现,使用模拟技术传送语音信号,性能较差。在低压领域,PLC 技术首先用于负荷控制、远程抄表和家居自动化,其传输速率一般较低(如 1 200 bps),称为低速 PLC。近几年国内外利用低压电力线传输速率在 1 Mbps 以上的电力线通信技术称之为高速 PLC。

目前,PLC 已经形成若干类组网模式:

① 户内联网,利用室内电源线和电源插座,实现家庭内部多台计算机、智能终端联网及智能家用电器控制,也可以通过家庭网关(或楼层网关)与其他接入方式相连,进入互联网,如图 6-22-7 所示。其作用有些类似于末端网。

图 6-22-7　户内联网示意图

② 户外接入,这也是本节的主要内容,包括:

> 进楼:楼内总配电室以外更远距离的通信接入,例如小区内从配电变压器到某栋楼的总配电室的通信连接。

> 进户:光缆或其他高速通信手段到楼内总配电室后,利用低压配电网解决总配电室至每个住户门口的通信接入问题。

③ 在缺乏其他方案时,PLC 也可以构成接入网主干电路、专用通信,直接连到供电服务网。

④ 专用网,实现远程抄表等业务,属于末端网范畴。

当楼宇内以电力线作为传输媒体进行接入时,只需要在楼宇内配备局端设备即可,如图 6-22-8所示。

局端 PLC 设备负责与外部网络连接,将信息通过电力线与内部 PLC 调制解调器进行通信。在通信时,来自用户的数据经过调制解调器调制后,把载有信息的高频信号加载于低频动力电,通过电线传输到局端设备;局端设备将信号解调出来,再转到外部的 Internet。反之亦然。

需要注意的是,虽然从物理上看 PLC 网络像是树形拓扑,各个节点通过各自供电线路收发数据。但从逻辑上看,PLC 网络则被看作是总线结构,所有的节点共享同一介质。

PLC 一个重要的标准是 HomePlug。其中 HomePlug 1.0 和 HomePlug AV 主要用于家庭内宽带网,分别是 14 Mbps 和 200 Mbps,HomePlug BPL 用于电力线接入。

HomePlug 在物理层采用具有通道预估和自适应能力的 OFDM(正交频分复用),属于多载波技术。它把整个频段分成若干个子载波,在每个子载波内,根据信噪比的高低,自适应选

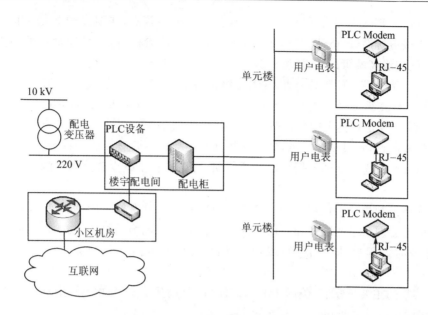

图 6 - 22 - 8　楼宇内电力线接入

择每个载波的调制方式(子载波的调制方式可以不同)。所有子载波的传输速率之和即为这个信道的总传输速率。

　　HomePlug 在 MAC 层采用了 IEEE 802.3 规定的帧结构,并综合使用无竞争的 TDMA 时分多址接入和 CSMA/CA 竞争接入两种方式,还可以通过快速自动重传请求(ARQ)保证数据的可靠传送。

　　为了有效管理两种方式同时工作,HomePlug 通过主从模式进行管理,是半双工模式。

　　通信过程中,Master 将通信时间分成一个一个的信标 Beacon 区域,由非竞争周期(TDMA)和竞争周期(CSMA/CA)组成,如图 6 - 22 - 9 所示。

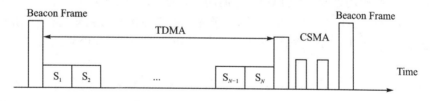

图 6 - 22 - 9　HomePlug 的 Beacon 区域

　　Master 在每个 Beacon 区域开始广播一个信标帧,通过信标对分配的 TDMA 和 CSMA/CA 时段进行管理。

　　TDMA 接入是把一个传输通道的时间分割成时隙,把 N 路设备接到一条公共信道上,按一定的次序给各个设备分配时隙使用通道。当轮到某个设备使用时,该设备占用信道进行传输,而其他设备与信道断开。等时隙用完,该设备停止发送信息,并把通道让给下一个设备使用。在满足时间同步的条件下,主、从之间的信号不会产生混乱。因此,在 TDMA 周期中不会发生数据的碰撞,且能保证数据传输质量,实现带宽预留、高可靠性和严格的时延抖动控制。

　　在 CSMA/CA 周期中,需要竞争使用信道,此时可能产生冲突。HomePlug 技术中的 CSMA/CA 与通常的 CSMA/CA 有所不同,比如增加了优先级的概念,可以在一定程度上保证 QoS。

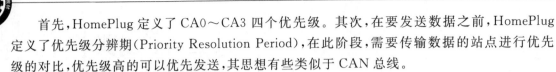

首先,HomePlug 定义了 CA0～CA3 四个优先级。其次,在要发送数据之前,HomePlug 定义了优先级分辨期(Priority Resolution Period),在此阶段,需要传输数据的站点进行优先级的对比,优先级高的可以优先发送,其思想有些类似于 CAN 总线。

虽然有了优先级,但是具有相同优先级的站点也需要竞争进入信道,才能防止冲突。HomePlug 在优先级分辨期之后,定义了竞争期(Contention Period),它由一些小的时隙组成。HomePlug 规定在优先级分辨期具有最高优先级的那些站点,随机产生一个退避计数器(Backoff Counter),每过一个时隙,退避计数器减 1。如果退避计数器减为 0,并且信道空闲,则站点可以开始发送自己的数据。通过竞争期,可以进一步减少碰撞的可能性(但是仍无法完全避免)。

电力线通信利用动力电线作为通信载体,使得 PLC 具有极大的便捷性。HomePlug 的应用分为以电力公司为主的服务和以用户为主的服务。以电力公司为主的服务如远程抄表、负荷控制、服务的远程启动/停止等;以用户为主的服务包括互联网宽带接入、VoIP、视频传输等。

PLC 芯片的主要厂家有:美国 Intellon 公司、西班牙 DS2 公司、法国 Spidcom 公司、以色列 Yitran 公司,以及 Arkados、Conexant 等。

22.6 光纤接入技术

1. 概　述

在干线通信中,光纤扮演着重要的角色,在接入网中,光纤也正在成为发展的重点,称为光纤接入网(OAN),即接入网中的传输媒体为光纤的接入网。

光纤通信具有容量大、质量高、性能稳定、防电磁干扰、保密性强等优点,特别是长距离方面,具有铜线所无法比拟的优势。但是,与其他接入技术相比,目前 OAN 最大的问题是成本还比较高,其用户终端的光网络单元(ONU)离用户越近,成本就越高。

光纤可分为单模光纤和多模光纤,目前单模光纤已成为光纤的主导类型,考虑到成本及网络的维护和统一性,ITU‐T 规定在接入网中只使用生产量最大,价格最便宜,性能较优的 G.652 单模光纤。

光纤接入网有多种拓扑结构,如总线型、环形、星形和树形等,并由此可以组成更加复杂的拓扑结构。

光纤接入网从技术上可以分为两大类:

➢ 有源光网络(Active Optical Network,AON)的局端和远端设备通过有源光传输设备相连,传输技术是骨干网中已大量采用的 SDH(Synchronous Digital Hierarchy,同步数字系列/体系)和 PDH(Plesiochronous Digital Hierarchy,准同步数字系列)技术,且以前者为主。

➢ 无源光网络(Passive Optical Network,PON)是一种纯介质网络,即局端和远端设备通过无源光传输设备相连,业务透明性较好,原则上可适用于任何制式和速率的信号。

PON 是重要的发展方向之一,包括基于 ATM 的无源光网络 APON、基于以太网的 EPON、千兆比特 GPON、万兆比特 10GPON 等,其已经发展成为一大系列的技术。其中 EPON 的上层是以太网,其国际标准是 IEEE 802.3ah。

根据相关文献,乘风庄公安局全球眼监控项目,采用二级分光器模式,使用中兴公司 ZXA10XPON 无源光网络系列设备,建成了点对多点的 EPON,实现了乘风庄南三路、西干线附近 12 个全球眼用户的接入。

2. EPON 组成

一个基于 EPON 的 OAN 系统如图 6 – 22 – 10 所示。

EPON 接入网包括远端设备(光网络单元 ONU)和局端设备(光线路终端 OLT),它们通过无源光配线网(Optical Distribution Network,ODN)相连,可以采用树形的拓扑结构,目前最长 20 km(如果使用有源中继器,距离还可以延长)。由于不需要在外部站中安装昂贵的有源电子设备,所以可以大幅减少网络机房及设备采购和维护的成本,具有较好的性价比。

OAN 采用了主从式的工作机制,以局端为主,远端为从。基于 EPON 的 OAN 如图 6 – 22 – 10 所示。

OLT 既是一个交换机/路由器,又是一个多业务提供平台,其作用是为接入网提供与互联网等网络之间的接口,并通过光传输与用户端的 ONU 通信,实现集中和接入的功能,是主设备。OLT 还提供对自身和用户端的维护和监控、针对不同用户 QoS 要求进行带宽分配、网络安全配置等。

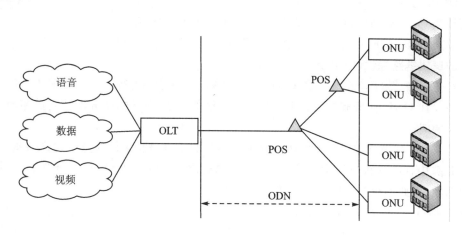

图 6 – 22 – 10　基于 EPON 的 OAN

光网络单元 ONU 放置在用户端,是从设备,采用以太网协议,实现对用户数据的透明传输。主要功能是终结来自 OLT 的光纤,为接入网提供用户侧的接口,可接入多种用户终端。ONU 的网络端是光接口,用户端是电接口,因此必须具有光/电转换功能,以及相应的维护和监控功能。另外,ONU 选择性地接收 OLT 发送的数据、响应 OLT 的控制信息,并将用户的以太网数据向 OLT 进行发送。

无源光分路器(Passive Optical Splitter,POS)是一个连接 OLT 和 ONU 的无源设备,它的功能是分发下行数据和集中上行数据。

根据 ONU 的位置,光纤接入可分为 FTTR(光纤到远端接点)、FTTB(光纤到大楼)、FTTC(光纤到路边)、FTTZ(光纤到小区)、FTTH(光纤到用户)等。

3. EPON 的编码

在物理层,EPON 遵循 1 000 BASE 规定。EPON 传输链路全部采用无源光器件,支持单光纤双向全双工传输,上、下行的激光波长分别为 1 310 nm 和 1 490 nm。

EPON 数据采用 8B/10B 编码。

8B/10B 编码是将一组 8 位数据分成两组,一组 3 比特,一组 5 比特。3 比特的数据进行 3B/4B 编码,形成 4 比特信息;而 5 比特的数据进行 5B/6B 编码形成 6 比特信息。故发送时是一组 10(4+6)比特的数据,解码时再将 10 比特的数据反变换得到 8 位数据。

3B/4B 和 5B/6B 编码的过程是通过映射机制进行的,这种映射机制已经标准化为相应的映射表。并且,在 8B/10B 的编码过程中,3B/4B 和 5B/6B 两个编码过程是相关的,并非独立的。

采用 8B/10B 编码方式,可以使得发送的"0"、"1"数量保持基本一致,且连续的"1"或"0"不超过 5 位,这样可以很方便地进行接、收双方的时间同步。

8B/10B 编码是目前高速数据传输接口或总线常用的编码方式。

4. EPON 通信

EPON 的数据采用可变长度的以太网帧格式,最长可达 1 518 字节。EPON 分为上行传输和下行传输,为点到多点(一个 OLT 针对多个 ONU)的工作方式,下行采用 TDM 方式,上行为 TDMA 方式。

当局端 OLT 启动后,在下行端口上广播"允许接入"的信息。

远端的 ONU 初始化后,根据广播的允许接入信息,发起注册请求。OLT 分配给 ONU 一个唯一的逻辑链路标识(LLID)。

上行传输中,为了防止来自各 ONU 的信息帧发生碰撞,上行接入主要采用 TDMA 技术进行管理。在 ONU 注册成功后,OLT 会根据系统的配置,给 ONU 分配特定的带宽,即可以传输数据的时隙。

每个 ONU 都被分配了特定的传输时隙,ONU 只能在被指定的时隙内发送数据。如果在指定的时隙中,ONU 没有数据可以上传,则以填充位填充。由于 ONU 只能在自己的时隙内发送数据帧,因此不存在碰撞,不需 CDMA/CD 协议。

接收端 OLT 根据时隙的位置,来判断数据帧是从哪一个 ONU 发过来的。

但是,TDMA 技术要求所有 ONU 是时间严格同步的,EPON 中以 OLT 的时钟为参考时钟。

下行数据流传输采用 TDM 方式,OLT 发出的每个以太网帧都会打上 LLID 标记,唯一地标识该数据帧是发往哪个 ONU 的。OLT 以广播的方式向下行方向传输数据帧,通过 POS,每个 ONU 都能收到所有的下行数据帧。

ONU 根据每个数据帧的 LLID 标记做出判断,接收发送给自己的数据帧,而丢弃发给其他 ONU 的数据帧。

出于安全性的考虑,应避免 ONU 接收其他 ONU 的信号,所以正常情况下,ONU 之间的通信,都应该通过 OLT 来进行转发。但在 OLT 可以设置是否允许 ONU 之间的通信,缺省状态下是禁止的。

EPON 的一个关键技术是动态带宽分配(DBA)问题,可以根据实际情况动态调整分配给各个 ONU 的带宽,即时隙数,目前已经有了不少研究。

第 23 章　无线光通信

光通信是当前研究的重点方向之一,按照传输介质的不同,光通信系统可分为光纤通信、自由空间光通信(Free Space Optical,FSO)和水下光通信。其中自由空间光通信又称为无线光通信。本章主要介绍距离较长的无线光通信的相关内容。

23.1　概　述

无线光通信是指以光波为载体,在真空或大气中传递信息的一种通信技术。

人类对光通信的研究可以追溯到 20 世纪。早期的激光通信技术距离很短,且易受外界各种物体的干扰,实用价值不大。

1960 年出现的红宝石可视激光器的出现,大大改善了激光通信的传输性能,包括传输距离长度,其主要是应用在美国空与地,以及卫星与水下的军用通信。直到 20 世纪 90 年代,当激光器和光的调制技术都已成熟时,无线光通信才成为现实。

近年来,随着各种技术的不断发展,无线光通信在传输距离、传输容量和可靠性等方面都有了很大的改善,适用面也就越来越宽了,在星际通信、星地通信、水下通信等场合,特别是军用领域,具有广阔的前景。无线光通信技术已成为当今信息技术的一大热门技术,其作用和地位已能和光纤通信、微波通信等相提并论,是构筑未来世界范围通信网必不可少的一种技术。

图 6-23-1 显示了无线光通信的应用场景。

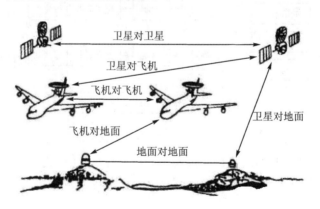

图 6-23-1　空地一体激光通信示意图

无线光通信与其他无线通信技术相比,具有不需要频率许可证、频带宽、保密性好,以及抗电磁干扰等诸多优点,在一定程度上弥补了光纤和微波的不足。它的容量与光纤相近,但价格却低得多。它可以直接架设在屋顶进行空中传送,没有敷设管道挖掘马路的问题,没有申请频带的问题。

但是光通信也有着不可克服的缺点。最主要的问题就是通信双方必须要在相互的可视范围内,因此,微波通信系统和自由空间光通信系统在许多方面可互为补充,互为备份,使用户得到更方便的服务。

另外,大气中各种微粒、恶劣的天气都可能会导致光信号受到严重的干扰,影响信号的传输质量。自适应光学技术已经可以较好地解决这一问题,并已逐步走向实用化。

【案例 23 - 1】

2014 年 6 月,美国航天局宣布,该机构在"激光通信科学光学载荷"(OPALS)通信试验中,利用激光束把一段高清视频从国际空间站传送回地面。比现有基于无线电波的通信方式提高 10~1 000 倍。试验中使用时长 37 s 的高清视频,只用了 3.5 s 就成功传回,相当于传输速率达到 50 Mbps。而此前还有俄罗斯更高的传输速率的报道。

图 6 - 23 - 2 展示了无线光通信中激光通信的原理。

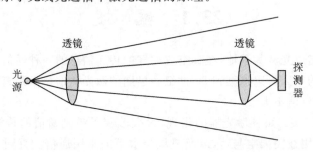

图 6 - 23 - 2 激光通信原理示意图

无线光通信系统所使用的、最基本的技术是光/电转换。在点对点传输的情况下,无线光通信系统一般由两台光通信机所构成(如图 6 - 23 - 3 所示)。为了实现双工通信,每个通信节点都必须具备光发射机和光接收机两套机构。

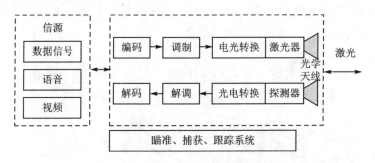

图 6 - 23 - 3 激光通信系统

发射系统首先把信源的串行数据送入编码器进行编码,再把编码后的信息经过调制器进行调制,从而通过功率驱动电路使发光器发光(电光转换),并由光学发射天线发射到自由空间。

接收系统把光学天线收集到的光信号集中在探测器上,通过光电转换,把光信号转换为电信号,放大、筛选出有用的信号,再经过解调器进行解调、解码器进行解码后,恢复出原始的信息,并把得到的信息传给信宿单元进行计算、储存、显示等。

目前,无线光通信采用的光包括紫外线、可见光、红外线等。

利用无线光通信可以很好地进行点对点的通信,但是随着无线光通信技术的不断发展和完善,光网络的发展趋势必然由点对点通信系统走向组网系统。

无线光通信系统有如下优点:

➢ 激光的波束非常窄,即便被截取,由于链路被中断,用户也会很快发现,因此通信的安全保密性较好。

➢ 对运行的协议透明。现在通信网络常用的 SDH、ATM、IP 等都能通过。

➢ 可灵活拆装、移装至其他位置,不用铺设线缆。

➢ 易于扩容升级,只需对接口进行变动就可以改变容量。

目前,已经有成熟的地面无线光网络产品进入市场,比如 AirFiber 公司的 OptiMesh 网状无线光网络系统可提供 622 Mbps 的速率。Lucent 公司的 WaveStar OpticAir system 可达到 2.5 Gbps 的速率。LightPoint 的产品包括了各种飞行器无线光传输解决方案,如 FlightLite、FlightPath、FlightSpectrum 等,速度最高可达 1.25 Gbps。国内也在积极推进,包括桂林三十四所、中科院成都光电技术研究所、深圳飞通有限公司、上海光机所、清华同方有限公司等。

23.2 光调制技术

根据被调制的激光参数,激光信息调制可采用强度、频率、相位、偏振态等参数,其中强度调制/直接检测(Intensity Modulation/Direct Detection,IM/DD)技术在激光通信系统中应用最为广泛。IM/DD 体制的优点是调制和解调技术比较容易、采用设备较为简便、成本较小。但是由于只利用光的振幅作为参数,而未利用光的相位、频率等参数,调制方式单一,信息的承载能力受限。

相对于 IM/DD 技术,另一种较复杂的是多调制/相干探测技术,它能够对强度、相位和频率等进行调制,同时信道选择性好,可实现信道之间相隔小的超密集波分复用,实现超高容量的信息传输。

下面首先以强度调制技术进行介绍。目前使用较多的调制方式是开关键控、曼彻斯特编码调制,以及脉冲位置调制等。

1. 开关键控(On‐Off Keying,OOK)

开关键控非常简单,以存在激光脉冲代表"1",没有激光脉冲代表"0"。开关键控如图 6‐23‐4 所示。

这种调制方式虽然简单,但是同步性能不好,当发送方发送一长串没有变化的数字比特时(全 0 或全 1),接收方的接收时钟无法得到有效的同步。

2. 曼彻斯特编码调制

这种方式采用了曼彻斯特编码的思想,将一个码元分为前后两个部分(如图 6‐23‐5 所示),规定如下:

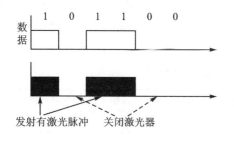

图 6‐23‐4 开关键控调制

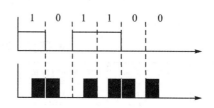

图 6‐23‐5 曼彻斯特编码调制

> 前一部分没有脉冲,后一部分发射脉冲为"1"。
> 前一部分发射脉冲,后一部分没有脉冲为"0"。

3. 脉冲位置调制(Pulse Position Modulation,PPM)

PPM 机制是利用光脉冲不同的位置来表示信息比特,在本质上是一种相位调制。

其中的单脉冲位置调制(L‐PPM,L 代表时隙的位置数),如图 6‐23‐6 所示。

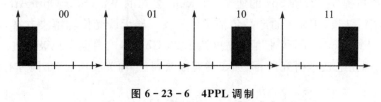

图 6‐23‐6　4PPL 调制

L‐PPM 调制技术把一个码元周期分为 L(图中 $L=4$,一般有 $L=2^M$)个时隙,脉冲在不同的位置,代表了不同的信源信息,这样一个码元周期就可以携带 M 位。在本例中,即相当于把 00,01,10,11 四种信源比特分别映射为空间信道上的 1000,0100,0010 和 0001。

PPM 的抗信道误码能力显著增强,尤其适合于信道噪声复杂且功率受限的移动大气激光通信。IEEE 802.11 委员会于 1995 年正式推荐 PPM 调制方式用于 0～10 MHz 的红外无线光通信系统。

多脉冲位置调制(Multiple Pulse Position Modulation,MPPM)、差分脉冲位置调制(Differential Pulse Position Modulation,DPPM)等都是在 PPM 基础上改进的调制方式。

差分脉冲位置调制是将 PPM 调制信号的码元中高电平之后的信号省略,如图 6‐23‐7 所示。可见,码元长度不再固定,分别为 1,2,3,4 个时隙。

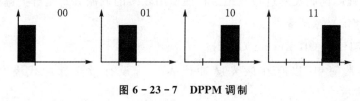

图 6‐23‐7　DPPM 调制

多脉冲(输出多个脉冲)位置调制一般有两种方法:列表法和星座图法。下面以二脉冲(输出为 2 个脉冲)位置为调制的列表法进行介绍。

将输入的连续二进制比特流分成长度为 L(本例中 $L=3$)的信息组,经过二脉冲的 MPPM 编码器编码,输出用 $(m,2)$ 表示,其中 m 为输出的时隙个数,本例中 $m=5$,两个脉冲所在时隙数记为 $l_1,l_2(1\leqslant l_1,l_2\leqslant m)$。

也就是,原来的 $L(L=3)$ 个信息比特,现在用 $m(m=5)$ 个时隙的脉冲组合来表示,其中有 2 个时隙发射脉冲(位置分别为 l_1,l_2),而其他时隙没有脉冲。信息比特与脉冲位置之间的关系如表 23‐1 所列。

表 23‐1　多脉冲位置调制映射表

输入信息	MPPM 符号	脉冲所在时隙位置(l_1,l_2)	输入信息	MPPM 符号	脉冲所在时隙位置(l_1,l_2)
000	00011	(4,5)	100	01010	(2,4)
001	00110	(3,4)	101	01001	(2,5)

续表 23 - 1

输入信息	MPPM 符号	脉冲所在时隙位置(l_1, l_2)	输入信息	MPPM 符号	脉冲所在时隙位置(l_1, l_2)
010	00101	(3 ,5)	110	11000	(1 ,2)
011	01100	(2 ,3)	111	10100	(1 ,3)

以传输的数据 100 为例,调制后的波形如图 6-23-8 所示。

MPPM 和 DPPM 可以获得较高的频带利用率,但是它们的抗码间干扰能力有所下降。

4. 数字脉冲间隔调制(DPIM)

下面以有保护时隙的 DPIM 为例进行介绍,这种技术大多会采用一个保护时隙。

DPIM 调制方式与差分脉冲位置调制 DPPM 有些类似,只不过 DPIM 的脉冲位置在前而已。在 DPIM 中,脉冲在每个码元的起始时隙上,其后填加一个保护空时隙,再加上 k 个空时隙表示信息,这样能有效减少码间串扰。

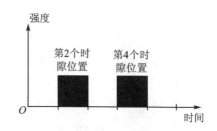

图 6 - 23 - 8　数据 100 调制后的波形

接收端解调时,在接收到脉冲时隙后,只需要计算脉冲时隙后的空时隙个数,再进行减 1 就可以了。DPIM 调制如图 6-23-9 所示。

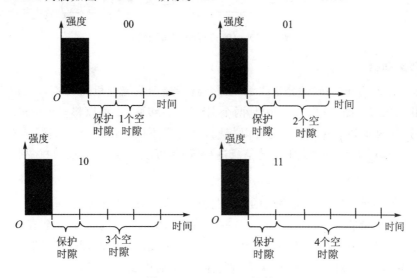

图 6 - 23 - 9　DPIM 调制

5. 光的正交频分复用调制方式

自由空间光通信的信道是随机的,会受到灰尘、雨滴、雾等粒子散射的影响,正交频分复用(OFDM)调制方式可以很好地抵御大气散射的影响。

光的正交频分复用(O-OFDM)借鉴了频分复用(FDM)思想,是一种将电域正交频分复用与光通信技术相结合的新型光通信技术,是一种多载波调制(MCM)技术。作为多载波调制技术,O-OFDM 虽然采用了复用的技术,但是仍被认为是一种基带通信。

23.3　信道编码

信道编码的任务是研究各种编码和译码方法,用以检测和纠正信号传输中的误码。

信道编码的实现方法是在发送端,给信号码元附加一些经过处理所得出的校验监督码元,在接收端对校验监督码元与信息码元进行译码,核对是否正确,并在出错的时候采取相应的手段,如纠正或重传。

目前,常用的信道编码主要有 RS(Reed – Solomon)码,Turbo 码和低密度奇偶校验码(Low Density Parity Check,LDPC),后两者获得了越来越多的研究和应用。

Turbo 码的典型编码结构采用并行级联卷积码(Parallel Concatenated of Recursive Systematic Convolutional Codes,PCCC),如图 6 – 23 – 10 所示。

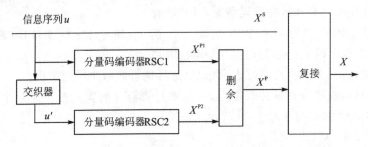

图 6 – 23 – 10　Turbo 码编码结构

1. 分量编码器

在实际设计中,Turbo 码的分量码编码器常选择递归系统卷积码 RSC(Recursive Systematic Convolutional)。图 6 – 23 – 10 中是两个 RSC 并行级联,也可以将多个 RSC 级联,构成多维 Turbo 码。RSC1 和 RSC2 的结构可以相同,也可以不同。由第一个编码器对原始信息进行编码,第 2 个编码器对经过交织后的信息进行编码,可以产生两个校验位序列。

2. 交织器(Interleaver)

交织器的目的是将输入信息序列的位置打乱,使之具有伪随机性。

如果函数 f 能够将 $u = \{u_1, u_2, \cdots, u_n\}$ 一一映射到集合 u',则 f 是一个有效的交织函数。伪随机交织器是目前应用最广的一种交织器,它通过生成伪随机数,并把伪随机数作为一种映射关系,使得输入序列按照这种映射关系进行重排,从而构成输出序列。

一个伪随机交织器示例如图 6 – 23 – 11 所示。图中,原来的序列号 1,2,…,8,被随机排序成为 3,8,1,6,7,4,5,2,则原来的第 1 位比特被放在结果序列的第 3 位,原来的第 2 位比特被放在结果序列的第 8 位,以此类推。此后,每到来 8 个比特的信息,就按照这样的映射关系交换比特的位置,形成新的序列串。

当输入的信息序列出现规律性错误时,信息的交织可以有效地减小信息序列无法恢复的概率。

例如,发送"床前明月光"这句话,采用简单的信道编码,提高数据的冗余性,得到"床前明月光床前明月光",看似可靠性提高了。但是,假设信道干扰是具有周期性的,都是在发送"月光"两个字时特别强,则接收端将收到"xx 明月光 xx 明月光",也就无法恢复出数据。

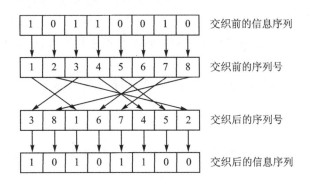

图 6 - 23 - 11　伪随机交织器

但是,如果采用交织的思想,把"床前明月光床前明月光"转换为"床前明月光明光床月前",这样,即便产生规律性错误,接收方也可以收到"xx 明月光 xx 床月前"。通过逆处理,接收方仍然可以恢复出"床前明月光"这句话。

3. 删余矩阵

删余(Puncturing)矩阵/删余器的目的是改变系统的编码率。

差错控制编码都是有冗余的,信息经过 RSC1 和 RSC2 分别形成校验序列,若不进行处理而直接进入复接器,则系统的编码效率会大大降低。删余矩阵以损失部分校验信息为代价来提高编码效率,同时也使得纠错能力有所降低。

Turbo 码中的删余器一般比较简单,删余器只要从两个分量编码器中周期性地选择校验比特输出即可。

4. 复接器

复接器是将未编码和已编码的所有二进制数进行组合,在后续进行调制与传输。

5. 编码过程

图 6 - 23 - 10 中描述的输入信息序列 $u=\{u_1, u_2, \cdots, u_n\}$,通过一个 n 位随机交织器,形成一个全新的序列 $u'=\{u_1', u_2', \cdots, u_n'\}$,使得 u_i 的原始位置被打乱。

信息序列 u 和 u' 分别被发送至 RSC1 及 RSC2 进行处理,这样就产生了两个不同的校验序列 X^{P1} 和 X^{P2}。

针对 X^{P1} 和 X^{P2},利用删余技术在这两个校验序列中周期性地选择一些校验位,再把选择出的两组校验序列合为一路,形成输出校验序列 X^P,X^P 和未编码的原始序列 X^s 通过复接,最终形成 Turbo 码序列 X。

对 X 进行调制并发送出去。

6. 译码算法

比较成熟的 Turbo 码的译码算法目前主要有 MAP 系列算法和 SOVA 算法这两大类。前者译码性能优异但复杂度高,实际中已有不少应用;后者则以牺牲译码性能为代价换取较低的复杂度。

23.4　差错控制方法

为了对各种错误进行差错控制,可以采用以下三种方式:

1. 自动请求重传(ARQ)

ARQ 系统中,在接收端根据编码规则对接收的数据进行检查,如果出错,则通知发送端重新发送,直到接收端检查无误为止。

这类系统具有多种不同的机制,如最简单的停止等待重发、连续 ARQ 和选择重传 ARQ 等。

2. 前向纠错(FEC)

FEC 系统中,发送端发送能纠正错误的编码,接收端根据接收到的码和编码规则,自动纠正传输中的错误。

其特点是不需要反馈信道,但随着纠错能力的提高,编、译码设备相对复杂。

3. 混合方式(HEC)

在纠错能力范围内,自动纠正错误,超出纠错范围则要求发送端重新发送。

23.5 复用技术

为了提高激光传输的速率,可以采用信道复用技术。

1. 偏振复用(PDM)

偏振复用的基本原理是信号光在空间中以两个正交偏振态的偏振光形式进行传播。在接收端将这两种偏振光区分并分别接收。

偏振复用的基本原理如图 6-23-12 所示(假设为 2 路复用)。

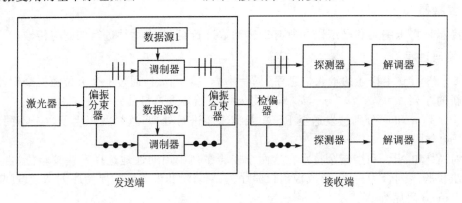

图 6-23-12 偏振复用

发送端输出两个正交偏振的线性偏振光 S 和 P,这两个线性偏振光通过偏振分束器(Polarization Beam Splitter,PBS)分开,然后分别对这两束光进行信号调制,再经过偏振合束器发射出去。

在接收端,设置两个检偏方向相互垂直的检偏器,检偏方向必须与发射端出来的光的偏振方向分别一致,从而将两路信号光分别检测出来,实现了偏振复用。

偏振复用技术对固定点之间的通信是简单实用的,但是若两个通信点之间有相对移动就会存在很大的难度。

2. 波分复用技术(WDM)

光的波分复用实质上就是光的频分复用,是把光的波长划分为若干个波段,每个波段作为一个独立的通道,传输一个预定波长的光信号。

在波分复用传输系统的发送端,多路光信号被复用器(例如棱镜)合并为一路信号发射出去。而在接收端,采用分用器分离出不同波长的光信号,再经过探测器恢复出各路电信号,分别送到相应的接收机。

目前,光的波分复用技术在光纤通信中是一种研究比较成熟的复用技术。意大利学者通过试验,利用 WDM 技术将自由空间光通信的最高速率提高到了 1.28 Tbps。

3. 时分复用技术(TDM)

时分复用技术分为电时分复用(ETDM)和光时分复用(OTDM)两类。

在电时分复用系统中,多个低速率的信号在电域通过电时分复用器进行复用,从而得到高速率的电信号,并将高速率的电信号调制激光,获得高速的光信号。接收端利用宽带光电探测器接收光信号,转换成电信号后,利用电信号的解复用器对高速的电信号进行解复用,然后将解复用的信号传输到信号接收端,从而实现了信号的高速传输。

相比 ETDM 系统,OTDM 网络采用全光数字信号处理,将同波长的两路或者多路的数据信号,利用光学的方法复用成一路信号。OTDM 系统利用光学的方法实现对信号的复用、解复用以及相关的信号处理,利用低带宽的电子器件就能实现高速的信号传输。相对于ETDM,OTDM 可以有效地克服电子瓶颈的限制,提高速率。

2001 年朗讯公司实验利用时分复用技术开发了一个数据速率高达 160 Gbps 的空间光通信链路系统。

4. MIMO(Multiple Input Multiple Output)

MIMO 技术原理是指,在发送端和接收端利用多天线技术有效地提高系统性能和系统容量。MIMO 系统的结构如图 6–23–13 所示。

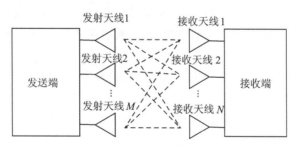

图 6–23–13　MIMO 系统

在收、发端设置多个天线来实现信号的发送和接收,发送端的天线个数和接收端的天线个数可以设置得不一样。

MIMO 可以有不同的使用方法。

第一种用法,可以实现多个并行数据的传输。多个并行的数据流信号经编码、调制后,通过多个天线同时发射输出。经空间信道传输后,由多个接收天线接收,再经过信号处理后分开并解码这些数据流信号。在不增加带宽和天线发射功率的情况下,MIMO 技术可以使得频谱利用率成倍地提高。

　　第二种方法,实现一个数据流的多份复制的并行传输,虽然整个系统的带宽并未增加,但是提高了系统的可靠性,降低了系统的误码率。

　　为了保证接收信号的不相关性,要求天线之间的距离足够大,在理想的情况下,接收天线之间的距离只需要波长的一半就可以了。

23.6　卫星激光通信

　　随着空间技术的发展,出现了大量的、各种用途的卫星(或其他航天器),包括作为重要的空间通信传输媒介——跟踪与数据中继卫星(TDRS,简称中继星),它们绝大部分都需要进行信息的传输。

　　卫星之间、卫星与地面站之间的通信目前主要采用微波通信技术,由于受无线电载波频率的限制,数据传输速率(如 150 Mbps)无法满足大速率数据的传输要求,如德国 TerraSAR 卫星的 X 波段合成孔径雷达,其数据率约为 5.6 Gbps。因此,发展新的通信手段,实现高码率传输十分必要。而卫星激光通信在此具有巨大的、潜在的应用价值,国际上已实现高码率、小型化、轻量化和低功耗的激光通信终端。

　　卫星通信链路包括:
> 高轨道静止卫星之间的链路(GEO2GEO:距离约 80 000 km)。
> 低轨卫星和高轨卫星之间的链路(LEO2GEO:距离最长为 45 000 km)。
> 低轨卫星之间的链路(LEO2LEO:距离约数千公里)。
> 深空通信,ITU‐T 规定距离地球 2×10^6 km 及以上的宇宙空间为深空,深空航天器与卫星的通信为深空通信。
> 其他,如卫星与地面站或地面站间的链路等。

　　另外,未来的发展方向,必然是将相关的卫星组成一个网络,这就是天基网的基本概念。天基网致力于解决各种卫星,特别是中继卫星系统国际大联网的问题。而自由空间激光通信具有带宽大、天线尺寸小、抗干扰保密性好等优点,在卫星通信和组网领域具有重要的发展、应用前景。

　　美国在这一方面进行了大量的研究,美国宇航局(NASA)早在 20 世纪 70 年代初开始,就进行了自由空间光通信系统的研究。NASA 主要研究同步卫星间链路高速率通信和低空链路的低速率通信,其代表系统是 LCDS,该系统至少有一个通信端机在太空中,通信速率大于 750 Mbps。美国空军于 1985 年开始研制 LITE 系统,进行卫星与地面站之间的半双工光链路连接实验,该系统传输率为 220 Mbps。美国空军资助 AstroTerra 公司进行的激光通信技术研究,研制的系统传输率为上行 155 Mbps,下行 1.24 Gbps,目前在研制高达 10 Gbps 的调制器等。

　　欧空局(ESA)在卫星激光通信方面也进行了不少研究,先后研制了不同卫星间链路的卫星激光通信终端,其中 SILEX 系统的一个终端装于中继卫星 Artemis,另一个终端装于 SPOT‐4,2001 年顺利建立了激光通信链路,实现了 50 Mbps 速率的激光通信试验。被认为是卫星激光通信领域的里程碑。

　　俄罗斯在星间激光通信方面也取得了较好的成果,俄罗斯的星间激光数据传输系统

(ILDTS)已用于载人空间站、飞行器等。

日本于 1995 年利用 EIS－VI 卫星上的光通信终端,成功地与地面进行了光通信实验,此次实验的数据率仅为 1.04 Mbps。

我国相关工作起步基本与国际同步,也取得了显著的成绩。

23.7　可见光通信系统

可见光通信是无线光通信的一种重要类型。目前的可见光通信主要是通过对 LED 灯源进行强度调制,通过 LED 光强的变化来表示信号。相对于激光无线通信系统,可见光通信系统可以与 LED 的照明功能相结合,且对人体不会造成伤害,安全性较高。

图 6－23－14 显示了利用可见光进行数据接入的方案。

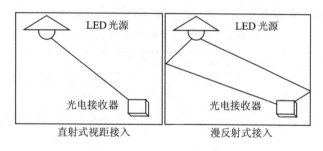

图 6－23－14　可见光通信接入

一般的可见光通信系统包括 LED、光/电转化、信号编码电路和信号处理电路等。用户数据在编码之后,通过控制 LED 灯发光的强度变化来进行信号的调制,发射出去。接收方使用光电接收机,将接收到的 LED 光强度信号进行光电转化,得到电信号并解码,最终输出用户数据。

第 24 章　IEEE 802.11 无线局域网

24.1　概　述

基于 IEEE 802.11 标准的无线局域网(Wireless Local – Area Network,WLAN,Wi-Fi)属于有基础设施的无线局域网。

Wi-Fi 允许在无线局域网络环境中使用不必授权的 2.4 GHz 或 5 GHz 射频波段进行无线连接,使智能终端设备实现随时、随地、随意的宽带网络接入,为用户(包括物联网的物)的接入提供了极大的方便。几种常用的 802.11 无线局域网如表 6 – 24 – 1 所列。

表 6 – 24 – 1　几种常用的 802.11 无线局域网

标　准	频段/GHz	数据率/Mbps	物理层	优缺点
802.11b	2.4	最高 11	HR – DSSS	数据率较低,价格最低,信号传输距离远,且不易受阻碍
802.11a	5	最高 54	OFDM	数据率较高,支持更多用户同时上网,价格最高,信号传播距离较近,易受阻碍
802.11g	2.4	最高 54	OFDM	数据率较高,支持更多用户同时上网,信号传输距离远,且不易受阻碍

现在许多地方,如办公室、机场、快餐店等都向公众提供有偿或无偿接入 Wi-Fi 的服务。这样的地点就叫作热点。由许多热点和 AP 连接起来的区域叫作热区(Hot Zone)。现在也出现了无线互联网服务提供者 WISP (Wireless Internet Service Provider)这一名词。用户可以通过无线信道接入到 WISP,继而接入到互联网。

基于 Wi-Fi 的物联网应用,参见案例 2 – 2。

24.2　Wi-Fi 系统的组成

基于 IEEE 802.11 的无线局域网的组成如图 6 – 24 – 1 所示。

IEEE 802.11 规定,无线局域网的最小组成单位为基本服务集(BSS),一个基本服务集包括一个基站和若干个移动站。

基本服务集内的基站叫作接入点 AP(Access Point),其作用与网桥相似。当网络管理员安装 AP 时,必须为该 AP 分配一个不超过 32 字节的服务集标识符 SSID 和一个信道。

一个基本服务集可以是孤立的,也可以通过 AP 连接到一个主干分配系统(Distribution System,DS),然后再接入到另一个基本服务集,构成扩展的服务集 ESS (Extended Service Set)。主干分配系统可以采用以太网、点对点链路,或其他无线网络等。

ESS 还可以通过门桥(Portal)为无线用户提供到非 802.11 无线局域网的接入。门桥的作用就相当于一个网桥。

一个移动站若希望加入到一个基本服务集 BSS,就必须先选择一个接入点 AP,并与此接

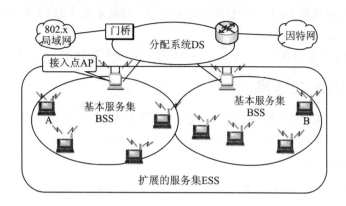

图 6 - 24 - 1　IEEE 802.11 无线局域网

入点建立关联。建立关联就表示这个移动站加入了选定的 AP 所属的子网。

移动站与 AP 建立关联的方法包括：

➢ 被动扫描，即移动站等待接收 AP 周期性发出的信标帧（Beacon Frame）。

➢ 主动扫描，即移动站主动发出探测请求帧，然后等待从 AP 发回的探测响应帧。

BSS 内，所有的移动站都可以直接通信，但在和非本 BSS 内的移动站通信时，都要通过所在 BSS 的接入点进行转接。

移动站 A 从某一个基本服务集漫游到另一个基本服务集的过程中，仍可保持与另一个移动站 B 的不间断通信。

24.3　IEEE 802.11 协议

24.3.1　协议栈

IEEE 802.11 标准定义了物理层和 MAC 层的协议规范，协议栈如图 6 - 24 - 2 所示。其中的物理层相关内容见表 6 - 24 - 1。

IEEE 802.11 的 MAC 子层支持两种不同的 MAC 工作方式：

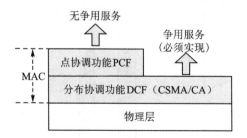

图 6 - 24 - 2　IEEE 802.11 协议栈

➢ 分布式协调功能（Distributed Coordination Function，DCF），是 IEEE 802.11 协议中数据传输的基本方式，即所有要传输数据帧的移动站竞争接入网络。

➢ 点协调功能（Point Coordination Function，PCF），由接入点 AP 控制的轮询（Poll）方式，是一种非竞争的工作方式，主要用于传输实时业务。

其中分布式协调功能 DCF 直接位于物理层之上,其核心是 CSMA/CA 技术,可以作为基于竞争的 MAC 协议的代表。

点协调功能 PCF 架构在 DCF 之上,是可选的。下面主要介绍 DCF 机制。

24.3.2　DCF 工作模式

DCF 是基于 CSMA/CA 的工作模式,它包括两种介质访问模式:基本访问模式(Basic Access Method)和可选的 RTS/CTS(Request to Send/Clear to Send)访问模式。

1. 基本访问模式

发送站点通过一定的算法,竞争得到信道后,发送数据帧。可能会有多个站点收到该帧,根据目的地址,只有接收站点进行处理。

IEEE 802.11 规定使用 MAC 层的确认机制来提高可靠性(如图 6 - 24 - 3 所示)。接收站点在检验并确认数据帧的正确后,向发送站点发送一个应答帧(ACK),以表明本次发送成功。

应答帧和数据帧之间的时间间隔被设定为最小间隔,使得其他站点无法抢占信道,保证了此次会话的完整性。

如果在一定的时间内,发送站点没有收到 ACK 帧,发送方将重传该帧,重传帧也必须和其他帧一样参加竞争。经过若干次重传失败后,将放弃发送。

在源站点和目的站点通信的过程中,相邻站点认为信道忙,停止工作,等待它们通信完成。

2. RTS/CTS 访问模式

为了减少隐藏站和暴露站(如图 4 - 11 - 1 所示)问题,IEEE 802.11 协议也引入了 RTS/CTS 机制。

DCF 利用 RTS 和 CTS 两个控制帧进行信道的请求和预留。也就是在基本访问模式的通信过程之前,增加了 RTS 和 CTS 两个步骤。而且在整个过程中,帧之间的间隔都被设定为最小,使得其他站点无法抢占信道,保证了此次会话的完整性(如图 6 - 24 - 4 所示)。

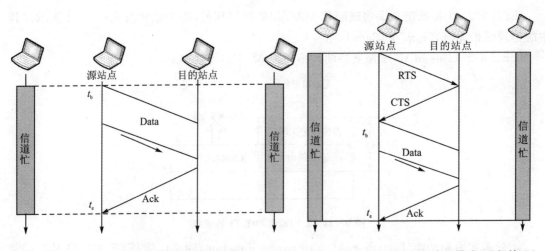

图 6 - 24 - 3　基本访问模式(理想情况)　　　图 6 - 24 - 4　RTS/CTS 访问模式(理想情况)

24.3.3　IEEE 802.11 的 CSMA/CA

1. 虚拟载波监听

站点在发送自己的数据帧之前,需要侦听信道是否空闲。IEEE 802.11 标准使用物理载波侦听和虚拟载波侦听两种方式,并综合这两种方式得到的结果,来判定空间信道的占用状态。

IEEE 802.11 标准让源站将自己需要占用信道的时间(包括目的站发回确认帧所需的时间)放置在 MAC 帧首部的"持续时间"(Duration)中,进行广播通告,从而让监听到此帧的其他站点知道,信道还会被占用多长时间,在这段时间内,其他站点停止发送数据。这样即实现了所谓的虚拟载波监听。

MAC 层的虚拟载波侦听规定,每个站点维护一个网络分配向量(Network Allocation Vector,NAV),NAV 可以理解为一个计数器,其中的计数值就是根据其他站点所发帧的持续时间来设置的,表示信道被预留的时间长度。当 NAV 值减到 0 时,虚拟载波侦听指示信道空闲,否则指示信道为忙。

一旦侦听到信道空闲,站点可以准备发送数据帧了。

2. 帧间间隔(IFS)

IEEE 802.11 支持 3 种不同类型的帧:管理帧、控制帧和数据帧。管理帧用于站点与接入点 AP 的连接和分离、定时和同步、身份认证等。控制帧用于竞争期间的握手通信和正向确认、结束非竞争期等。数据帧用于在竞争期和非竞争期间传输数据,并且在非竞争期间可与轮询和确认(ACK)结合在一起。

IEEE 802.11 规定,当一个站点确定空间信道是空闲时,也不能立即发送数据,而是要等待一个特定的帧间间隔时间(IFS,Inter Frame Space)后才能进行发送。

IEEE 802.11 给不同类型的帧规定了不同长度的帧间间隔时间,从而来区分各类帧对介质访问的优先权,即优先级高的帧其等待的时间短,反之则等待时间长。共有三个不同的间隔时间,由短到长依次如下:

> 短帧间间隔(SIFS,Short Inter Frame Space),时间间隔最短。当一个节点已经占用信道并持续执行帧交换时,使用 SIFS,这时其他节点应避免使用信道,从而使得使用 SIFS 的节点具有了更高的优先级。SIFS 主要用来分隔属于一次会话的各帧,如确认帧 ACK、CTS,以及由过长的 MAC 帧分片后所形成的数据帧。工作模式中所提到的"最小的帧间间隔"就是指 SIFS。

> PCF 帧间间隔(PIFS,PCF Inter Frame Space),时间间隔比 SIFS 长。只用于 PCF 模式开始时优先抢占信道。

> DCF 帧间间隔(DCFS,DCF Inter Frame Space),时间间隔最长。用来在 DCF 模式下发送数据帧或管理帧。

3. 争用窗口

为了减少碰撞的可能性,IEEE 802.11 规定,在载波监听(包括物理的和虚拟的)、帧间间隔之后,源站(可能是多个同时希望发送)也不能立即发送数据,而是进入争用窗口进行竞争。

所谓的竞争即所有源站选择一个随机的退避时间(退避计数器,Backoff Timer),在等待这段时间(退避时间减为0)后,再尝试占用信道:

> 如果信道依然空闲则传输数据。

> 否则说明其他站点的退避时间比自己短,已经优先占用信道了,该站点则进行下面介绍的碰撞处理。

当多个站点同时竞争信道时,每个节点都经过一个随机时间的退避过程才能尝试占用信道,从而使得多个站点的接入时间得以分散,这样就大大减少了碰撞发生的概率。

如果某个站点在退避的过程中(退避时间没有减为0),信道再次被占用,站点需要冻结当前的退避时间。当信道转为空闲后,经过 DIFS 时间间隔后,站点继续执行退避(从刚才剩余的时间开始递减)。

采用冻结机制,使得被推迟的站点在下一轮竞争中,无需再次产生一个新的随机退避时间,只需继续进行计数器的递减。这样,等待时间长的节点可能优先得到信道,从而维护了一定的公平性。

4. 碰撞处理

即便经过了精心的设计,但是碰撞仍然有可能发生,这时,各个站点采用二进制退避指数算法进行退避,等待一段时间后继续尝试发送。

二进制指数退避算法如下:

第 i 次退避就在 2^{2+i} 个时隙中随机地选择一个,即第 i 次退避是在时隙 $\{0,1,\cdots,2^{2+i}-1\}$ 中随机地选择一个时隙。第 1 次退避是在 8 个时隙中随机选择一个,第 2 次退避是在 16 个时隙中随机选择一个,以此类推。

5. 会话过程示例

图 6-24-5 展示了在基本访问模式下,源站在获得信道使用权后,与目的站之间的一次会话过程。目的站在经过 SIFS 后,需要立即返回一个 ACK 信息给源站。

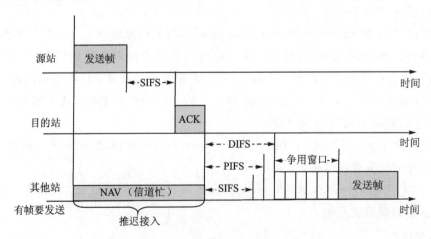

图 6-24-5　基本访问模式的数据发送过程

　　图 6 - 24 - 6 展示了在 RTS/CTS 访问模式下,源站在获得信道使用权后,与目的站之间的一次会话过程。

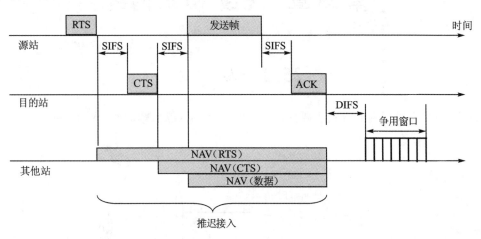

图 6 - 24 - 6　RTS/CTS 访问模式的数据发送过程

第 25 章　无线 Mesh 网络

25.1　概　述

目前,用户无线上网的方式主要如图 6-25-1 所示,包括蜂窝网、Wi-Fi 等。

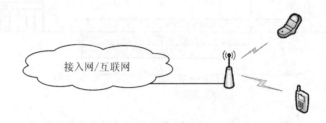

图 6-25-1　具有中心接入点的网络结构

这种接入网络需要有一个基站(或类似设备)进行信号的覆盖,基站需要通过有线方式连接到接入网/互联网,因此属于单跳接入网络。在一些需要临时搭建入网条件的地区,这两种技术都不太适合。

无线 Mesh 网络(Wireless Mesh Network,WMN),是近几年发展出来的一种新型无线网络结构。一个常见的示例如图 6-25-2 所示。

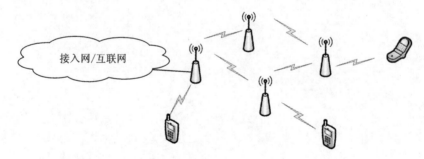

图 6-25-2　取消中心接入点的网络结构

WMN 是在 Ad Hoc 网络的基础上发展起来的,其中的无线 Mesh 设备可以同时作为基站/AP 和路由器,进行信号的接入和数据的中继转发。WMN 的目标是希望结合 Ad Hoc 网和无线局域网(WLAN)的优点,为各种无线用户提供多跳无线接入,被认为是下一代无线接入网络的关键技术之一,是"最后一公里"理想的宽带接入方案。使用无线 Mesh 设备构建的接入网络,消除了传统无线网络中"必须有中心接入点覆盖"的要求。

同 Ad Hoc 网络相比,WMN 提供了更大容量和更高速率的数据传输和无线接入,而且 WMN 中大多数 Mesh 节点的移动性比较低,拓扑变动比较小。

与传统的无线局域网相比,WMN 可以有多个接入点,且都可以发送和接收无线信号。每个节点还能够作为路由器,经过多跳与其他节点进行通信,最终连接到互联网,因此 WMN 也被称为"多跳(Multi - hop)"网络。

WMN 的特点主要表现在以下几个方面:

> 组网方便灵活、可快速组网。不是每个 Mesh 节点都需要通过有线通信电缆连接到互联网,而且由于 WMN 具有自组织、自愈以及多跳的特点,在安装时大多数节点只需要电源即可,这样可以降低有线设备的数量以及安装的成本,节省安装时间,容易携带,方便部署。

> 网络中可能存在多于一条的路由,当某个节点出现故障时,信息能够通过其他路由进行转发,这样不会因为某个节点出现问题而影响整个网络的运行,冗余的路由提升了网络的健壮性。

> 冗余的路由使得网络能够根据每个设备的负载情况进行动态的调整,从而避免网络出现拥塞,提高整个网络的吞吐量。

WMN 的应用场景和范围相当广泛。WMN 可能的应用包括无线宽带服务、社区网络、实时监视系统、高速城域网等。WMN 还特别适合应用于一些特殊的场合,如战场上部队的快速展开和推进,发生重大灾难后原有的网络基础设施因损毁而失去作用,偏远或野外地区,以及临时组织的大型活动等。

【案例 25 - 1】　无线 Mesh 网状网构建安防监控的物联网平台

Strix 无线 Mesh 网络系统,能够实现大规模的无线监控网络。与有线监控不同的是,无线 Mesh 网络同时也能够承载无线采集和无线语音等其他业务,是综合性的多业务平台。基于无线 Mesh 网可以支持完全无线的方式进行网络建设,可以实现快速部署、城域无线网络覆盖,对固定监控、移动监控和应急临时监控提供宽带无线接入。

25.2　WMN 结构

无线 Mesh 网络,符合 IEEE 802.11s 标准,根据 IEEE 802.11s 标准规定,WMN 按照节点类型可以分为以下 4 种类型:

> Mesh 节点(Mesh Point,MP):用来与相连的节点建立通信链路,负责转发数据,提供多跳的功能。

> Mesh 接入节点(Mesh Access Point,MAP):拥有 MP 的所有功能,同时提供终端接入功能。

> Mesh 网关(Mesh Portal Point,MPP):可以与外网进行数据交互的节点,一般以有线的方式和外网连接。

> Mesh 客户端(Station,STA):此类节点通过 MAP 与整个 Mesh 网络进行通信。

其中的 MP、MAP 除了具备传统无线路由器的作用来作为网关外,还包含支持 Mesh 组网的路由功能。

根据 WMN 的结构分类,WMN 可以分为骨干式、对等式和混合式三类。

1. 架构/骨干式(Infrastructure/Backbone WMN)

如图 6 - 25 - 3 所示,在骨干式 WMN 中,MP、MAP 之间通过无线链路形成多跳网状网络,构成 Mesh 骨干,为 Mesh 客户提供多跳的无线接入,并最终通过 MPP 与外网(如互联网等)相连。

    Mesh 客户终端可以通过 MAP 直接接入 WMN 网络,也可以通过其他 Mesh 客户接入 Mesh 网络。

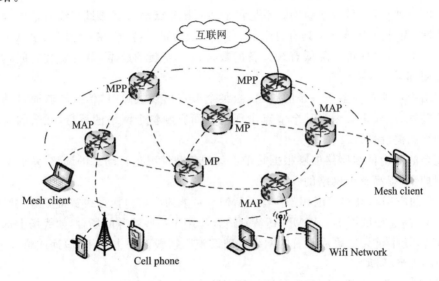

图 6 - 25 - 3　骨干式 WMN 结构

2. 对等式 WMN

    如图 6 - 25 - 4 所示,在此网络结构中,只有 Mesh 客户端 STA,每个无线设备都具有相同的路由、安全及管理等协议,节点通过自组织的方式组织成网络,为终端设备提供相应的服务。当有节点向目的节点发送数据的时候,该数据会在网络中通过多跳的方式进行传输,最终到达目的节点。

    这种结构实际上就是一个 Ad Hoc 网络,可以在没有或不方便使用已有网络基础设施的情况下提供一种通信手段。

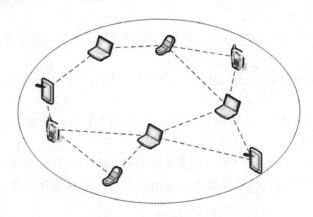

图 6 - 25 - 4　对等式 WMN 结构

3. 混合式 WMN

    如图 6 - 25 - 5 所示,这种结构是骨干式和对等式 WMN 的结合,Mesh 客户可以通过

MAP 或其他 Mesh 客户接入网络。

在混合式 WMN 中,Mesh 的骨干提供了到其他网络(如互联网、Wi-Fi、蜂窝网络等)的连接,而 Mesh 客户在 WMN 内部进一步改进了网络的连接性和覆盖性。

混合结构具有终端自组网结构的灵活性以及骨干网结构的稳定性,增强了网络连接性,扩大了网络覆盖范围。

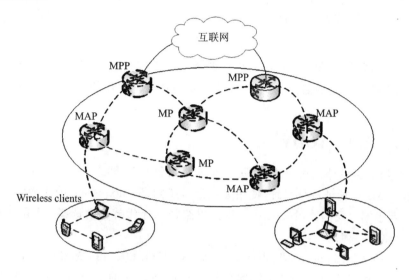

图 6 - 25 - 5   混合式 WMN 结构

25.3   WMN 路由

WMN 路由协议的设计主要分为以下两种:

> 将 Ad Hoc 网络路由协议根据 WMN 网络的特点进行协议的改进,比如 DSDV、ADOV 等路由协议。
> 设计 WMN 网络专用的路由协议,比如 IEEE 802.11s 标准中规定的 HWMP(Hybrid Wireless Mesh Protocol)、微软公司提出的 MR - LQSR 等。

下面将以 HWMP 为例进行介绍。

25.3.1   HWMP 概述

混合无线 Mesh 路由协议 HWMP 是 IEEE 802.11s 标准针对 WMN 特点设计的一个专用路由协议。

HWMP 路由可分为两种基本模式:按需路由模式和基于树的路由模式。

1. 按需路由模式

HWMP 的按需路由是一个对 AODV 进行改进的路由算法,称为 Radio - Metric AODV (RM - AODV)。

2. 基于树的路由模式

当一个 Mesh 网络刚开始构建时,可以配置一个或多个 Mesh 节点(Mesh Point,MP)为网关节点(Mesh Portal Point,MPP),这些节点一般为连接有线域的节点。通过配置或经过一个选择过程,其中的一个 MPP 被指定为根 Mesh Portal,以根 Mesh Portal 来建立一个树形拓扑结构。

根据根 Portal 的配置,收到根 Portal 广播通告的 Mesh 节点,可以选择注册或者不注册来执行注册模式或非注册模式。前者,Mesh 节点需要向根节点进行注册,便于根节点建立和该节点的通信,后者则不需要立即注册。

3. 混合模式

混合模式为按需路由和基于树的路由这两种路由模式的融合,既允许 WMN 中的路由节点自己发现和维护最优化的路由,也允许路由节点组成一个树形的拓扑结构,快速建立到根节点的路径。

25.3.2　RM - AODV

AODV 是第三层的路由协议,使用跳数作为路由计算的度量。RM - AODV 是第二层的路由协议,基于 MAC 地址进行寻址,使用无线信号感知(Radio - Aware)作为路径度量来选择路径(为了区别于第三层的路由,802.11s 提出以路径选择代替路由选择,但是为了便于阅读,本书还是使用路由一词)。

空时链路判据(AirTime Link Metric,ALM)是 IEEE 802.11s 标准中默认的射频感知路由选择判据,它反映了使用一条特定链路传输一个帧所消耗的信道资源量。ALM 之和最小的路径就是最优路径。

RM - AODV 重用了 AODV 的路由控制信息,并加以扩展:

➢ 路径请求消息(Path Route Request,PREQ),主要用于请求路由,PREQ 可以包含多个目的节点,从而允许使用一条 PREQ 消息来寻找到达多个目标的路由。

➢ 路径回复消息(Path Route Reply,PREP),主要用于对路径请求消息的应答,PREP 可以包含多个源节点。

➢ 路径错误消息(Path Route Error,PERR),主要用于链路发生错误时进行通告或维护。

➢ 根通告消息(Root Announcement,RANN),主要用于根节点广播自己的身份。

另外,类似于 DSDV 协议,RM - AODV 也采用序列号机制来建立和维护路由信息:WMN 中的每个 Mesh 节点都维护自己的序列号,可以通过 RM - AODV 中的控制信息传递给其他的 Mesh 节点。

RM - AODV 使用目标地址序列号来检验超时或者失效的路由信息。如果最新收到的路由信息序列号比 Mesh 节点已知的相应信息的序列号还要小,收到的路由信息就会被丢弃。这就避免了路由环路的产生。

1. 路由发现过程

每个 Mesh 节点都会维护一个路由表,用来记录该节点到达其他节点的路由信息。

当源节点需要向目的节点发送消息的时候,首先在自身的路由表上查询,查看是否存在到达目的节点的路由信息。如果存在则直接根据路由表中的路由信息发送数据,否则源节点广播 PREQ 消息帧(包括目的节点地址)。

类似于 DSDV 协议,RM - AODV 的 PREQ 的 ID 域,以及源地址域可以唯一标识一个路径查找过程。

　　但是,RM - AODV 允许使用一条 PREQ 消息来寻找到达多个目标的路径。PREQ 消息中的目标地址计数域(Destination Count)定义了需要寻找的目标 MP 的数量;目标地址序列域包含了多组目标 MP 的地址信息,每一组信息包括以下内容:

> 每目的标志(Per Destination Flags),PREQ 的控制标识被分别设置在每目的标识域中,不同的目的可能有不同的值。
> 目的地址(Destination Address)。
> 目的序列号(Destination Seq)。

　　每目的标识中重要的标志包括:目的唯一标识(Destination Only Flag,DO)和回复转发标识(Reply and Forward Flag,RF)。

> 如果标志 DO=1,则标志 RF 不起作用,这是 RM - AODV 的缺省行为。此时中间节点不做任何处理,只转发 PREQ 到下一跳节点,直至到达目的节点。只有目的节点才能发送一个单播路径请求应答消息(PREP)返回给源节点。PREP 包含了完整的路径,并收集了当前的度量值。这种方式可以确保查找到的路径是当前最新的。
> 如果标志 DO=0 且标志 RF=0,则当收到 PREQ 的某中间节点存在从该节点到目的节点的路径时,该节点发送一个单播 PREP 消息给源节点,同时不再转发 PREQ。其中,中间节点通过 PREP 相关域,把源节点到自己、自己到目的节点的两段路径拼接起来。
> 如果标志 DO=0 且标志 RF=1,则当收到 PREQ 的某中间节点存在从自己到目的节点的路径时,该节点发送一个单播 PREP 消息给源节点,同时把该 PREQ 的 DO 设为 1,然后转发至目的节点。由于 DO 改为 1,后续的中间节点不再发送 RREP 给源节点。

　　在 PREQ 的传递过程中,还需要设置一个到达源节点的反向路径,这样 PREP 消息可以沿着这条反向路径传输给源节点。发送 PREP 的节点(设为 D′)根据自身路由表的情况来进行处理,充分利用这条反向路径。

> 如果 D′不存在一条到达源节点 S 的路径,则 D′会生成一条新路径并保存:相应的目标序列号从 PREQ 源序列号域中获得,并从 PREQ 的相应域中获得路由度量信息,下一跳是 PREQ 的上一跳节点。
> 如果已经存在一条到达源节点 S 的路径,则 D′检查是否需要进行更新。如果 PREQ 的序列号比路由表中现存路径的序列号更大,或者序列号相同但 PREQ 中新的路径度量比相应的路由表中的路径度量更好时,则更新现有的路径。

　　如果处理 PREQ 的节点(M)不是目的节点,并且 M 不能/无法答复 PREP,而 PREQ 的 TTL 值仍然大于 0,则 M 在记录反向路径后,向所有邻居节点转发 PREQ。

　　目的节点或者可以答复 PREP 的中间节点生成 PREP 消息进行答复:

> 将目标节点 D 的 MAC 地址以及序列号写入 PREP 消息中。
> 如果 PREQ 中的序列号与 D 的序列号相等,则 D 的序列号将增 1。

　　如果 PREQ 消息中包含了多个目标地址,则 PREP 的生成需要针对 PREQ 消息中每一个地址进行转发。如果中间节点 M 生成了针对目标 D_i 的 $PREP_i$(设 PREQ 的 $DO_i=0$,$RF_i=0$,即 PREQ 没有必要被发送到 D_i),则目标地址 D_i 将会从 PREQ 的请求目标序列中删除。如果序列中已经没有目标地址,则该 PREQ 将不用再传播。

通过路径发现过程,可以建立起源节点和目的节点的路径信息。

2. 可选的维护 PREQ

因为 Mesh 网络中无线媒体的动态变化,一个通过路由发现过程获得的已有路径,有可能变为源节点与目标节点间较差的路径。为了维持节点间的路径始终是最好的,RM‑AODV指定了一个可选的功能,维护路由请求。

一个具有此功能的活动源节点,要周期性地向通信目标(已经在一定时间内未更新到达该节点的路径了)发送 PREQ 消息,并且规定只有目标节点能应答这些消息(因此,其 DO 标志将会被设置为 1)。

虽然可以向每个目标节点发送一个单独维护 PREQ 的消息,但是为了减少路由开销,RMAODV可以借助于前面所讲的、在一个 PREQ 中包含多个目标地址的功能。

维护路由请求的处理过程也是按照普通 PREQ 的处理过程进行的。

3. 路径错误 PERR

两个节点之间的连接可能中断,RM‑AODV 使用 PERR 消息来通知所有受影响的节点:当一个节点 N 发现一条通向邻居节点 M 的链路发生了中断,N 将会生成一个 PERR 消息,并把 PERR 发送到所有包含 N‑M 链路的路径的上游节点。

在收到并继续转发 PERR 消息之前,受影响的路由表项中的目标地址序列号增 1,并且相应表项被标记为作废。在经过生存期后,作废的表项才可以被删除。

25.3.3 基于树的路由协议

在很多应用场景中,很大比例的数据流量仅仅向一个或少数 Mesh 节点(WMN 的一个或几个网关 MPP)发送,从而实现到有线设备以及互联网的接入功能。在这种场景中,MPP 的先验式路由就变得非常有用。

基于树的路由协议是一种先验式的路由。这种先验式的扩展是每个 MPP 的可选结构,也就是说在基于 IEEE 802.11s 的 WMN 中,MPP 在工作中可具备或不具备先验式扩展功能。

树形路由协议中,首先会配置一个根节点,根节点周期性地广播 RANN 帧消息,从而建立和维护到达网络中所有节点的路由信息。RANN 可以被看作一个特殊的 PREQ,向 WMN 中所有节点请求路径。RANN 帧中包含了到达根节点的路由度量。同时,RM‑AODV 的相关消息在先验式扩展中也得到了重用。

RANN 消息中的地址域包含生成该 RANN 消息的 MPP 的 MAC 地址。RANN 消息中还定义了两个标志:
- 通告类型标志(Announcement Type Flag,AN),用来区分非根 MPP(AN=0)与根 MPP(AN=1)。根据这个标识,Mesh 节点能够辨认出是否是根 MPP 所发出的 RANN。AN=1 的 RANN 也叫根 Portal 通告。
- HWMP 注册标志(Registration Flag,RE)用来让 Mesh 节点区分 RANN 的不同处理模式。包括非注册模式(RE=0)与注册模式(RE=1)。

对 RANN 的处理取决于其中的 HWMP 注册标志 RE。

1. 非注册模式

非注册模式的目的是使得先验式扩展中的路由负载保持在最小值,产生一个"轻量级"

HWMP 拓扑信息。

虽然 RANN 广播消息设置了一个从所有 Mesh 节点到达 Portal 的路由树结构，但是 Mesh 节点并没有在根 Portal 中预先注册。

当 Mesh 节点 N 收到了一个 Portal（设为 R）的 RANN 通告时，如果 N 还没有可以到达 R 的路由表项，则 N 新增一条相应表项。如果 N 存在到 R 的路由表项，但是 RANN 中的路径有更大的标识（路径信息比较新），或者更好的路径信息（路径比较"短"），N 将更新现存的路由表项。从而方便实现后续数据传输给 R。

如果 RANN 包含更新或更好的路径信息时，则更新过的 RANN 消息会被继续广播给所有的邻居节点。

在该模式下，如果 Mesh 节点希望和根 Portal 节点进行双向通信，则在第一个数据帧发送之前，为了在根 Portal 中注册其地址，源 Mesh 节点可以发送一个 PREP 消息，向根 Portal 节点通告到达自己的路径。

2. 注册模式

当一个 Mesh 节点 N 收到一个 HWMP 根 Portal 的通告（注册标志 RE＝1）时，N 选择具有到达根 Portal 最佳路径的上游邻居节点作为自己的父节点，储存该 RANN，并等待一个预定义的时间段，以便其他的 RANN 到来后避免重复处理。

经过这个时间段后，N 发送一个 PREP 消息给根 Portal，对自己进行注册。

与根 Portal 成功注册后，N 更新 RANN 消息，并向所有邻居节点进行广播。

通过以上过程，节点可以建立和维护到达根节点的路径，而根节点维护到达每个节点的路径，由此，Mesh 网络建立和维护起一个先验式的、双向的距离矢量路径树。

当源节点需要通信的时候，源节点首先根据路径树将数据发送到根节点。如果该数据是向外网发送的数据，则 MPP 网关就会直接通过外网链路将数据包发送出去。如果该数据是向本地 Mesh 网内其他 MP 节点发送的数据，则网关会将该数据沿路由信息转发至相应的目的 MP 节点。

25.3.4　混合路由模式

仅在根 Portal 广播 AN＝1 的通告，并且在注册模式下才能使用混合路由。

混合路由模式融合了按需路由协议和树形路由协议的特点，当源节点有数据要向目的节点发送的时候，源节点首先会在自身的路由表内查找是否有到达目的节点的路由，如果存在则按照相应的路径发送数据，否则将数据发送到根节点。

因为根节点在注册模式下知道所有的 Mesh 节点，所以可以识别出目的节点是否在 Mesh 网络中。如果是在网外，则直接发向网外，否则，转发数据给目的节点。

当目的节点收到来自内网的源节点数据后，它会向源节点启动按需路径发现机制，并发送相应的路由请求包。源节点会根据收到的请求包，添加不经过根 Portal 的、直接通过其他节点的多跳路径。

如果新的路由路径效率更高，则后续的数据就会通过这条内部的新路径进行传输。由于一个 Mesh 网络中网关节点离大部分的 MP 节点较远，所以这种传输方式一般更省网络资源，效率也较高。

第 26 章　蜂窝通信

26.1　概　述

1973 年,美国电报电话公司(AT&T)发明了蜂窝通信(Cellular Communications)。这种技术是采用蜂窝无线组网方式(如图 6 - 26 - 1 所示,这种方式可以在相同投入的情况下得到最大的覆盖面积),将终端(手机)和网络设备通过无线信道连接起来,实现在移动中相互通信。几个月后,摩托罗拉发明了第一部手机,虽然相当笨重,通话时间只有 35 分钟,但是却标志着人类从此进入了一个无线通信的时代。

关于蜂窝网的案例较多,如案例 1 - 1、案例 2 - 1、案例 2 - 2、案例 2 - 5 等,都需要利用蜂窝网进行数据的接入。

移动蜂窝接入目前包括 4 代,第 1 代模拟系统(AMPS、CDPD 等)、第 2 代(GSM)和 2.5 代(GPRS)、第 3 代 3G 以及第 4 代 4G。目前正在积极推进的是 4G。4G 是能够传输高质量视频图像的技术产品,能够满足几乎所有用户对于无线服务的要求。另外,用户还可以根据自身的需求定制所需的服务。

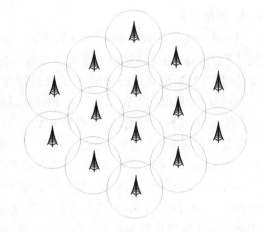

图 6 - 26 - 1　蜂窝通信的区域覆盖

4G 是以正交频分复用(OFDM)为技术核心的,具有更高的信号覆盖范围,能够提高小区边缘的比特率,同时具有更好的抗噪声性能及抗多径干扰的能力。

国际电信联盟(ITU)目前确定的 4G 技术标准主要有以下 4 种:LTE、LTE - Advanced、Wireless MAN(WiMax,802.16)和 Wireless MAN - Advanced(802.16m)。

LTE:LTE(Long Term Evolution,长期演进)项目是 3G 的演进,能够提供下行 100 Mbps 及上行 50 Mbps 的速率。目前的 WCDMA(中国联通商用),TD - SCDMA(中国移动商用),CDMA2000(中国电信商用)均能够直接向 LTE 演进,所以这个 4G 标准获得了运营商广泛的支持,也被认为是未来 4G 标准的主流。

严格上说,LTE 是 3G 与 4G 通信技术之间的一个过渡,是 3.9G 的全球标准。LTE - Advanced是 LTE 的升级,简称 LTE - A,是真正的 4G,能够提供下行 1 Gbps,上行 500 Mbps 的峰值速率。

WiMax(Worldwide Interoperability for Microwave Access,全球微波互联接入)由 IEEE 组织制定,规范为 IEEE 802.16。WiMax 最早的定位是取代 Wi-Fi,但后来实际的定位比较像 LTE,可以提供终端使用者任意上网的连结。WiMax 可提供最高 70 Mbps 的接入速率,且 WiMax 的无线传输距离高于其他无线技术,但 WiMax 对高速情况下的网络间无缝切换支持较差。

Wireless MAN – Advanced 是 WiMax 的升级版,即 IEEE 802.16m 标准,它最高可以提供 1 Gbps 无线传输速率,兼容未来的 LTE 无线网络。

LTE 定义了 LTE FDD(Frequency Division Duplexing,频分双工)和 LTE TDD(Time Division Duplexing,时分双工,亦称 TD – LTE)两种模式,两个模式间只存在较小的差异,特别是 MAC 与 IP 层结构完全一致。其中 TD – LTE 是由我国所主导的。

FDD 模式的特点是系统在分离的两个独立无线信道上,分别进行接收(下行)和发送(上行)数据,上、下行信道频率范围之间间隔一定的频谱(如 190 MHz),用来分离接收和发送信道。该模式在支持对称业务时,可以实现充分利用上、下行的频谱,但在传输非对称的分组交换业务时,频谱利用率则大大降低(一般上行频谱无法充分利用),在这一点上,TDD 模式有着无法比拟的优势。

TDD 模式也就是时分双工(同步半双工,见蓝牙通信),只需要一个信道,工作时将上、下行数据在不同的时间段内交替收发,交替的频率非常高,所以不会影响收发的连续性。因为发射机和接收机不会同时操作,它们之间不可能产生信号干扰。

26.2　LTE 系统架构

4G 的核心网是一个基于全 IP 的网络,可以提供端到端的 IP 业务,实现不同网络间的无缝互联,能同已有的核心网和 PSTN 兼容。核心网具有开放的结构,能允许各种空中接口接入核心网。同时核心网能把业务、控制和传输等分开。

采用 IP 后,最大的优点是所采用的无线接入方式和协议与核心网络协议是分离独立的,因此在设计核心网络时具有很大的灵活性,不需要考虑无线接入方式和协议。

LTE 系统可以简单地看成由核心网(EPC)、基站(e – NodeB,简称 eNB)和用户设备(User Equipment,UE)三部分的组成。如图 6 – 26 – 2 所示。

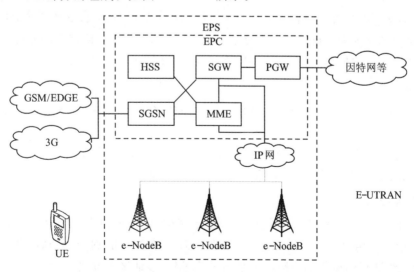

图 6 – 26 – 2　LTE 的系统主体架构

EPS(Evolved Packet System,演进的分组系统)的核心是 EPC(Evolved Packet Core,演

进的分组核心），主要管理用户接入等业务操作，以及收发和处理 IP 报文。

EPC 包括：

> S - GW(Serving Gateway，服务网关)负责连接 E - NodeB，实现用户面的数据加密、路由和数据转发等功能。

> P - GW(Public Data Network Gateway，PDN 网关)负责 S - GW 与 Internet 等网络之间的数据业务转发，从而提供承载控制、计费、地址分配等功能。

> MME(Mobility Management Entity，移动管理实体)是信令处理网元。主要负责管理控制用户接入，包括鉴权控制、安全加密、用户全球唯一临时标识的分配、跟踪区列表管理、2G/3G 与 EPS 之间安全参数以及 QoS 参数转换等。正常的 IP 数据包不需要经过 MME。

> HSS(Home Subscriber Server，归属用户服务器)主要用于存储并管理用户签约数据，包括 UE 的位置信息、鉴权信息、路由信息等。

> SGSN(Service GPRS Supporting Node，服务 GPRS 支持节点)是 2G/3G 接入的控制面网元，相当于网关，LTE 架构通过 SGSN 实现 2G/3G 用户的接入。

> e - NodeB(Evolved NodeB，演进的 NodeB，即演进的基站)是 E - UTRAN(Evolved UTRAN，演进的无线接入网)的实体网元，为终端的接入提供无线资源，负责用户报文的收发。是由 3G 中的 NodeB 和 RNC(无线网络控制器)两个节点演进而来的，具有 NodeB 的接入功能和传统接入网中 RNC 的大部分功能。由于取消了 RNC 节点，实现了所谓的扁平化网络结构，简化了网络的设计，网络结构趋近于互联网结构。

26.3 LTE、LTE - A 相关技术

26.3.1 多址方式

蜂窝网络必然面临着一个基站对应于多个终端用户的情况，所以必然涉及多址问题。

目前，有多种多址方式可以应用在蜂窝移动通信网络：时分多址接入(TDMA)、频分多址接入(FDMA)、码分多址接入(CDMA)、正交频分多址接入(OFDMA)。

1. TDMA 接入

同一个小区内的用户占有相同的频带，并将时间轴分为帧，帧进一步分为时隙。按照特定的次序，将时隙分配给多个用户。

TDMA 这种多址方式下的一个用户信道就是指帧中的时隙位置，基站使用时隙的位置来判断帧的终端用户。第 2 代的 GSM 采用了 TDMA 这种多址接入方式，如图 6 - 26 - 3 所示。

2. FDMA 接入

如图 6 - 26 - 4 所示，整个频谱被分为若干个频带，每个用户在一个独立的频带上传输，FDMA 系统中一个用户信道指的就是一个频带。基站根据频带来区分终端用户

第 1 代无线通信网络中的 AMPS[①] 采用了 FDMA 多址接入方式。

---

① 美国 AT&T 开发的、最早的蜂窝电话系统标准。

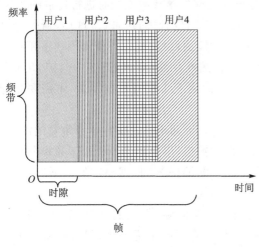

图 6 - 26 - 3　时分多址接入

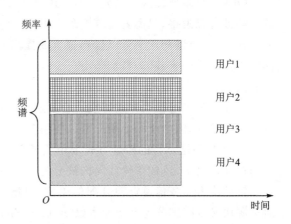

图 6 - 26 - 4　频分多址接入

3. CDMA 接入

不同的用户利用不同的扩频码（码片）传输信息，若干个用户可以同时共享相同的频率和时间。CDMA 中用扩频码代表信道。不同用户的扩频码应该相互正交，这样接收端才可以在存在其他用户干扰的情况下接收到发送给它的信息。

IS - 95[①]标准采用了 CDMA 多址接入方式。

4. OFDMA 接入

OFDM 技术的采用，使得用户信息可以被调制到任意的子载波上，把高速率的信源信息流变换成 N 路低速率的并行数据流，将 N 路调制后的信号相加即得发射信号。

利用 OFDM 的原理即产生了OFDMA这种多址接入方式：将传输带宽划分成互相正交的一系列子载波集，将子载波在不同时间分配给不同的用户，而每个用户可以同时占用若干个子载波，如图 6 - 26 - 5所示。

在 OFDMA 方式下，信道资源是按照时频资源块（Resource Bolck，RB）的形式

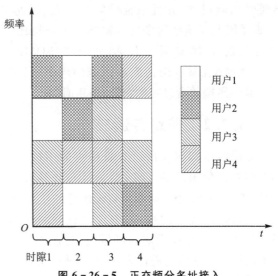

图 6 - 26 - 5　正交频分多址接入

分配给某一个用户的，这种方案可以看作将总资源（时间、带宽）在频率上进行分割。

OFDMA 多址接入方式与传统的 FDMA 方式有些相似，不同之处在于：在 FDMA 系统中，不同的用户在相互分离的不同频带上进行传输，在各个用户的频带之间插入保护间隔；而

---

　　① IS 全称是 Interim Standard，IS - 95 是由高通公司发起的第一个基于 CDMA 的数字蜂窝标准，是一个使用 CDMA 的 2G 移动通信标准。IS - 95 商标为 CdmaOne，IS - 95 的后继是 CDMA2000。

在 OFDMA 系统中,不同的用户是在互相重叠但是彼此正交的子载波上同时进行传输的。

OFDMA 多址接入方式允许多个用户在整个频带的不同位置进行传输。这样,通过合理的子载波分配策略,只需要简单地改变用户所使用的子载波的数量,就可以使得用户占用特定的传输带宽,频谱利用率可以得到很大的提高。例如,在图 6 - 26 - 5 中,第 3 个时隙,用户 3 同时占用了 2 个子载波,带宽是用户 2 和用户 4 的 2 倍;而用户 1 没有数据发送,不需要分配子载波。

OFDMA 多址接入方式特别适合多业务通信系统,可以灵活地适应多种业务带宽的需求。从另一个角度看,由于一个用户可以使用多个子载波传输数据,用户相当于使用了频率分集。

LTE 物理层下行的多址方式采用了正交频分多址(OFDMA)。根据要求的数据速率,每个用户在每隔 1 ms 的传输间隔内被分配一个或多个资源块。

资源块为业务信道资源分配的单位,时域上表现为一个时隙,频域上分为 12 个子载波。而资源块又可以细分为资源元素(Resource Element,RE),在时域上为一个符号,频域上为一个子载波,如图 6 - 26 - 6 所示。

资源的调度由基站 e - NodeB 来完成。

LTE 系统采用的另一个非常重要的关键技术就是 MIMO 技术,OFDMA 与 MIMO 技术的结合,既可以提供更高的数据传输率,又可以通过分集达到很强的可靠性,增强系统的稳定性。

在上行的链路中,由于用户终端的功率放大器要求低成本,并且电池的容量有限,因此,LTE 系统上行链路的多址方案选择了峰均比① 比较低的单载波调制技术——SC - FDMA。SC - FDMA在基本保证系统性能的同时,可以有效减小终端的发射功率,延长使用时间。

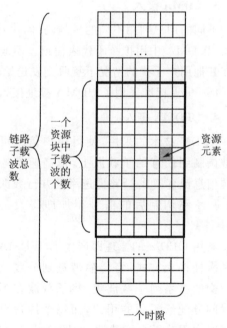

图 6 - 26 - 6　OFDMA 资源块

26.3.2　链路自适应

无线信道和有线信道有着很大的不同,最明显的就是信道的动态性,即信道参数具有时变性,有时候信道质量很好,是有时候质量很差。如果采用统一的技术,则无法充分利用信道。例如,为了保证通信的可靠性,就必须按照信道质量最差的情况进行设计,对那些信道情况较好的则造成很大的浪费。

通常,编码率和调制方式效率越高,信息传输率越高,但是高效率的数据包传输参数对信道质量要求也就越高。如果信道质量比较差,采用效率高的编码和调制技术,将导致接收方无法正确接收。

这样,就需要通信双方将信道各项情况进行反馈,根据当前信道质量信息进行调度和链路的自适应,调整传输参数,例如编码方式、调制方式、重复模式等。这样可以最大限度地优化无

---

① 是一种对波形的测量参数。

线资源的使用。

LTE 中一项重要的技术就是链路自适应技术,可以实现准确的无线资源管理,提高资源利用率。链路自适应就是根据信道质量,动态地调整无线编码率和调制方式等,与当前无线信道传输质量相匹配。

链路自适应的核心技术是自适应调制编码(Adaptive Modulation and Coding,AMC),其基本原理是根据当前的瞬时信道质量状况和目前资源使用情况,选择最合适的链路调制和编码方式,使用户达到尽量高的数据吞吐率。而传统无线通信技术在信道环境发生变化时,仅仅是简单地改变终端的发射功率。

当用户处于有利的通信地点时(如靠近 e - NodeB 或存在视距链路),数据发送可以采用高阶调制和高速率的信道编码方式,例如:256QAM 和 3/4 编码,从而得到高的峰值速率和吞吐量。当用户处于不利的通信地点时(如位于小区边缘或有建筑物阻挡),网络则选取低阶调制方式和低速率的信道编码方案,例如:QPSK 和 1/4 编码,来保证通信的可靠性。

自适应技术通常包含以下 3 个步骤:

1. 对变化情况的测量、估计

发射机需要对下一个传输时隙的信道条件进行估计,这是自适应调制的前提。由于信道条件信息目前只能从上一个时隙的信道质量估计获得,所以自适应调制系统只能在信道条件变化相对缓慢的情况下才能发挥较好的效果。

2. 最佳参数的选择

主要有调制方式、编码方式、发射功率等。研究发现,调制方式的改变,比发射功率的改变更加有效。最佳参数的选择就是在给定的环境条件下,使目标函数得到最优,如在速率固定的前提下误码率最小,或者在保证一定误码率的条件下发送速率最大。

3. 自适应参数发送

双方进行参数交流,完成自适应匹配的过程,一般可以分为开环信令传输、闭环信令传输以及盲检测的参数发送模式三类。

➢ 在开环信令传输模式下,发射机执行了信道质量估计和自适应参数调整后,必须将自己的参数调整结果通知给接收机,接收机按照指定的参数进行解调和解码。如图 6 - 26 - 7 所示。

图 6 - 26 - 7　开环信令传输模式

➢ 在闭环信令传输模式下,由接收机来决定远端发射机要采用的参数,远端发射机在反向链路中也要发送类似信息,如图 6 - 26 - 8 所示。LTE - Advanced 系统采用了闭环链路自适应技术。

➢ 盲检测的参数发送模式,不需要信令信息或只需要很少的信令信息。如图 6 - 26 - 9 所示。

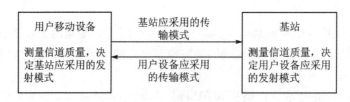

图 6 - 26 - 8　闭环信令传输模式

图 6 - 26 - 9　盲检测的参数发送模式

通过 AMC,可以最大限度地实现用户数据传输,改进系统容量,提高系统利用率。

26.3.3　协作多点传输技术

协作多点传输 CoMP(Coordinative Multiple Points)是对传统单基站技术的补充和扩展,它利用地理位置上分离的多个基站,以协作的方式共同参与为一个用户设备传输数据的工作,给用户提供增强的服务。采用 CoMP 可以有效地降低小区间干扰,提升小区边缘用户的服务质量。CoMP 分为上行和下行两种情况。

下行方向的 CoMP 有两种基本的实现方式:

1. 联合调度/协作波束赋形(CS/CB)

在传统的蜂窝系统中,各小区独立进行调度和波束赋形,如果两个用户设备的地理位置比较接近,就有可能出现两个用户设备的信号相互强烈干扰的情况。

如图 6 - 26 - 10 所示,UE1 和 UE2 位于 eNB1 与 eNB2 相交的边缘区域,其中 UE1 通过 eNB1 接入,UE2、UE3 通过 eNB2 接入。如果 eNB1 为 UE1 分配的频率资源与 eNB2 为 UE2 分配的频率资源相同或相近时,则 UE1 和 UE2 之间就会出现相互的干扰。

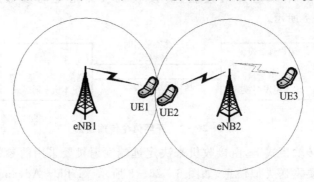

图 6 - 26 - 10　没有协作多点传输的情况

于是可以采用联合调度的方式,通过 eNB1 和 eNB2 之间的协调,使得两个用户设备会被分配到不同的时间/频率资源上,避开干扰。或者对于调度到相同资源上的两个用户设备,通过控制波束指向来控制彼此的干扰。

如图 6 - 26 - 11(a)所示,通过 eNB1 和 eNB2 的协调,将分配给 UE2 的频率资源分配给 UE3,而给 UE2 重新分配差异较大的频率资源,从而大大减小了 UE1 与 UE2 之间的相互干扰。

图 6 - 26 - 11(b)展示了协作波束赋形的情况,各 eNB 为用户提供服务时,使用单一的方向性波束,以减小多用户之间的干扰。

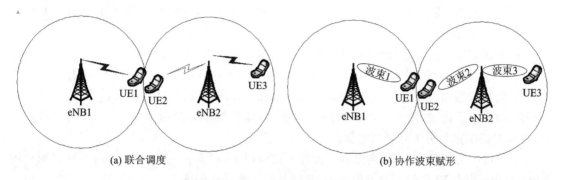

(a) 联合调度　　　　　　　　　　　　　　(b) 协作波束赋形

图 6 - 26 - 11　联合调度/波束赋形

2. 联合处理(JP)

在联合处理技术下可以有多个传输点同时向用户设备传输数据。

比如小区 1、2、3 同时向处于小区边界的 UE1 发送数据(如图 6 - 26 - 12 所示)。具体分为以下两种方式:

➢ 联合传输,各个传输点同时向用户发送数据。

➢ 动态小区选择,某一个时间点只有一个 eNB 向 UE 发送数据,但是某一时间段内,为 UE 服务的 eNB 是动态调整的。

其中联合传输可以实现用户数据速率的最大化,但其频谱效率要比动态小区选择低。

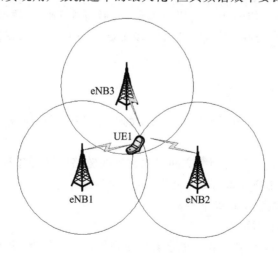

图 6 - 26 - 12　联合处理

上行 CoMP 是指终端的服务小区和协作小区同时接收用户设备发送的上行信号,并通过协作的方式联合做出决策,判断接收的效果。

目前,发给用户设备的 ACK/NACK 信息只从终端的服务小区发出,因此最终决策应该是在服务小区完成。其他协作小区需要将接收到的用户设备数据或相关信息传递给服务小区,由后者做出决策。

26.3.4　混合自动重传技术

自动重传请求协议(ARQ)和前向纠错(FEC)技术是常用的两种差错控制方法,但是这两种方法各有缺点。混合自动重传(Hybrid Automatic Repeat Request,HARQ)是以上两种方法的结合,其基本思想是:

① 发送端发送的信息带有纠错码,具有一定的纠错能力。

② 当接收端收到数据帧后,首先检验错误情况,如果没有错误,返回 ACK 信息。

③ 如果数据帧存在错误,但在纠错码的纠错能力以内,就自动进行纠错。

④ 如果错误较多,超出了纠错码的纠错能力,接收端可以通过反馈信号(NAK)给发送端,要求发送端重新传送有错的数据。

HARQ 一方面利用 FEC 来提供最大可能错误纠正,以避免 ARQ 的重传;另一方面利用 ARQ 来弥补超出 FEC 纠正能力的错误,从而达到较低的误码率。

LTE 在链路层的 RLC 子层(Radio Link Control,无线链路控制子层)和 MAC 子层中规定了双重 ARQ 机制,其中在 MAC 层中采用了 HARQ 机制。

因为算法的过程本身就反映了链路质量的好坏(如果链路质量不好,则需要频繁纠错,或者反复重传),所以可以认为 HARQ 在一定程度上改变了传输速率以适应信道质量,是一种隐式的链路适配技术(相对于前面所讲的链路自适应技术而言)。

根据重传数据帧所包含信息量的不同,一般有两种方式实现重传:CC(Chase Combining)方式和 IR(Incremental Redundancy)方式。

> 在 CC 方式中,重传的数据是第一次传送数据的简单重复,即每次重传的数据帧都是一样的。

> 在 IR 方式中,初次传输中用高码率编码,此后每次重传的数据不是前一次的简单重复,而是增加了冗余编码信息。这样,多次重传合并在一起,就可以提高正确解码的概率。

26.3.5　随机接入控制

LTE 系统的随机接入采用了基于资源预留的时隙 ALOHA 协议,用户先随机申请,然后进行调度接入。

随机接入是用户设备 UE 与网络之间建立起无线链路的必要过程,只有在随机接入过程完成之后,基站 eNB 和用户设备 UE 才能进入正常的数据传输。

UE 通过随机接入过程实现如下目标:

> 与基站 eNB 之间的同步。

> 向 eNB 申请资源,而 eNB 作为调度者给用户提供调度信息、分配数据传输所需的带宽以及时隙资源等。

LTE 提供了两种接入方式:基于竞争的随机接入和基于非竞争的随机接入。前者主要用于 UE 的初始接入,而后者可以用于 UE 在不同小区间进行切换等情况的接入。

1. 基于竞争的随机接入

LTE 系统中基于竞争的随机接入过程分 4 步完成,每一步传输一条消息,分别为 Msg1、Msg2、Msg3 和 Msg4,如图 6-26-13 所示。

步骤一,UE 发送随机接入前导码(Msg1)。

eNB 事先通过广播来通知所有的 UE,哪些时频资源被允许传输哪些前导码[①]。

UE 随机选择一个随机接入前导码,按照预定义的初始发射功率,在相应的随机接入时隙中发送该前导码。

在 LTE 中,用于传输上行随机接入信号的信道与上行数据信道是正交的,也就是说不会影响当前数据的传送。

步骤二,eNB 发送随机接入响应(Msg2)。

eNB 通过前导码进行时延估计等操作,并在物理下行共享信道上发送随机接入响应 RAR,其中包括随机接入前导码标识、初始上行授权等信息。

步骤三,UE 发送调度传输消息(Msg3)。

UE 接收到 RAR,如果 RAR 中的随机接入前导码标识与 UE 自己发送的前导码一致,则 UE 使用 HARQ 将 Msg3 消息发送给 eNB。Msg3 消息根据接入需求的不同而不同,但是必须包含一个 UE 的标识。

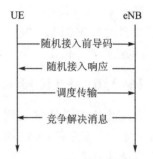

图 6-26-13 基于竞争的随机接入

如果 UE 在设置的随机接入时间窗内没有接收到一个 RAR,它将重传前导码。

步骤四,eNB 发送竞争解决消息(Msg4)。

eNB 在接收到 Msg3 消息后,需要进行接入竞争的判决。判决后,eNB 使用 HARQ 向 UE 发送 Msg3 响应消息(即竞争解决消息),其中包含有成功接入的 UE 的标识。

如果 UE 检测到竞争解决消息中的 UE 标识与自己的标识一致,则表示接入成功;否则,认为发生了碰撞,UE 执行退避后重新发起新的随机接入过程。

在上述的随机接入过程中,不同的 UE 可能会选择相同的随机接入前导码。如果不同的 UE 选择了相同的随机接入前导码,并在相同的随机接入时隙中发起了接入请求(步骤一),基站返回的随机接入响应消息会被多个 UE 所接收(步骤二)。这些 UE 接收到随机接入响应消息后,将在相同的时频资源上同时传输自己的 Msg3 消息(步骤三),基站无法正确地接收和解调不同 UE 的 Msg3 消息,从而造成随机接入的失败。因此需要引入退避机制。

传统通信系统中,碰撞发生后,各站点主动进行退避。而 LTE 中的随机接入退避策略是由 UE 所在小区的 eNB 进行集中控制的,包括冲突的检测和退避窗口的大小。

在步骤二,eNB 将退避窗口的最大值下发给 UE,UE 根据窗口值进行退避。如果 eNB 没有下发退避窗口,UE 则不进行退避。

eNB 检测 UE 的冲突,并通过步骤四将检测结果发送给参与竞争的 UE。如果 UE 本次接入不成功,则 UE 执行退避过程。如果达到最大退避次数,则认为本次随机接入失败。

---

① 前导码的主要目的是告知基站"有随机接入请求的到来",每个小区有 64 个可用的前导码。

2. 基于非竞争的随机接入

LTE 系统中还提供了基于非竞争的随机接入过程,分为 3 步完成,如图 6 - 26 - 14 所示。

步骤一,eNB 在下行链路分配随机接入前导码给特定的 UE,这是一个专用的前导码。

步骤二,UE 在上行的随机接入信道中传输前导码,即步骤一中专用的前导码。

步骤三,eNB 返回随机接入响应。

对于非竞争随机接入,由于 eNB 知道给哪个用户分配了专用前导码,并且终端使用指定的专用前导码进行接入(其他用户不会用到),所以不会出现上面说到的冲突情况。利用基于非竞争的随机接入,可以获得较小的随机接入时延时。

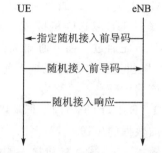

图 6 - 26 - 14   基于非竞争的随机接入

26.3.6   LTE 接入网

演进的地面无线接入网(E - UTRAN)如图 6 - 26 - 15 所示,是 LTE 重要的组成部分,负责用户设备的接入。

E - UTRAN 由多个基站(eNB)所组成,是一个完全 IP 化的网络,其中的数据流基于 IP 地址进行转发。

E - UTRAN 提供了 S1 接口和 X2 接口,用于接入。

> S1 实现 eNB 和 EPC(演进型的分组核心网)之间的通信。
> X2 接口提供 eNB 之间的用户数据传输功能,在 UE 进行小区切换时作为 eNB 之间进行小容量切换信息的传递使用。

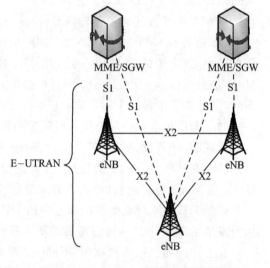

图 6 - 26 - 15   E - UTRAN 网络

不同的 eNB 之间的 X2 接口采用 Mesh 网连接,eNB 和 MME/SGW 之间的 S1 接口采用部分 Mesh 网连接,可以有效地控制成本。

为了最小化成本,LTE 还支持在网络中存在移动或临时的基站(比如中继点、家庭基站等),以"多跳"的传输形式形成 Mesh 网的结构。

Mesh 网络具有一些显著的优势,例如高动态性、方便部署等,在 LTE 的发展过程中有广泛的应用前景。

LTE 还可以支持非 3GPP 定义的接入技术,如 Wi-Fi、WiMax 等,演进的分组系统(EPS)将其分为两类:可信的(Trusted)和不可信的(Untrusted)。网络是否可信的界定是由各个运营商自己来决定的,一般而言,那些成熟运营的、可控可计费的网络被视为可信网络。

参考文献

[1] 谢希仁.计算机网络[M].4版.大连:大连理工大学出版社,2005.

[2] 朱钧,张书练.圆偏振光偏振复用激光通讯系统[J].激光与红外,2005(2):78-80.

[3] 北京京宽网络科技有限公司.大气激光通信系统[EB/OL].http://wenku. baidu. com/ link? url＝UK0sMzoFMUEWW80GSVoAUqtqcjACgkdJdIMsUOMiWqBhGeRF9OIm- MP6fG3TmaFveR5aOh0ajSdfQD5dIJeI−5sxXGGp−Hqp1LI4naJRZiO.

[4] 韩沛.光接入技术[J].计算机与网络,2008(7):187-188.

[5] 阎德升.EPON 新一代宽带光接入技术与应用[M].北京:机械工业出版社,2007.

[6] 张继东,陶智勇.EPON 的发展与关键技术[J].光通信研究,2002(11):53-55.

[7] 李巍.EPON 技术的标准化与测试[J].通信世界,2005(10):18-35.

[8] KRAMERG, PESAVENTO G. Ethernet passive optical network(EPON):Building a next − generation optical access network[J]. Communications Magazine IEEE,2002,40 (2):66-73.

[9] 周卫国.EPON 与三种主流有线接入技术的比较[J].电信科学,2006(3):35-38.

[10] 李强.FTTH 光纤到户的应用研究[D].大庆:大庆石油学院,2009.

[11] David Clark. Power Line Communication Finally Ready for Prime Time[J]. IEEE Trans on internet Computing,1998(1):10-11.

[12] Friedman D, Chan M H L, Donaidson R W. Error Control on In − building Power Line Communication Channels[C]//IEEE Pacific Rim Conference on Communications, Computers and Signal Processing. Victoria, B. C. (Canada),1993:178-185.

[13] 唐勇,周明天,张欣.无线传感器网络路由协议研究进展[J].软件学报,2006,17(3): 410-421.

[14] 吴新玲,张伟,侯思祖.电力线接入技术与接入网的发展[J].电力系统通信,2001(11).

[15] 张保会,刘海涛,陈长德.电话、电脑和电力的"三网合一"概念与实现技术(二)[J].继电器,2000,28(10):11-13.

[16] Min young Chung,Myoung − Hee Jung. Performance Analisys of HomePlug 1. 0 MAC With CSMA/CA[J]. IEEE Journal on Selected Areas in Communications,2006,24(7): 1411-1420.

[17] 李强.HomePlug 技术及其在有线电视网络中的应用[J].有线电视技术,2008(15): 19-22.

[18] Atheros. whitepaper_HomePlug. MAC. for. Smart. Grid. Electric. Vehicle[EB/OL]. http://wenku. baidu. com/link? url＝TKzBLCnsGSwdPvB6Pr4yBCZYpDcn1NLN4T6- KKyCMRUTi70d7HmtUSTVBonB4C8JgS3KjCSh1ef0vDfUOrT1VeFQCXbwKUljDLz- u98ctTJQG.

[19] Microchip. Microchip_MiWi 无线网络协议栈[EB/OL]. http://wenku. baidu. com/ link? url ＝ CdjvR6rw − OP64UFTCTx0IPSFueHyMXNaEKZJph2QH2RQh50zJCJ-

O4xEUlxBWuZpYUQhQWI－WsPWctP2zMy0ePW5ljmRLfye5eMT_xFz34K.

[20] 肖丁. Z_Wave 协议的体系结构研究与路由优化[D]. 西安:西安电子科技大学,2013.

[21] 高学鹏. ZigBee 路由协议信标和非信标模式下的性能仿真比较[J]. 网络与通信,2010 (11):42-45.

[22] 北京得瑞紫蜂科技有限公司. 办公楼空气质量无线监测系统[EB/OL]. http://www. stzi－feng. com/jjfa/html/? 75. html.

[23] 南京拓诺传感网络科技有限公司. 公司承担江苏省物流物联网工程示范项目[EB/OL]. http://www. tnsntech. com/newsInfo. asp? id=356.

[24] 研发中心情报标准化室. 外军 UHF 电台介绍[EB/OL]. http://wenku. baidu. com/ link? url = C5pEBG0sWd8IelMlKfv4dE － rfmENg5Ph4WftdoBkTYZ0T-yYrnkxn-fQCUYkE10iNeEzzXDqq－oFbqpihKdC46ZOeBzcY_DCa－B8C2l－kwou,2004.

[25] 3GPP TR25.913 V7.3.0(2006－03),Requirements for EUTRA and EUTRAN.

[26] 3GPP TS36.201 V8.3.0(2009－03),LTE Physical Layer－General Description.

[27] 3GPP TR36.902 V9.0.0(2009－09),Self－configuring and self－optimizing network use cases and solutions.

[28] 3GPP TS36.300 V8.4.0 Overall Description 2008－03.

[29] 3GPP TR36.912 V2.1.1 Further Advancements for E－UTRA (LTE－Advanced) 2009－03.

[30] 沈嘉. 3GPP 长期研究(LTE)技术原理与系统设计[M]. 北京:人民邮电出版社,2008.

[31] 张可平. LTE－B3G/4G 移动通信系统无线技术[M]. 北京:电子工业出版社,2008.

[32] 胡宏林,徐景. 3GPP LTE 无线链路关键技术[M]. 北京:电子工业出版社,2008.

[33] 沈嘉. LTE－Advanced 关键技术演进趋势[J]. 移动通信,2008(8):20-25.

[34] 胡智慧,刘智. 基于 LTE 无线传感器在智能电网的应用研究[J]. 长春理工大学学报(自然科学版),2014(4):80-83.

[35] Foo Chun－Choong,Chua Kee－Chaing. BlueRings－Bluetooth Scattenets with Ring Structures[C]. IASTED International Conference on Wireless and OPtical Communication(WOC 2002), Banff,Canada,2002.

[36] ChihYung Chang,Prasan Kumar Sahoo,et al. A Location－Aware Routing Protocol for the Bluetooth Scatternet[J]. Wireless Personal Communications,2006(40):117－135.

[37] G. Z´aruba, S. Basagni, I. Chlamtae. Bluetrees－Scatternet formation to enable Bluetooth－based Personal area networks[C]//Proceedings of the IEEE International Conference on Communications,ICC2001,Helsinki. Finland,2001.

[38] S Basagni,CcPereioli,Multihop Scatternet Formation for Bluetooth Networks[C]// IEEE Vehicle Technology Conferenee,2002,1.

[39] Z Wang,R J Thomas,Z Haas. BlueNet－A new scatternet formation scheme[C]// Proeeedings of the 35th Hawaii International Conferenee on System Science(HICSS－35), Big Island,Hawaii,2002.

[40] Theodoros Salonidis,Pravin Bhagwat,Leandors Tassiulas,et al. Distributed Topology Construction of Bluetooth[J]. IEEE Infocom, Anchouage, AK, USA, 2002(3):1577

—1586.

[41] 麦汉荣. 基于蓝牙 Ad Hoc 网络的 BAODV 路由算法的研究[D]. 广州:五邑大学,2008.

[42] 唐肖军. 基于 IrDA 标准的矿用本安型压力数据监测系统[D]. 杭州:杭州电子科技大学,2013.

[43] 刘锋,彭赓. 互联网进化规律的发现与分析[EB/OL]. http://www. paper. edu. cn/releasepaper/content/200809-694.

[44] 周立功. CANopen 电梯协议教程[EB/OL]. http://wenku. baidu. com/link? url=6x7hO4xe6vC jgHUtJOI _ 6gM2r6uCC _ HyXwyGECMc2Bn7Hm0oB9NkpSvwl3JDm-6m8mSUedtqJ4PjiME0laz8J8bEg67YxpLZVj5TlNmz1SAq.

[45] Akyildiz,Ian F Su Weilian, Yogesh Sankarasubramaniam, et al. A survey on sensor networks[J]. IEEE Communications Magazine,2002,40(8):102-116.

[46] 陈海明,崔莉,谢开斌. 物联网体系结构与实现方法的比较研究[J]. 计算机学报,2013(01),168-189.

[47] 熊永平,孙利民,牛建伟,等. 机会网络[J]. 软件学报,2009(01).

[48] 王殊,阎毓杰,胡富平,等. 无线传感器网络的理论和应用[M]. 北京:北京航空航天大学出版社,2007.

[49] 北斗一号定位原理与定位流程[EB/OL]. http://wenku. baidu. com/link? url=Kql6opMSZzzgsdEyf0taCUhOCTTSS6AJuzW4EicKbbbO4PjFvRQNbMOYTnH7p3H Vf_VGGhLjuvVi_piI92pSAMWPcD8KvzTXfSUPlFe0Xx7.

[50] 雷昌友,蒋英,史东华. 北斗卫星通信在水情自动测报系统中的研究与应用[J]. 水利水电快报,2005,26(21).

[51] 自由空间光通信技术[EB/OL]. http://baike. baidu. com/link? url=LVBF6rGxQp FNMhTmRDqehV_vJxwhLTcnvPNtbCq9i1n4kyUd6f1PRwx4HwF61STm - Okq9-qT-WRhguWZclZXFqrK.

[52] 自由空间光通信技术[EB/OL]. http://www. chinabaike. com/z/keji/dz/857742. html.

[53] 曹青. 光通信技术在物联网发展中的应用探讨[J]. 江苏通信,2011(01).

[54] 广州智维电子科技有限公司. NMEA2000 网关[EB/OL]. http://china. makepolo. com/product— detail/ 100165960233. html.

[55] USB2. 0 技术规范[EB/OL]. http://wenku. baidu. com/view/8501a6365a8102d2 76a22f69. html.

[56] 中国发明 Wi-Fi 灯泡[EB/OL]. http://news. xinhuanet. com/cankao/ 2013-10/21/c_132816055. htm.

[57] 宫庆松. 蓝牙散射网拓扑创建和路由形成算法研究[D]. 吉林:吉林大学,2007.

[58] 王翔,等. 复用技术在空间光通信中的应用研究[J]. 半导体光电,2011,32(3):392-397.

[59] T HTarmoezy. UnderstandingIrDA Protoeol staek(The Are/Info Method)[EB/OL]. http://www. esri. eom/software/areinfo/irda. pdf.

[60] 王晶南. 红外无线激光通信系统研究[D]. 长春:长春理工大学,2010.

[61] Infrared Data Association. Infrared Data Association Serial Infrared Link Access Protocol (IrLAP)v1. 1.

［62］Guo C L,Zhong L Z C,Raraey J M. Low Power Distributed MAC for Ad Hoc Sensor Radio Networks［C］. Global Telecommunications conference，2001(2):944-2948.

［63］北京烽火. 烽火联拓"船舶 RFID 自动识别系统"荣获中国自动识别协会"优秀产品奖"［EB/OL］. http://www. fhteck. com/html/cat_article2397. html.

［64］成都昂讯. 无线联网定位系统［EB/OL］. http://www. uwblocation. com/index. php? _m＝mod_article＆_a＝article_content＆article_id＝114.

［65］东北安防联盟网. 无线 Mesh 网状网构建安防监控的物联网平台［EB/OL］. http://www. af360. com/html/2011/04/14/201104142001378807. shtml.

［66］盛毅. UWB 的 MAC 层协议研究［D］. 北京:中国舰船研究院,2011.